# 游戏开发入门：数学和物理

徐芝琦 主 编

沈学文 张 帆 周忠成 副主编



電子工業出版社
Publishing House of Electronics Industry
北京 · BEIJING

## 内 容 简 介

本书围绕着游戏开发入门必须掌握的数学和物理知识，展开了非常详细及生动的阐述。本书的每个重要知识点都配备了内容丰富、翔实的游戏及视觉案例，帮助读者从浅到深、由点及面地理解和掌握在游戏开发入门时所需基础数学和物理知识。

本书第 1 章至第 6 章，主要介绍了游戏开发入门必备的基础数学知识，从最基础的坐标系、向量和矩阵及线性变换，深入到几何图元及几何检测。本书第 7 章至第 11 章，则围绕着游戏开发入门所需的基础物理知识，从线性运动、牛顿力学，深入到碰撞、旋转运动，最后进行综合应用，即粒子系统基础知识的介绍。本书每一章的代码案例都是基于 Processing 平台设计实现的，操作方便且易学易懂，这些案例详细阐述了在游戏开发时如何用代码思维重新诠释基础理论知识，并佐以生动的可视化结果。

作为入门图书，本书着眼于如何将基础的理论知识转化为游戏开发中的关键技术，对于读者来说，是理论指导实践的最佳参考。本书既适用于高等学校计算机及相关专业，也可作为普通读者学习游戏开发时的数学和物理知识应用自学教材和参考书，还适用于读者进行计算思维的训练。



**图书在版编目（CIP）数据**

游戏开发入门：数学和物理 / 徐芝琦主编. — 北京：电子工业出版社，2017.8

ISBN 978-7-121-31967-9

I. ①游… II. ①徐… III. ①游戏程序－程序设计－高等学校－教材 IV. ①TP317.61

中国版本图书馆 CIP 数据核字(2017)第 140261 号

策划编辑：戴晨辰

责任编辑：戴晨辰

印　　刷：北京盛通数码印刷有限公司

装　　订：北京盛通数码印刷有限公司

出版发行：电子工业出版社

北京市海淀区万寿路 173 信箱　　邮编：100036

开　　本：787×1092　1/16　印张：12.75　字数：318 千字

版　　次：2017 年 8 月第 1 版

印　　次：2024 年 7 月第 6 次印刷

定　　价：38.00 元

凡所购买电子工业出版社图书有缺损问题，请向购买书店调换。若书店售缺，请与本社发行部联系，联系及邮购电话：（010）88254888，88258888。

质量投诉请发邮件至 zlts@phei.com.cn，盗版侵权举报请发邮件至 dbqq@phei.com.cn。

本书咨询联系方式：dcc@phei.com.cn。

# 前　言

本书是一本专门介绍基础数学和物理知识如何应用于游戏开发的书。数学与物理，是游戏开发中非常重要且不可或缺的基础。尽管我们在中学和大学学习了非常多的数学和物理理论知识，但是这些知识或者公式并不能直接应用于实际的游戏开发中。那么如何把这些知识用起来，尤其是用在游戏开发中呢？相信这本书一定能帮到大家。

本书的目的是帮助读者通过学习和训练，用计算思维重新理解，用代码重新演绎基础数学和物理知识。书中结合实例对知识点展开了非常详细及生动的阐述，每个重要知识点都配备了内容丰富、翔实的游戏及视觉案例，以期帮助读者从浅到深、由点及面地理解和掌握游戏开发入门所需的基础数学和物理知识。

## 适合读者

作为入门图书，本书着眼于如何将基础的理论知识转化为游戏开发中的关键技术，对于读者来说，是理论指导实践的最佳参考。本书既适用于高等学校计算机及相关专业，也可作为普通读者学习游戏开发时的数学和物理知识应用自学教材和参考书，还适合读者进行计算思维的训练。

## 阅读本书需要的基础知识

本书不要求读者都具有理工科背景，但是要求读者充分理解并掌握中学阶段学习的基础物理学知识。为了能让读者对本书的数学部分有一个更深入的理解，读者需要掌握一些基本的代数和几何知识，如三角函数、函数和变量、代数运算法则等。另外，尽管本书的实验平台 Processing 并不要求读者有任何编程的基础，但是如果读者能对 Processing 语法有一个基本的了解或者有 Java 基础，动手实践时上手会更快。

## 本书概览

本书第 1 章至第 6 章，主要介绍了游戏开发入门必备的基础数学知识，从最基础的坐标系、向量和矩阵及线性变换，深入到几何图元及几何检测。本书第 7 章至第 11 章，则围绕着游戏开发入门所需的基础物理知识，从线性运动、牛顿力学，深入到碰撞、旋转运动，最后进行综合应用，即粒子系统基础的介绍。本书每一章的代码案例都是基于 Processing 平台来设计实现的，操作方便且易学易懂，这些案例详细阐述了在游戏开发时如何用代码思维重新诠释基础理论知识，并佐以生动的可视化结果。

## 教学资源

本书包含二维码，通过扫描二维码，即可直接浏览设计效果，阅读或下载拓展学习资源。同时，本书还配套相关教学资源包，包括教学课件、案例的完整源代码等，读者可登录华信教育资源网(www.hxedu.com.cn)，注册并免费下载。

## 致谢

感谢本书的编辑，电子工业出版社戴晨辰，给予了非常有益的评析与建议。

感谢沈学文老师不仅提出了非常宝贵的意见，还对本书数学部分的内容进行了详细校对。另外，还要感谢我的同事们，浙江传媒学院新媒体学院的张帆、周忠成、潘瑞芳、俞承杭、杜辉、谢昊、林生佑、张小红、马同庆、舒莲卿、钱归平、莫小梅、荆丽茜，感谢大家对本书的鼓励和支持。

感谢我的学生，刘圣男、刘怡东、陈婧、张霖雲，不仅帮助我完成了公式的调整与校对，还为本书提供了很多有益启发。

特别感谢我的家人，尤其是我的母亲，为了支持我的工作，在家庭生活中付出了很多心血和精力。

本书是集体智慧的结晶，但书中难免存在疏漏或不妥之处，恳请广大读者批评指正。

徐芝琦

于浙江传媒学院新媒体学院

# 目　　录


第 1 章　笛卡儿坐标系和极坐标系 …… 1
1.1　2D 笛卡儿数学 …… 2
1.2　从 2D 到 3D …… 3
1.3　Processing 及其坐标系 …… 4
1.3.1　Processing …… 4
1.3.2　Processing 中的 2D 和 3D 坐标系 …… 5
1.4　极坐标系 …… 5
1.4.1　2D 极坐标系 …… 6
1.4.2　极坐标和笛卡儿坐标的转换 …… 7
习题 1 …… 8
第 2 章　向量 …… 9
2.1　向量与标量 …… 10
2.2　向量的定义 …… 10
2.2.1　数学定义 …… 10
2.2.2　几何定义 …… 11
2.3　向量的表达 …… 12
2.4　向量与点 …… 13
2.5　向量运算 …… 14
2.5.1　零向量和负向量 …… 14
2.5.2　模长 …… 15
2.5.3　标量与向量的乘法 …… 15
2.5.4　向量的加减法 …… 16
2.5.5　向量点乘 …… 18
2.5.6　向量叉乘 …… 21
2.6　PVector …… 22
2.6.1　定义与源代码 …… 22
2.6.2　add 函数 …… 23
2.6.3　sub 函数 …… 24
2.6.4　normalize 函数 …… 25
2.6.5　mult 函数 …… 26
2.6.6　dot 函数 …… 27
2.6.7　cross 函数 …… 28
习题 2 …… 29

第 3 章　矩阵运算 …… 30
3.1　矩阵的数学定义 …… 31
3.1.1　矩阵的维数和记法 …… 31
3.1.2　方阵 …… 31
3.1.3　相等矩阵 …… 32
3.1.4　转置矩阵 …… 32
3.1.5　矩阵的加减运算 …… 33
3.1.6　标量和矩阵的乘法运算 …… 34
3.1.7　矩阵相乘 …… 35
3.1.8　行列式 …… 36
3.1.9　矩阵的逆 …… 38
3.2　向量和矩阵 …… 39
3.2.1　行向量与列向量 …… 39
3.2.2　向量与矩阵的乘法 …… 40
3.3　矩阵的几何意义 …… 40
3.4　PMatrix …… 43
习题 3 …… 43
第 4 章　矩阵和仿射变换 …… 45
4.1　变换物体和变换坐标系 …… 46
4.2　齐次坐标和齐次矩阵 …… 47
4.2.1　齐次坐标 …… 47
4.2.2　齐次矩阵 …… 48
4.3　平移 …… 51
4.3.1　2D 和 3D 中的平移 …… 51
4.3.2　translate 函数 …… 52
4.4　缩放 …… 54
4.4.1　沿坐标轴的缩放 …… 54
4.4.2　沿任意轴的缩放 …… 55
4.4.3　正交投影 …… 55
4.4.4　镜像 …… 57
4.4.5　scale 函数 …… 58
4.5　旋转 …… 59
4.5.1　2D 旋转 …… 60
4.5.2　3D 旋转 …… 62
4.5.3　rotate 函数 …… 65
4.6　组合变换 …… 67
习题 4 …… 70

第 5 章 几何图元 …… 71
5.1 直线、线段和射线 …… 72
5.1.1 直线和线段 …… 72
5.1.2 射线和线段 …… 74
5.1.3 line 函数 …… 75
5.2 圆和球 …… 77
5.2.1 定义 …… 77
5.2.2 ellipse 函数 …… 78
5.2.3 sphere 函数 …… 80
5.3 平面 …… 81
5.3.1 定义 …… 81
5.3.2 Processing 中平面的绘制 …… 82
5.4 三角形 …… 84
5.4.1 定义 …… 84
5.4.2 triangle 函数 …… 85
5.5 多边形 …… 86
5.5.1 定义 …… 86
5.5.2 Processing 中多边形的绘制 …… 86
5.6 矩形边界框 …… 91
5.6.1 定义 …… 91
5.6.2 box 函数 …… 92
习题 5 …… 94
第 6 章 几何检测 …… 95
6.1 直线上的最近点 …… 96
6.1.1 2D 直线上的最近点 …… 96
6.1.2 射线上的最近点 …… 98
6.2 圆或球上的最近点 …… 100
6.2.1 原理 …… 100
6.2.2 模拟 …… 100
6.3 平面上的最近点 …… 102
6.3.1 原理 …… 102
6.3.2 模拟 …… 103
6.4 直线的两两相交 …… 104
6.4.1 2D 中两条直线的相交检测 …… 104
6.4.2 3D 中两条射线的相交检测 …… 105
6.4.3 模拟 …… 106
6.5 直线与圆或球的相交 …… 107
6.5.1 原理 …… 107

6.5.2 模拟 …… 108
6.6 直线与平面的相交 …… 109
6.6.1 原理 …… 109
6.6.2 模拟 …… 110
6.7 圆或球的两两相交 …… 111
6.7.1 原理 …… 111
6.7.2 模拟 …… 112
6.8 球与平面的相交 …… 112
6.8.1 原理 …… 112
6.8.2 模拟 …… 113
习题 6 …… 114
第 7 章 线性运动 …… 115
7.1 速度 …… 116
7.1.1 平均速度 …… 117
7.1.2 瞬时速度 …… 118
7.2 加速度 …… 119
7.2.1 平均加速度 …… 119
7.2.2 瞬时加速度 …… 120
7.3 运动方程 …… 121
7.3.1 运动方程定义 …… 121
7.3.2 Processing 中的运动实现 …… 123
7.4 抛体运动 …… 126
7.4.1 原理 …… 126
7.4.2 模拟 …… 130
习题 7 …… 134
第 8 章 牛顿力学 …… 136
8.1 牛顿三大定律 …… 137
8.1.1 牛顿第一定律 …… 137
8.1.2 牛顿第二定律 …… 137
8.1.3 牛顿第三定律 …… 141
8.2 力 …… 141
8.2.1 重力与支持力 …… 142
8.2.2 摩擦力 …… 143
8.2.3 风阻力和流体阻力 …… 145
8.2.4 引力 …… 147
习题 8 …… 151
第 9 章 动量和碰撞 …… 153
9.1 与静止物体的碰撞 …… 154

9.1.1 轴对齐向量反射 154
9.1.2 非轴对齐向量反射 156
9.2 动量定理 159
9.2.1 动量 159
9.2.2 冲量 160
9.2.3 动量定律 160
9.2.4 动量守恒定律 161
9.3 线性碰撞建模 162
9.3.1 弹性碰撞模型 162
9.3.2 非对心碰撞模型 165
习题 9 169
**第 10 章 旋转运动** 170
10.1 角运动 171
10.1.1 基本概念 171
10.1.2 模拟 175
10.2 旋转力学 177
10.2.1 基本概念 177
10.2.2 模拟 179
习题 10 180
**第 11 章 粒子系统基础** 181
11.1 粒子系统的组成 182
11.1.1 功能模块 182
11.1.2 更新循环阶段 183
11.2 单个粒子的模拟 184
11.3 粒子系统的模拟 185
11.3.1 定义粒子系统 185
11.3.2 与力的整合 186
11.3.3 复杂粒子 188
习题 11 192
**参考文献** 194

# 第1章

# 笛卡儿坐标系和极坐标系

在游戏的设计和开发中，常常需要在空间中精确描述和度量位置、距离和角度，因此经常会用到一种很重要的度量体系，这就是笛卡儿坐标系。其实，这个名词在数学的学习过程中经常出现。那么什么才是笛卡儿坐标系呢？

笛卡儿坐标系是由著名的法国哲学家、物理学家、生理学家、数学家勒奈·笛卡儿(Rene Descartes)发明，并以他的名字命名的坐标系。

关于笛卡儿创建坐标系的过程，有一个生动的小故事。据说有一天，笛卡儿生病卧床，病情很重，尽管如此，他还反复思考一个问题：几何图形是直观的，而代数方程是抽象的，能不能把几何图形与代数方程结合起来，也就是说能不能用几何图形来表示方程呢？要想达到此目的，关键是如何把组成几何图形的点和满足方程的每一组“数”挂上钩。他苦苦思索，拼命琢磨，通过什么样的方法才能把“点”和“数”联系起来。突然，他看见屋顶角上的一只蜘蛛，拉着丝垂了下来，一会儿功夫，蜘蛛又顺着丝爬上去，在上边左右拉丝。蜘蛛的“表演”使笛卡儿的思路豁然开朗。他想，如果把蜘蛛视为一个点，它在屋子里可以上、下、左、右运动，能不能把蜘蛛的每个位置用一组数确定下来呢？他又想，屋子里相邻的两面墙与地面相交出了三条线，如果把地面上的墙角作为起点，把相交出来的三条线作为三个数轴，那么空间中任意一点的位置就可以用这三个数轴上有顺序的三个数来表示。反过来，任意给一组三个有序数也可以在空间中找出一点 $P$ 与之对应。同样道理，用一组数 $(x, y)$ 可以表示平面上的一个点，平面上的一个点也可以用一组两个有序数来表示，这就是坐标系的雏形。



相交于原点的两条数轴，构成了平面仿射坐标系。如果两条数轴上的度量单位相等，则称此仿射坐标系为笛卡儿坐标系。两条数轴互相垂直的笛卡儿坐标系，称为笛卡儿直角坐标系，否则称为笛卡儿斜角坐标系。

直角坐标系的创建，在代数和几何上架起了一座桥梁，它使几何概念能用数来表示，几何图形也可以用代数形式来表示。由此笛卡儿在创立直角坐标系的基础上，创造了用代数的方法来研究几何图形的数学分支——解析几何。

除了笛卡儿坐标系之外，极坐标系是另外一种可用于描述空间和位置的系统，因为它在表达某些概念(如向量)时非常清晰明了，所以经常用在人工智能及摄像机控制等应用中。极坐标还可以与笛卡儿坐标进行转换，便于编程实践。

因此，本章将围绕着笛卡儿坐标系和极坐标系讲述四部分的内容：

- 1.1 节，介绍了 2D 笛卡儿数学，即关于平面的数学，包含了 2D 笛卡儿坐标系及用笛卡儿坐标 $(x, y)$ 定位 2D 空间中的点；
- 1.2 节，将 2D 笛卡儿数学扩展到了 3D，介绍了 3D 笛卡儿数学，解释了左手坐标系和右手坐标系；
- 1.3 节，介绍了本书的实验平台 Processing，并且描述了 Processing 中的 2D 和 3D 坐标系，这也是本书在后文中约定采用的坐标系；
- 1.4 节，介绍了极坐标系的基本概念，以及笛卡儿坐标与极坐标之间的相互转换。

## 1.1　2D 笛卡儿数学

如图 1-1 所示，2D 的笛卡儿直角坐标系通常由两个互相垂直的坐标轴组成，分别称为 $x$ 轴和 $y$ 轴；两个坐标轴的相交点称为原点，通常标记为 $O$，既有“零”的意思，又是英语“Origin”的首字母。每一个坐标轴都指向一个特定的方向。这两个不同线的坐标轴，决定了一个平面，称为 $xy$ 平面，又称为笛卡儿平面。通常两个坐标轴只要互相垂直，其指向对于分析问题是没有影响的。在理论学习中，习惯性地把 $x$ 轴水平摆放，正方向指向右方；把 $y$ 轴竖直摆放，其正方向通常指向上方，见图 1-1。两个坐标轴这样的位置关系，称为 2D 的右手坐标系，或右手系。如果把这个右手系画在一张透明纸片上，在平面内无论怎样旋转它，所得到的都叫做右手系；但如果把纸片翻转，其背面看到的坐标系则称为左手系。这和照镜子时左右对调的性质有关。

在 2D 平面中，笛卡儿坐标的标准表示法是 $(x, y)$。坐标的每一个分量都表明了该点与原点之间的距离和方位。确切地说，每个分量都是到相应轴的有向距离。如图 1-2 所示，$x$ 分量表示该点到 $y$ 轴的有向距离，同样 $y$ 分量表示该点到 $x$ 轴的有向距离。这里的"有向距离"是指在沿着轴的正方向上距离为正，而在相反的方向上为负。

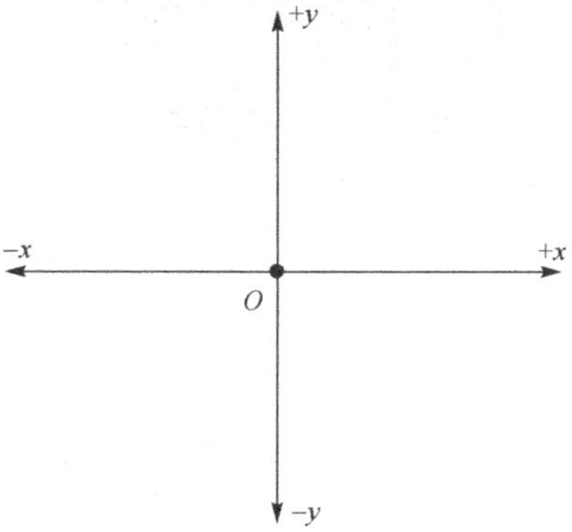


图 1-1　2D 笛卡儿直角坐标系

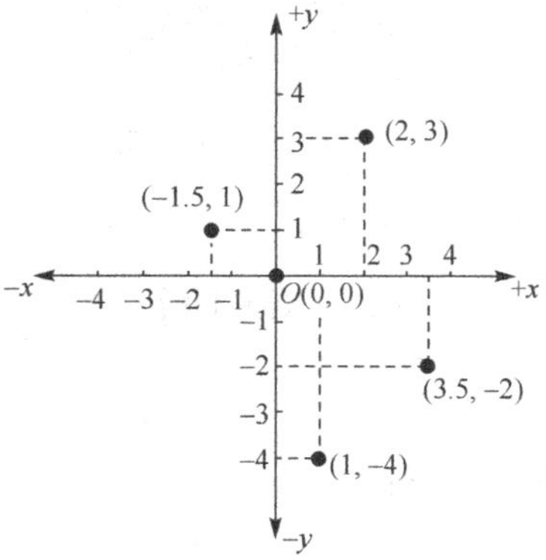


图 1-2　2D 笛卡儿坐标

## 1.2　从 2D 到 3D

在 2D 直角坐标系的基础上，添加一个同时垂直于 $x$ 轴和 $y$ 轴的坐标轴，称为 $z$ 轴。通常把 $x$ 轴和 $y$ 轴配置在水平面上，而 $z$ 轴则是铅垂线，这样的三个坐标轴就组成了空间直角坐标系。但是在计算机的世界中，经常是如图 1-3 所示，设置空间直角坐标系的三个坐标轴。在空间直角坐标系中，点 $O$ 叫做坐标原点。三个互相垂直的坐标轴和坐标原点构成了一个 3D 笛卡儿直角坐标系。

在 3D 空间的任何一点，可以用直角坐标 $(x, y, z)$ 来表示其位置，如图 1-4 所示。

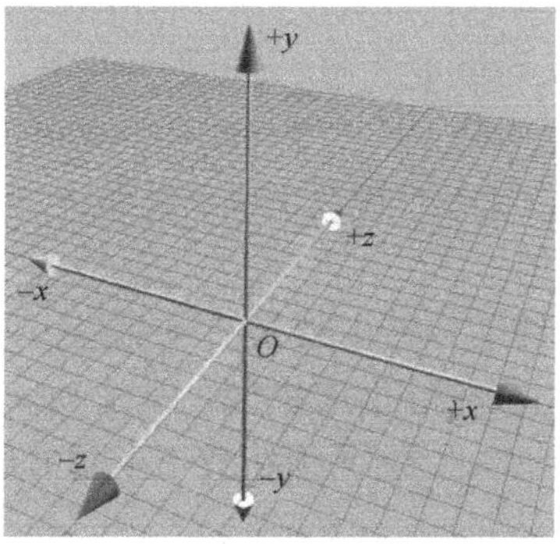


图 1-3　3D 笛卡儿坐标系

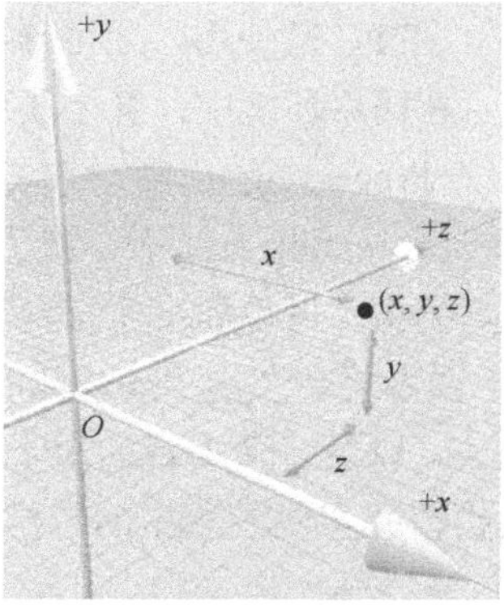


图 1-4　3D 空间中的点

如果用右手规则来定义它们的正方向，伸出右手，拇指和食指成“L”形，大拇指向左，食指向上，其余手指指向前方，这就建立了一个右手坐标系，如图 1-5 所示。同样，伸出左手，大拇指向右，食指向上，其他三指向前，这就是一个左手坐标系，如图 1-6 所示。在这两张图中，大拇指、食指和其余三个手指分别代表了 $x$、$y$ 和 $z$ 轴的正方向。

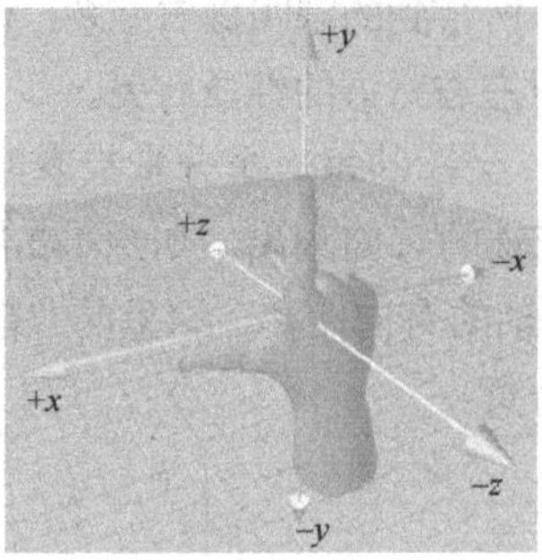


图 1-5　右手坐标系

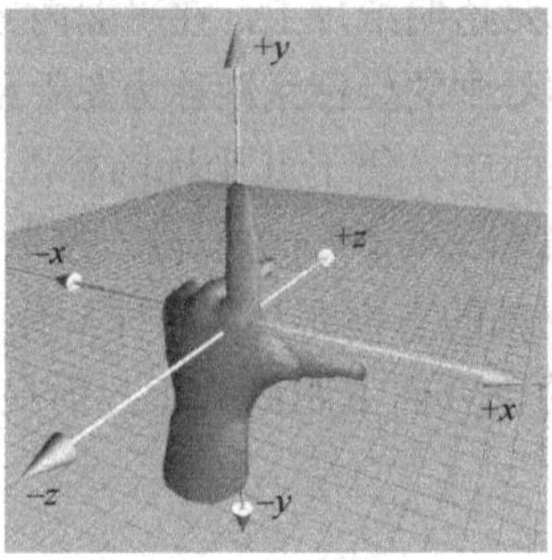


图 1-6　左手坐标系



## 1.3　Processing 及其坐标系

### 1.3.1　Processing

(1) 简介

Processing，2001 年诞生于麻省理工学院（MIT）的媒体实验室，主创者为 Ben Fry 和 Casey Reas，还有卡内基·梅隆大学、洛杉矶的加利福尼亚大学及迈阿密大学等也参与了创作开发。

从编程语言的本质来看，Processing 是 Java 语言的延伸，并支持许多现有的 Java 语言架构，不过在语法上简易许多，并具有许多贴心及人性化的设计。它的最初目标是开发图形的 Sketchbook 和环境，用来形象地讲授计算机科学的基础知识。但是后来，Processing 逐渐演变成了用于创建图形可视化专业项目的一种具有革命前瞻性的环境，更为数字艺术的创作提供了一种简单的编程语言，通过它能将数字艺术的概念介绍给大众。

Processing 具有跨平台的特点，可以在 Windows、Mac OS X、Linux 等操作系统上使用。本书编写完成时，它的最新版本为 Processing 3.3.1。使用 Processing 完成的作品，可导出为独立的 Java 文件，在 PC 端使用，还可导出到 Android 设备上进行查看操作，也可用 JavaScript 模式导出并显示在网络环境中，甚至还可以导出为 Python 作品。

如今，围绕 Processing 已经形成了多个专门的社区（如https://forum.processing.org/two/和https://www.openprocessing.org/等），致力于创造和分享各种库及动画、可视化、网络编程等应用，并且为用户提供了讨论和交流平台。

在本书中，读者将会发现 Processing 是一个很棒的数据可视化的环境，具有简单的接口、功能强大的语言，以及一套丰富的用于数据和应用程序导出的机制。通过 Processing 平台，读者能快速地模拟并实现游戏中的数学和物理基础知识，而无须花费很多精力挖掘某种游戏引擎。

(2)下载及安装

Processing 的官网地址为：www.processing.org/。

在官网的下载页面中(www.processing.org/download/)，用户可以根据个人计算机的操作系统选择合适的版本下载。

由于 Processing 为绿色软件，将下载的压缩包直接解压后，得到的应用程序即为 Processing，可以直接运行。

(3)基本用法

Processing 的基本用法非常简单，容易上手，如果读者具备 Java 的基础知识，对 Processing 的掌握就更快了。这里介绍两种方式供大家在学习 Processing 时进择：在线教程或者书籍。

Processing 的官方教程写得非常详细，案例也较为丰富，而且分为视频教程和文字教程。对于英语能力不错的读者，推荐直接访问这个网址进行学习：www.processing.org/tutorials/。如果希望用在线的中文教程，进行百度搜索，就会找到非常多的相关教程文档以供大家选择。如果想通过相关书籍来学习，这也是非常方便的一种方式，本书在参考文献中也推荐了几本书籍供读者参考学习。



### 1.3.2 Processing 中的 2D 和 3D 坐标系

需要值得注意的是，在 Processing 的 2D 世界中，使用的并非是右手坐标系，而是左手坐标系，如图 1-7 所示。在这个坐标系中，以左上角为原点，$x$ 轴向右为正，$y$ 轴向下为正。通常，也把这个坐标系称之为屏幕坐标系。为了能将理论和实践充分结合在一起，本书在计算机中通过编码展示 2D 笛卡儿坐标系时，将使用屏幕坐标系。

此外，Processing 在描述 3D 场景时，调用的是 P3D 渲染模式。在这个模式中，3D 空间中的笛卡儿坐标系是基于左手规则建立的。因此，在本书的 3D 空间描述中，约定使用如图 1-8 所示的坐标系进行描述，$+x$、$+y$ 和$+z$ 分别指向右方、下方和前方。

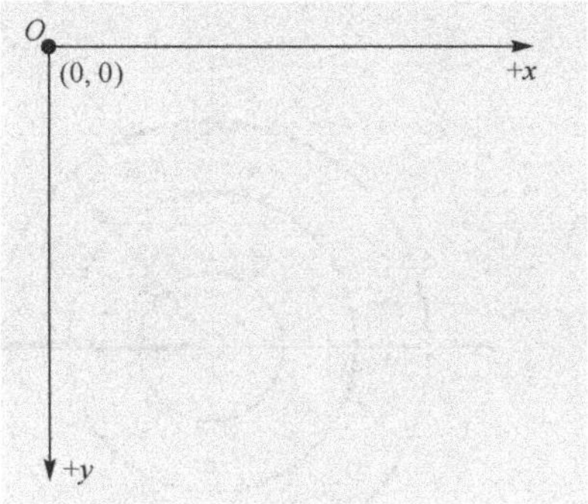


图 1-7　2D 屏幕坐标系

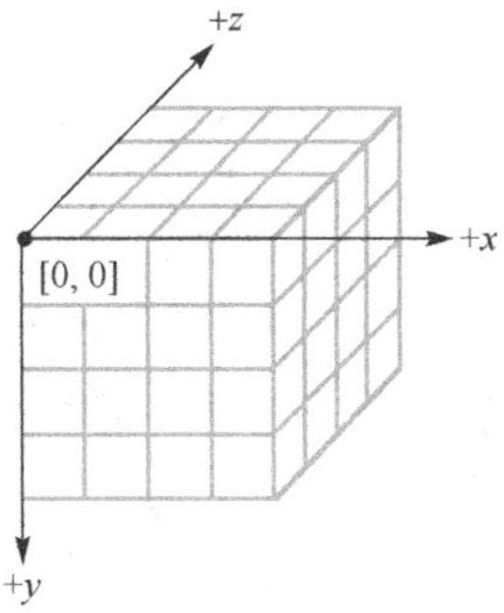


图 1-8　P3D 渲染模式中的左手坐标系

## 1.4 极坐标系

了解了笛卡儿坐标系之后，也许读者会觉得这样一个系统已经能很全面地描述空间特性了，为何在这里还要继续介绍极坐标系呢？事实上，在非正式的场合中，用极坐标进行位置表述远多于笛卡儿坐标。图 1-9 所示为某校园的平面示意图。假设某人在 A 教学楼，他向东偏 30°方向走 120m 后到达的位置是图书馆，“向东偏 30°方向走 120m”这就是极坐标的表述。如果有人向他打听体育馆的位置，他同样可以用距离和方向的方式来进行表述。这就是极坐标的基本思想。

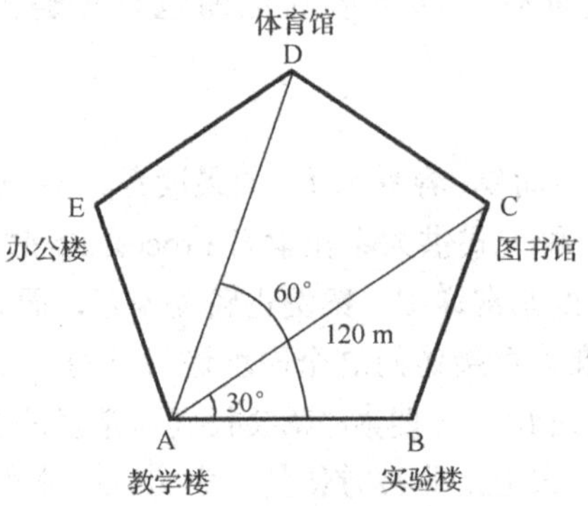


图 1-9　某校园平面示意图



### 1.4.1　2D 极坐标系

2D 极坐标系是指在平面内由极点、极轴和极径组成的坐标系。在平面上取定一点 $O$，称为极点。从 $O$ 出发引一条射线 $OX$，称为极轴。同时在确定极轴上的单位长度和计算角度的正方向(通常取逆时针方向为正方向)后，就建立了一个 2D 极坐标系，如图 1-10 所示。平面上任一点 $P$ 的位置就可以用线段 $OP$ 的长度 $\rho$ 及从 $OX$ 到 $OP$ 的角度 $\theta$ 来确定，有序数对 $(\rho, \theta)$ 就称为 $P$ 点的极坐标，记为 $P(\rho, \theta)$；$\rho$ 称为 $P$ 点的极径，$\theta$ 称为 $P$ 点的极角，如图 1-11 所示。极坐标系中的角度通常表示为角度或者弧度，使用公式可以进行角度和弧度之间的转化：$2\pi^{\text{rad}} = 360°$。

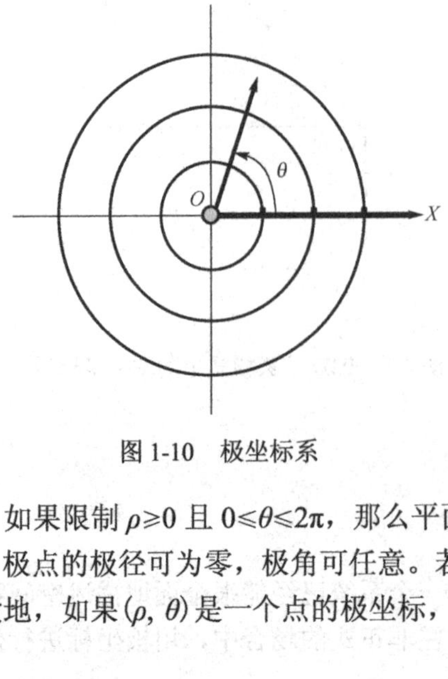


图 1-10　极坐标系

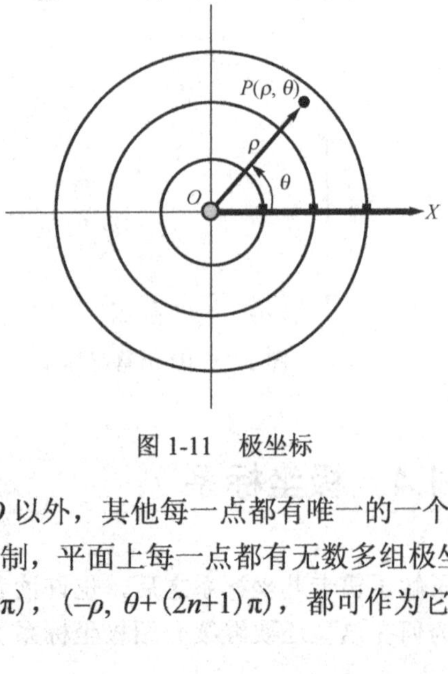


图 1-11　极坐标

如果限制 $\rho \geqslant 0$ 且 $0 \leqslant \theta \leqslant 2\pi$，那么平面上除极点 $O$ 以外，其他每一点都有唯一的一个极坐标。极点的极径可为零，极角可任意。若除去上述限制，平面上每一点都有无数多组极坐标，一般地，如果 $(\rho, \theta)$ 是一个点的极坐标，那么 $(\rho, \theta+2\pi)$，$(-\rho, \theta+(2n+1)\pi)$，都可作为它的极坐标，这里 $n$ 是任意正整数。图 1-12 展示的实例就是在 2D 平面中各点的极坐标表述。这里需要注意一个特殊的例子：如果 $\rho=0$，那么极角 $\theta=0$。

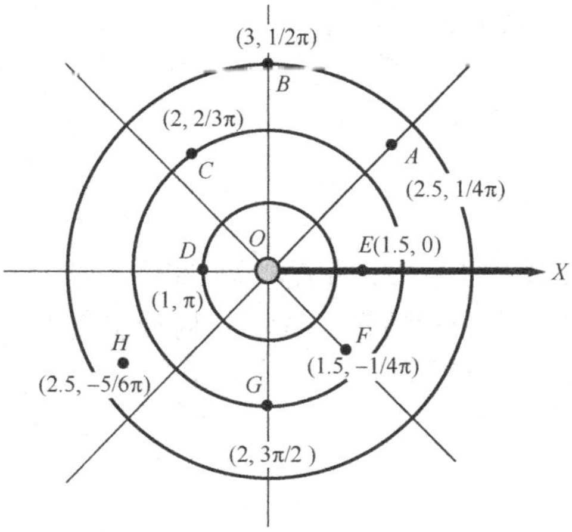


图 1-12　2D 平面用极坐标表示的各点

### 1.4.2　极坐标和笛卡儿坐标的转换

在 2D 平面中，极坐标和笛卡儿坐标是可以相互转换的。假设极坐标 $(\rho, \theta)$ 对应于笛卡儿坐标 $(x, y)$，其对应关系如图 1-13 所示。

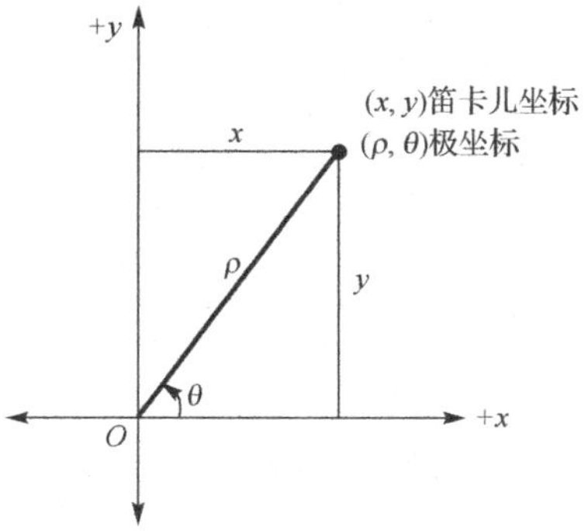


图 1-13　极坐标和笛卡儿坐标之间的对应关系

显而易见，极坐标系中的两个坐标 $\rho$ 和 $\theta$ 可以由式(1-1)转换为直角坐标系下的坐标值 $x$ 和 $y$：

$$
\begin{aligned}
x &= \rho\cos\theta \\
y &= \rho\sin\theta
\end{aligned}
\tag{1-1}
$$

反而言之，直角坐标系中的 $x$ 和 $y$ 两坐标可利用式(1-2)计算出极坐标下的相应坐标：

$$
\theta = \arctan\left(\frac{y}{x}\right) \tag{1-2}
$$

值得特别注意的是，在 $x=0$ 时无法直接调用式(1-2)中的 arctan 函数进行 $\theta$ 的求解，须分为以下两种情况分析：

(1)若 $y$ 为正，则 $\theta$=90° 或者 $\theta = \frac{\pi}{2}^{\text{rad}}$；

(2)若 $y$ 为负，则 $\theta$=270° 或者 $\theta = \frac{3\pi}{2}^{\text{rad}}$。

## 习题 1

1．Processing 绘制时，它的坐标系 $x$ 轴正向指向哪个方向，$y$ 轴正向指向哪个方向？

2．在 Unity 游戏引擎中建立 3D 场景时，默认方向+$x$ 向前，+$y$ 向上，+$z$ 向右，请问这是左手坐标系还是右手坐标系？

# 第2章

# 向　量

向量，英文 Vector，也常称为矢量，是数学中的标准工具。

向量最初是先应用于物理学的。大约公元前 350 年前，古希腊著名学者亚里士多德认为力可以用向量来表示，两个力的组合作用可用平行四边形法则得到。而最先使用有向线段表示向量的是英国科学家牛顿。还有很多物理量，如速度、位移及电场强度、磁感应强度等都可以用向量来描述。

直到 19 世纪末 20 世纪初，数学家才认识到空间的向量结构，进而将空间的性质与向量运算联系起来，使向量成为具有优良运算通性的数学体系。

正是由于向量的特点，游戏的设计和开发大量使用向量。本章将从向量的完整定义入手循序渐进地扩展到向量的运算，主要内容包括：

- 2.1 节，对比介绍了标量和向量这两个概念；
- 2.2 节，从数学和几何双重角度分别讲述了向量的定义，包含了向量的维度、向量的表述方式、向量的绘制等内容；
- 2.3 节，介绍向量的笛卡儿坐标和极坐标表示方法；
- 2.4 节，分析向量和点之间的区别与联系；
- 2.5 节，介绍向量的各种运算，包括向量的模长计算、向量与标量的乘法、单位化向量、向量的加减法、向量点乘、向量叉乘等；
- 2.6 节，介绍 Processing 中的 PVector 类及相关的应用。



## 2.1 向量与标量

在描述问题时经常使用的数字，在数学中可称之为标量，用它可以描述数量值或者静态位置等。但是标量不具有方向，在游戏中不能表述物体的运动。而向量不同，它和标量的最大区别在于，向量有方向。即：

- 标量=只有大小的量
- 向量=既有大小又有方向的量

当在游戏设计和实现时，如果需要结合方向来处理物体的运动，涉及如位移、速度和力等内容时，利用向量来表述这些量是最合适不过的。但是如果需要处理时间、点这些不具有方向的量时，直接使用标量就可以了。例如，“5 米/秒”表示速率，是一个标量，但是加上方向后的“向东 5 米/秒”就是用向量表示速度了。

## 2.2 向量的定义

向量这个术语，有两种不同但相关的意义，一种是抽象的数学意义，另一种是几何意义。为了能更好地介绍向量的概念并进行应用，下文将从两方面着手进行讲解，使读者充分理解其意义及它们之间的关系。

### 2.2.1 数学定义

从抽象的数学角度来看，向量就是数字列表，在编程中也有一个对应的相似概念——数组。C++中标准模板类库 STL 中关于数组的类就命名为 Vector(向量)，类似地，Java 中数组对象容器类是 java.util.Vector。

数组中的“数”是有限的，同样向量中包含的“数”的数目也是有限的，本书将用维度来记录向量中“数”的数目。向量可以有任意整数维。事实上，标量可以认为是一维向量。本书中只关注 2D、3D 和 4D 向量。

书写向量时，数学家用方括号括起一列数字表示向量，用逗号分隔数字，如[1, 2, 3]。但是在等式中描述向量时，通常会把逗号省略。不管是哪种情况下，水平书写的向量称之为行向量，如[1 0]，竖直书写的向量则称之为列向量，如$\begin{bmatrix}1\\2\\3\end{bmatrix}$。

本书将同时使用这两种记法，并且还将采用不同的字体来表示不同的变量：

- 标量用斜体的小写罗马或者希腊字母标记，例如：$a, b, x, y, z, \theta, \alpha, \omega$；
- 任意维度的向量都用小写的斜体黑体字母来进行标记(特殊说明除外)，例如：$\boldsymbol{a}, \boldsymbol{b}, \boldsymbol{u}, \boldsymbol{v}, \boldsymbol{q}, \boldsymbol{r}$；
- 矩阵则用大写的斜体黑体字母来进行标记，例如：$\boldsymbol{A}, \boldsymbol{B}, \boldsymbol{M}, \boldsymbol{R}$。



### 2.2.2 几何定义

从几何意义上来看，向量是有大小和方向的有向线段：

- 向量的大小，指向量这条有向线段的长度(模)；
- 向量的方向，则描述了在空间中向量的指向。

图 2-1 展示了一个 2D 向量。通常用一支箭来描述向量，箭头是向量的末端(向量结束于此)，箭尾是向量的“开始”，如图 2-2 所示。这是用图形描述向量的标准形式，向量定义的两个元素(大小和方向)都可体现。

图 2-1 2D 向量

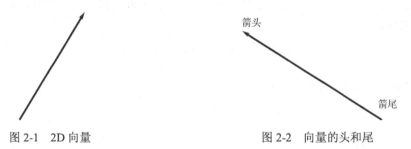

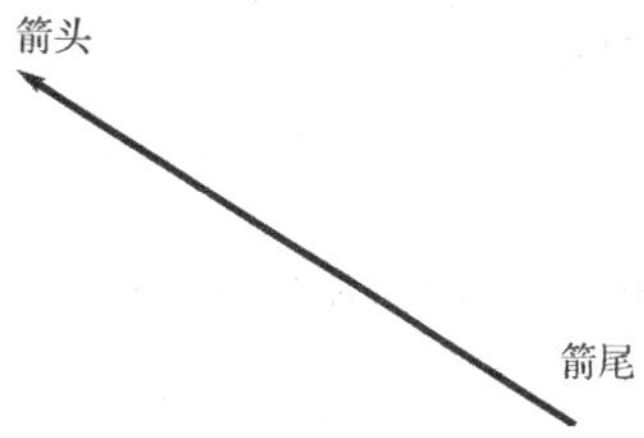


图 2-2 向量的头和尾

值得注意的是，向量可以放置在空间中的任意位置。换句话说，向量是没有具体位置的，只有大小和方向。这听起来让人有点糊涂，但是参考下面两个例子，就能发现原来在日常生活中就有很多量只有大小和方向，而没有位置。

- 向东移动 4 米。

这个例子乍看好像是关于位置的，但是其实使用到的量表示的是相对位移，而不是绝对位置。这里的位移是由大小(4 米)和方向(向东)构成的，所以它可以用向量来表示。而数值 4 米可以被理解为距离，是没有方向的标量。由此可见，距离和位移是完全不同的两种定义。

● 汽车以 80 千米每小时的速度向北行驶。

这个例子描述了一个量，它有大小(80 千米每小时)和方向(北)，但是没有具体位置。因此“80 千米每小时的速度向北”是速度，可以用向量表示。而“80 千米每小时”是该汽车的速率，是没有方向的标量。

从上面的例子可见，因为向量能描述事物间的位移和物体间的相对差异，所以它能用来描述相对位置，比如“NPC 距离本玩家向西 100 个单位远”，千万不能认为向量有绝对位置。为了强调这一点，当你想象一个向量时，请联想图 2-2 中的箭，记住只有箭的长度和方向是有意义的，把箭放置在哪里是没有意义的。

由于向量是没有绝对位置的，所以在绘制向量时，能把它放在图的任何位置，只要向量的方向和长度表示正确就可以了。向量的这个特性非常重要，后面的章节经常利用这点把向量移动到图中更有用的位置，以便进行向量的运算。

## 2.3 向量的表达



2D 空间内的向量有两种表达形式：笛卡儿坐标和极坐标。

在笛卡儿坐标系中描述向量时，向量中的数表达了向量在相应维度上的有向位移。如图 2-3 所示，2D 向量$[x, y]$列出的是沿着 $x$ 坐标方向和 $y$ 坐标方向的位移。

用极坐标来表示向量，会更直观一些，如式(2-1)：

$$\boldsymbol{v} = \|\boldsymbol{v}\| @ \theta \tag{2-1}$$

其中$\|\boldsymbol{v}\|$是向量 $\boldsymbol{v}$ 的模长(带单位)，$\theta$ 是向量 $\boldsymbol{v}$ 的方向角。

根据 1.4 节极坐标和笛卡儿坐标之间的相互转换，向量在这两个坐标下的表达也可以互相转换。如果向量 $\boldsymbol{v}$ 是用极坐标进行表述的(式(2-1))，那么将它转换为笛卡儿坐标的过程可用式(2-2)进行描述：

$$\boldsymbol{v} = \begin{bmatrix} \|\boldsymbol{v}\|\cos\theta & \|\boldsymbol{v}\|\sin\theta \end{bmatrix} \tag{2-2}$$

图 2-4 展示了向量 $\boldsymbol{v}$ 在极坐标系中的表述。

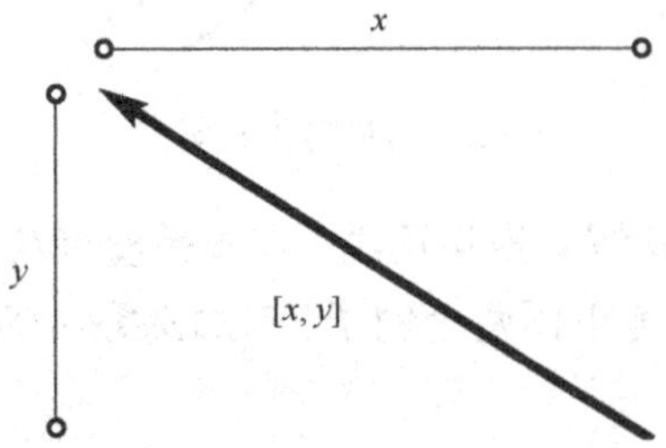


图 2-3　2D 向量在笛卡儿坐标系中的表述

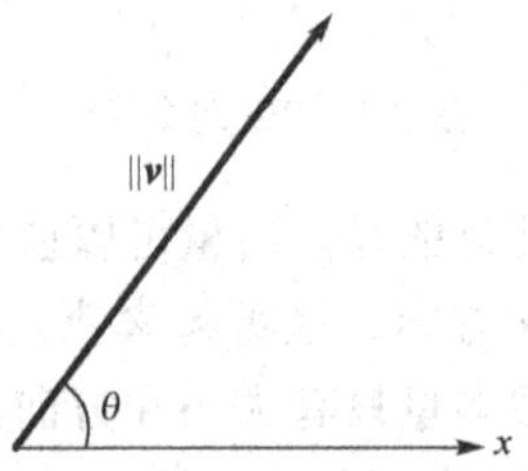


图 2-4　2D 向量在极坐标系中的表述

反过来，如果向量 $\boldsymbol{v}$ 是用笛卡儿坐标$[x, y]$表示的，那么将它转换为极坐标的式(2-3)如下：

$$\|\boldsymbol{v}\| = \sqrt{x^2 + y^2}, \theta = \arctan\left(\frac{y}{x}\right) \tag{2-3}$$

**【例 1-1】** 向量 $\boldsymbol{v}$ 是一个位移向量，将 $\boldsymbol{v}$=20m@30°转换为笛卡儿坐标。

解答：　$\boldsymbol{v}=\begin{bmatrix}\|\boldsymbol{v}\|\cos\theta & \|\boldsymbol{v}\|\sin\theta\end{bmatrix}=\begin{bmatrix}20\cos30^\circ & 20\sin30^\circ\end{bmatrix}\approx\begin{bmatrix}17.32 & 10\end{bmatrix}$

**【例 1-2】** 将向量 $\boldsymbol{v}$=[3 4]转换为极坐标。

解答：　$\|\boldsymbol{v}\|=\sqrt{3^2+4^2}=5,\theta=\arctan\left(\frac{4}{3}\right)\approx53.1^\circ \Rightarrow \boldsymbol{v}=5@53.1^\circ$

如果用笛卡儿坐标来描述向量，还能将这种表达方式从 2D 扩展到 3D。3D 向量 $\boldsymbol{v}=[x, y, z]$，它的三个分量值分别代表了向量 $\boldsymbol{v}$ 在 $x$、$y$、$z$ 轴方向上的位移。这也是思考向量所代表的位移的一个好方法，即将向量分解成与轴平行的分量，把这些分量的位移组合起来，就得到了向量作为整体所代表的位移，如图 2-5 所示，这三个分量分别用 1st、2nd、3rd 进行了标注。

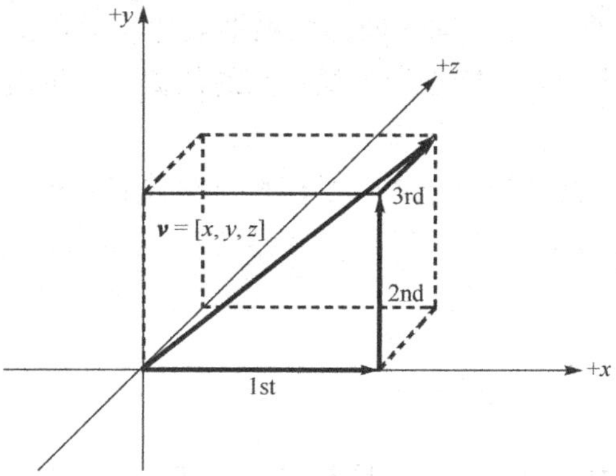


图 2-5　3D 向量表示为位移序列

## 2.4　向量与点

向量和点乍看是两个不同的概念，点是用位置描述的，没有实际的大小和方向，而向量没有位置，但是有大小和方向。它们的概念不同，点用于描述位置，向量用于描述位移。但是，再看图 2-6，很明显这两者之间还存在着某种很强的联系。那么这种联系是什么呢？

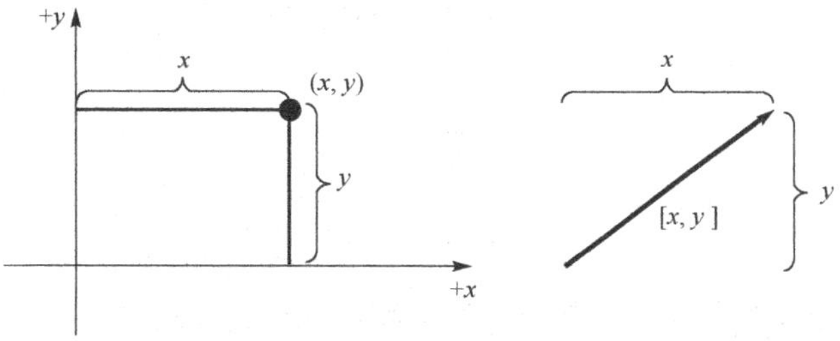


图 2-6　点和向量的对比

首先回顾向量的这个特点：向量是可以平行移动的有向线段，只要大小和方向一致的两个向量就被认为是相等的。因此，向量可用来描述位移，换而言之它能描述相对位置。所谓相对位置，是指通过描述某个物体与已知点之间的相对关系来表述它的位置。

那么什么是“绝对位置”呢？事实上，并不存在这样的概念。任何对于位置的描述只有在一定的参考系内才有意义。点是用来描述位置的，因此，点也是相对的，它和确定其坐标的原点相关。

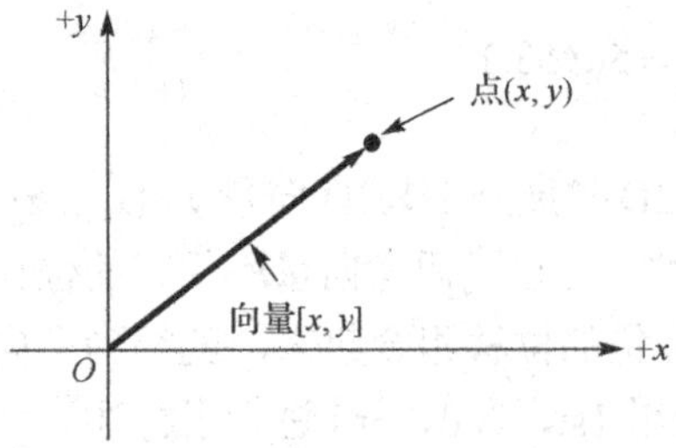

图 2-7　点和向量的关系

对于任意 $x$、$y$，图 2-7 展示了点 $(x, y)$ 和向量 $[x, y]$ 是怎样关联在一起的。从原点开始，沿着向量 $[x, y]$ 所代表的位移移动，总是会到达点（$x, y$）所代表的位置。换句话说，向量 $[x, y]$ 表述了原点到点 $(x, y)$ 的位移量。

在思考位置时，想象成点；在思考位移时，想象成向量。在很多情况下，位移是从原点出发的，因此点和向量间的联系很清楚。但是在后文中，大家还将遇到这种情况：某一个向量在很多公式中既被用做描述点的位置，又可被理解为从原点出发的位移向量。

此外，还要经常处理一些和原点或者任意点都不相关的向量，此时需要大家认识到它们是带有箭头的向量而不是点。



## 2.5　向量运算

在游戏的设计和实践中，经常用到向量及向量运算。不同于传统线性代数中的向量相关内容，本节将化简向量运算的细节讲解，更关注于向量和向量运算的几何意义。

### 2.5.1　零向量和负向量

零向量非常特殊，它是唯一大小为零且没有方向的向量。$n$ 维零向量的每一维都是零，如 2D 零向量表示为[0, 0]。

每个向量 $\boldsymbol{v}$ 都有一个负向量 $-\boldsymbol{v}$，它的维数和 $\boldsymbol{v}$ 一样，满足 $\boldsymbol{v}+(-\boldsymbol{v})=0$。负向量的求解方法也很简单，只需将原始向量的每个分量都变为负数即可。计算负向量的数学表达式可用式(2-4)描述：

$$-\begin{bmatrix} a_1 \\ a_2 \\ \vdots \\ a_{n-1} \\ a_n \end{bmatrix} = \begin{bmatrix} -a_1 \\ -a_2 \\ \vdots \\ -a_{n-1} \\ -a_n \end{bmatrix} \tag{2-4}$$

应用于 2D、3D 和 4D 空间中，负向量的求解可化简为式(2-5)：

$$-\begin{bmatrix} x \\ y \end{bmatrix} = \begin{bmatrix} -x \\ -y \end{bmatrix}, -\begin{bmatrix} x \\ y \\ z \end{bmatrix} = \begin{bmatrix} -x \\ -y \\ -z \end{bmatrix}, -\begin{bmatrix} x \\ y \\ z \\ w \end{bmatrix} = \begin{bmatrix} -x \\ -y \\ -z \\ -w \end{bmatrix} \tag{2-5}$$

【例 2-1】 求解向量$[2.3\quad -4/5]$，$\begin{bmatrix}-1 & 4/3 & \sqrt{3}\end{bmatrix}$的负向量。

解答：

$$-\begin{bmatrix}2.3 & -4/5\end{bmatrix}=\begin{bmatrix}-2.3 & 4/5\end{bmatrix}$$

$$-\begin{bmatrix}-1 & 4/3 & \sqrt{3}\end{bmatrix}=\begin{bmatrix}1 & -4/3 & -\sqrt{3}\end{bmatrix}$$

从几何上来看，负向量是原向量大小相等，方向相反的向量，如图 2-8 所示。

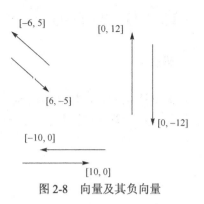

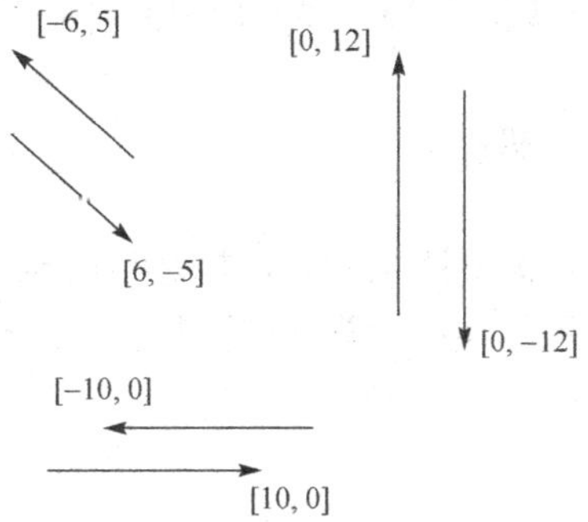

图 2-8　向量及其负向量

## 2.5.2　模长

向量大小又称为向量的长度或者模长。在线性代数中，向量模长用向量两边加双竖线表示。$\boldsymbol{n}$ 维向量的模长是各分量平方和的平方根，用式(2-6)表示如下：

$$\|\boldsymbol{v}\|=\sqrt{\boldsymbol{v}_1^2+\boldsymbol{v}_2^2+\cdots+\boldsymbol{v}_{n-1}^2+\boldsymbol{v}_n^2} \tag{2-6}$$

如果将上述公式应用于 2D 和 3D 向量的模长计算，化简后的式(2-7)如下：

$$\begin{aligned}&2D:\ \|\boldsymbol{v}\|=\sqrt{\boldsymbol{v}_x^2+\boldsymbol{v}_y^2}\\&3D:\ \|\boldsymbol{v}\|=\sqrt{\boldsymbol{v}_x^2+\boldsymbol{v}_y^2+\boldsymbol{v}_z^2}\end{aligned} \tag{2-7}$$

模长公式还可以从几何的角度来进行解释。对于 2D 中的任意向量 $\boldsymbol{v}$，以该向量的两个分量值 $\boldsymbol{v}_x$ 和 $\boldsymbol{v}_y$ 的绝对值$|\boldsymbol{v}_x|$和$|\boldsymbol{v}_y|$为直角边，以 $\boldsymbol{v}$ 的模长$\|\boldsymbol{v}\|$为斜角边，构造一个直角三角形，由勾股定理可知，$\|\boldsymbol{v}\|^2=|\boldsymbol{v}_x|^2+|\boldsymbol{v}_y|^2$，即为式(2-7)中 2D 部分。3D 向量模长的几何意义也可以通过上述的方式来进行理解。

【例 2-2】 求解向量$[3\quad 4\quad 5]$的模长。

解答：
$$\|[3\quad 4\quad 5]\|=\sqrt{3^2+4^2+5^2}=\sqrt{50}=5\sqrt{2}\approx 7.07$$

## 2.5.3　标量与向量的乘法

标量和向量的乘法非常直接。对于采用极坐标形式表示的向量 $\boldsymbol{v}$，当标量 $k$ 与之相乘时，只需将标量与其模长相乘即可，如式(2-8)所示。如果标量是整数，那么向量的模长将会变大；如果标量的绝对值是小于 1 的小数，向量的模长将变小。如果标量是负数，结果向量将反向。

$$k\boldsymbol{v}=k\|\boldsymbol{v}\|@\theta \tag{2-8}$$

若向量 $\boldsymbol{v}$ 采用的是笛卡儿坐标形式且$v=\begin{bmatrix}v_1 & v_2 & \cdots & v_{n-1} & v_n\end{bmatrix}$，那么标量 $k$ 与向量 $\boldsymbol{v}$ 相乘可用式(2-9)进行表述。

$$kv=k\begin{bmatrix}v_1 & v_2 & \cdots & v_{n-1} & v_n\end{bmatrix}=\begin{bmatrix}kv_1 & kv_2 & \cdots & kv_{n-1} & kv_n\end{bmatrix} \tag{2-9}$$

【例 2-3】 已知向量$\boldsymbol{v}=4\text{m}@45^\circ$，计算 5$\boldsymbol{v}$。

解答：
$$5\boldsymbol{v}=5\times 4@45^\circ=20\text{m}@45^\circ$$

【例 2-4】 已知向量 $\boldsymbol{v}=[6\quad 9\quad 12]$，计算向量 $\frac{1}{3}\boldsymbol{v}$。

解答：
$$\frac{1}{3}\boldsymbol{v}=[6/3\quad 9/3\quad 12/3]=[2\quad 3\quad 4]$$

需要注意的是，标量与向量相乘时，不需要写乘号，通常直接把标量写在向量的左侧即表示相乘；标量不能除以向量，但是向量可以除以非零的标量，等同于乘以标量的倒数；负向量可视为乘法的特殊情况，即乘以标量“–1”。

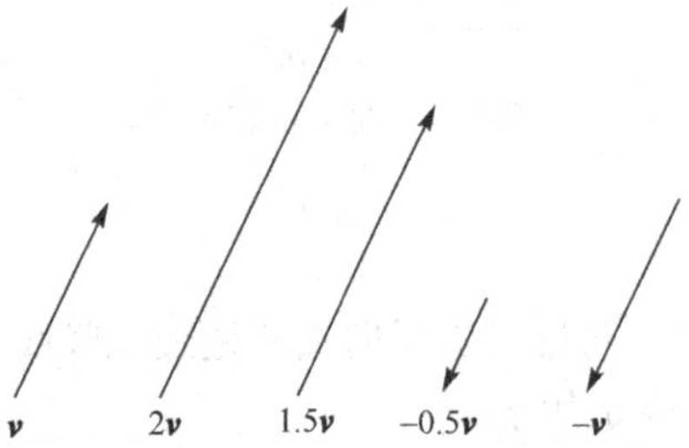

图 2-9 不同标量和向量相乘后的结果

从几何意义上来看，标量 $k$ 与向量 $\boldsymbol{v}$ 进行相乘的结果就是以因子 $k$ 将向量的模进行了扩大或者缩小。如果 $k<0$，则向量将反向。图 2-9 展示了多个标量与向量相乘后的结果。

在游戏编程中，经常用到“单位化”这个术语，其实就是将向量的模长缩放到“1”的过程。单位向量用于表示方向非常方便，也经常称为标准化向量或者“法线”。



向量单位化的过程其实就是标量与向量相乘的一种特殊形式，此时标量等于向量模的倒数。具体的求解式(2-10)如下：

$$\hat{\boldsymbol{v}}=\frac{\boldsymbol{v}}{\|\boldsymbol{v}\|},\quad \boldsymbol{v}\neq 0 \tag{2-10}$$

【例 2-5】 将向量 $\boldsymbol{v}=[5\quad 0\quad -12]$ 进行单位化。

解答：
$$\|\boldsymbol{v}\|=\sqrt{5^2+0^2+(-12)^2}=13\Rightarrow \hat{\boldsymbol{v}}=\frac{\boldsymbol{v}}{\|\boldsymbol{v}\|}=\begin{bmatrix}\frac{5}{13} & 0 & \frac{-12}{13}\end{bmatrix}$$

### 2.5.4 向量的加减法

如果两个向量的维数相同，它们能进行相加或者相减运算，运算结果的向量维数与原向量相同。向量相加可用式(2-11)表示：

$$\boldsymbol{a}+\boldsymbol{b}=\begin{bmatrix}a_1\\a_2\\\vdots\\a_{n-1}\\a_n\end{bmatrix}+\begin{bmatrix}b_1\\b_2\\\vdots\\b_{n-1}\\b_n\end{bmatrix}=\begin{bmatrix}a_1+b_1\\a_2+b_2\\\vdots\\a_{n-1}+b_{n-1}\\a_n+b_n\end{bmatrix} \tag{2-11}$$

向量的减法则可通过负向量转换为向量的加法来实现，如式(2-12)所示：

$$\boldsymbol{a}-\boldsymbol{b}=\boldsymbol{a}+(-\boldsymbol{b})=\begin{bmatrix}a_1\\a_2\\\vdots\\a_{n-1}\\a_n\end{bmatrix}+\begin{bmatrix}-b_1\\-b_2\\\vdots\\-b_{n-1}\\-b_n\end{bmatrix}=\begin{bmatrix}a_1-b_1\\a_2-b_2\\\vdots\\a_{n-1}-b_{n-1}\\a_n-b_n\end{bmatrix} \tag{2-12}$$

需要注意的是，向量不能与标量或者维数不同的向量进行加减法的操作；向量加法满足交换律，而减法不满足交换律，即 $\boldsymbol{a}+\boldsymbol{b}=\boldsymbol{b}+\boldsymbol{a}$ ，但是 $\boldsymbol{a}-\boldsymbol{b}=-(\boldsymbol{b}-\boldsymbol{a})$ ，当且仅当 $\boldsymbol{a}=\boldsymbol{b}$ 时，$\boldsymbol{a}-\boldsymbol{b}=\boldsymbol{b}-\boldsymbol{a}$ ；向量的加减法优先级低于标量和向量的乘法，如 $\boldsymbol{a}-3\boldsymbol{b}=\boldsymbol{a}-(3\boldsymbol{b})$ 。

上文分析了向量加减法的数学运算，接下来将从几何上对向量 $\boldsymbol{a}$ 和向量 $\boldsymbol{b}$ 的相加进行解释。在几何上，向量具有一个特点，它可以被放置在空间的任意位置，只要保持其长度和方向不变即可，换句话说，可以对其进行平移处理。平移向量，使向量 $\boldsymbol{a}$ 与向量 $\boldsymbol{b}$ 首尾相连，如图 2-10 所示。而在图 2-11 中，从向量 $\boldsymbol{a}$ 的箭头指向向量 $\boldsymbol{b}$ 的箭尾，最终生成向量和 $\boldsymbol{a}+\boldsymbol{b}$ 。

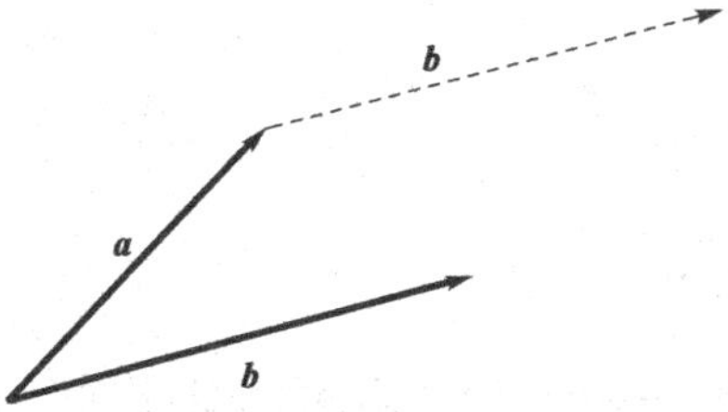


图 2-10　两向量首尾相连

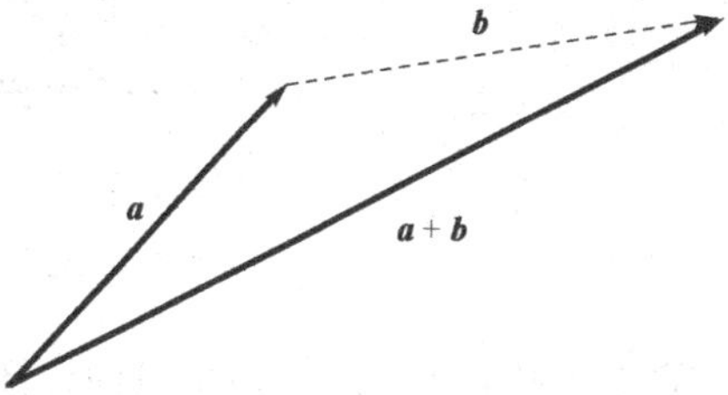


图 2-11　向量 $\boldsymbol{a}$+$\boldsymbol{b}$

将上述内容扩展，从图 2-12 中的“三角形法则”可知，向量相加满足交换律，即 $\boldsymbol{a}+\boldsymbol{b}=\boldsymbol{b}+\boldsymbol{a}$ ，其中 $\boldsymbol{a}$、$\boldsymbol{b}$ 为任意向量。

这里利用向量减法可转换为向量加法的思路来解释向量差 $\boldsymbol{a}-\boldsymbol{b}$，如图 2-13 所示。图中向量 $\boldsymbol{b}$ 取反后得到它的负向量 $-\boldsymbol{b}$，通过连接向量 $\boldsymbol{a}$ 的箭尾和向量 $-\boldsymbol{b}$ 的箭头，得到向量差 $\boldsymbol{a}-\boldsymbol{b}$ 的结果向量。

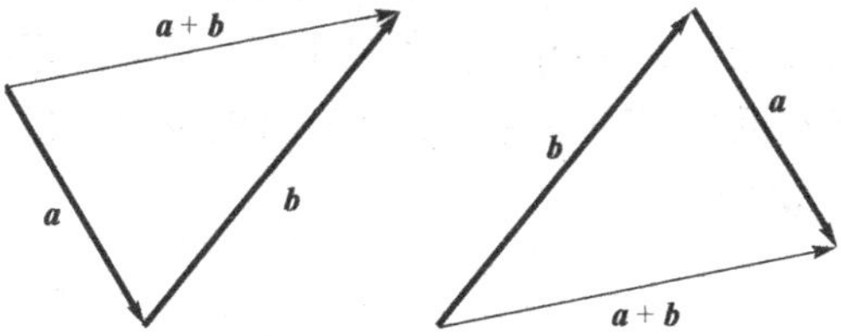


图 2-12　2D 向量加法的三角形法则

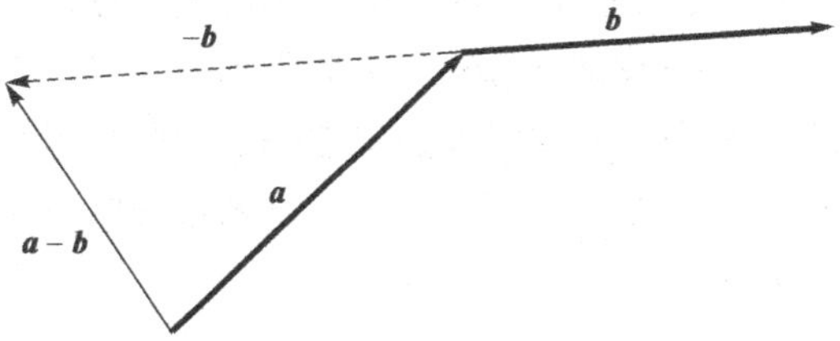


图 2-13　向量差 $\boldsymbol{a}-\boldsymbol{b}$

图 2-14 展示了向量减法的“三角形法则”，同时也证明了向量减法不满足交换律，即 $\boldsymbol{c}-\boldsymbol{d}=-(\boldsymbol{d}-\boldsymbol{c})$ 。

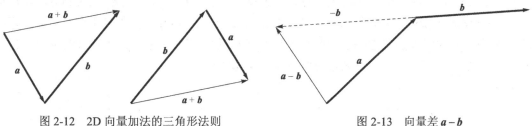

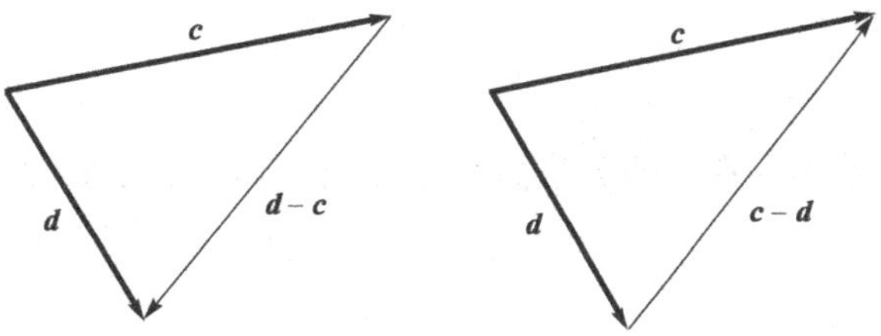


图 2-14　2D 向量减法的三角形法则

向量减法还能用于表述位移，如式(2-13)所示：

$$\text{位移}=\text{最终位置}-\text{起始位置}\ (\Delta\boldsymbol{d}=\boldsymbol{p}_{\mathrm{f}}-\boldsymbol{p}_{\mathrm{i}}) \tag{2-13}$$

同样，向量能帮助大家重新理解距离的概念。向量是有向线段，从几何意义上来说，两点之间的距离等于从一个点到另一个点的向量的长度，如图 2-15 所示。根据 2.4 节，向量$[x, y]$表述了原点到点$(x, y)$的位移量，点 $p$ 和点 $q$ 之间的距离可用向量 $\boldsymbol{b}$ 和向量 $\boldsymbol{a}$ 的差向量的长度来进行描述。

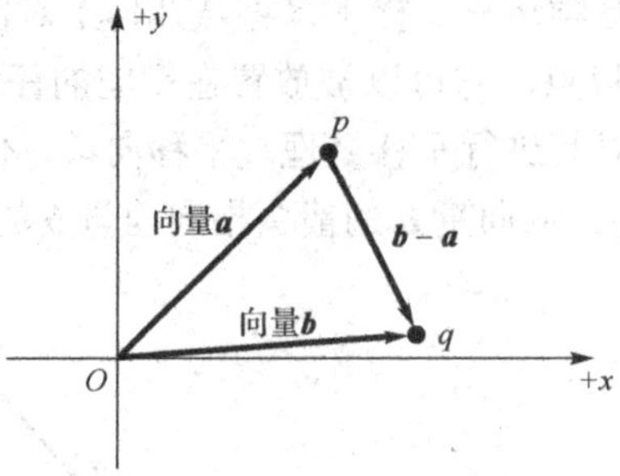


图 2-15　用向量解释距离



在 2D 空间中，两点间的距离可通过图 2-15 中向量 $\boldsymbol{b}-\boldsymbol{a}$ 的长度来理解，3D 空间中距离的求解类似，如式(2-14)所示：

$$\|\boldsymbol{d}\|=\|\boldsymbol{b}-\boldsymbol{a}\|=\begin{cases}\sqrt{(b_y-a_y)^2+(b_x-a_x)^2} & \text{(2D)}\\ \sqrt{(b_y-a_y)^2+(b_x-a_x)^2+(b_z-a_z)^2} & \text{(3D)}\end{cases} \tag{2-14}$$

值得注意的是距离和位移的区别：当计算物体的位移时，方向将要起作用，要求的就是物体的最终位置和起始位置。

**【例 2-6】** 假如在玩弹砖块游戏，移动挡板来接球。挡板的起始位置为(0,250)。现在将它向右下方移动到(100,100)，然后又将其向右上移动到(200,300)以便去接小球。当球快要接触到挡板时，发现挡板的位置偏了一些，于是又将挡板向下移动到了(200,250)的位置。那么挡板的最终位移 $\boldsymbol{d}$ 是多少？经过的实际距离 $d$ 是多少呢？

解答：

$$\boldsymbol{d}=\text{最终位置}-\text{起始位置}=[200\quad 250]-[0\quad 250]=[200\quad 0]$$

$$\begin{aligned}d&=\sqrt{(100-0)^2+(100-250)^2}+\sqrt{(200-100)^2+(300-100)^2}+\sqrt{(200-200)^2+(250-300)^2}\\&=\sqrt{32500}+\sqrt{50000}+\sqrt{2500}\\&=50\sqrt{13}+100\sqrt{5}+50\\&\approx 453.885\end{aligned}$$

从上面的案例可以看出，在游戏开发过程中涉及物体运动距离的计算时，必须要考虑到物体运动的中间过程。

### 2.5.5　向量点乘

向量和向量相乘，有两种不同类型，一种是点乘，另一种是叉乘。首先先来看点乘(有些书上将它命名为内积或者数量积)。点乘的应用非常广泛，在游戏编程、计算机图形学甚至是人工智能中都能见到它的身影，而且点乘与很多复杂计算息息相关，比如矩阵乘法、信号卷积和傅里叶变换等。

点乘被标记为$\boldsymbol{a}\cdot\boldsymbol{b}$。与标量和向量的乘积一样，点乘的优先级要高于向量的加减法。值得注意的是，两个向量的点乘结果总是一个标量，原因在于点乘就是向量对应分量的乘积之和，如式(2-15)所示：

$$\boldsymbol{a}\cdot\boldsymbol{b}=\begin{bmatrix}a_1\\a_2\\\vdots\\a_{n-1}\\a_n\end{bmatrix}\cdot\begin{bmatrix}b_1\\b_2\\\vdots\\b_{n-1}\\b_n\end{bmatrix}=a_1b_1+a_2b_2+\cdots+a_{n-1}b_{n-1}+a_nb_n=\sum_{i=1}^{n}a_ib_i \tag{2-15}$$

最常用到的 2D 向量点乘和 3D 向量点乘则可化简为式(2-16)和式(2-17)：

$$\boldsymbol{a}\cdot\boldsymbol{b}=a_xb_x+a_yb_y \tag{2-16}$$

$$\boldsymbol{a}\cdot\boldsymbol{b}=a_xb_x+a_yb_y+a_zb_z \tag{2-17}$$

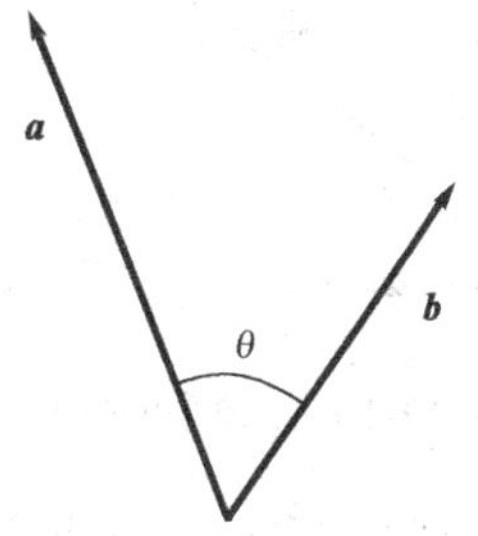

图 2-16　点乘可描述向量间的夹角

向量的点乘是非常有用的运算。从几何上来说，点乘结果不但能描述两个向量之间的角度信息(如图 2-16 所示)，还能表示向量在另一个向量方向上的投影长度(如图 2-18 所示)。

两向量之间的夹角与点乘之间的关系，可用式(2-18)来表述，其中$\theta$为向量$\boldsymbol{a}$和向量$\boldsymbol{b}$之间的夹角：

$$\boldsymbol{a}\cdot\boldsymbol{b}=\|\boldsymbol{a}\|\|\boldsymbol{b}\|\cos\theta \tag{2-18}$$

如果只需要判断夹角$\theta$的大致范围，而无须计算$\theta$确切的值，那么即可用表 2-1 来进行判断。由表 2-1 的内容可知，通过向量点乘的结果与 0 之间的关系，可快速、有效地判断两条直线是否垂直。

**表 2-1　向量点乘和夹角的关系**

| $\boldsymbol{a}\cdot\boldsymbol{b}$ | $\theta$ | 向量$\boldsymbol{a}$和向量$\boldsymbol{b}$之间是否互相垂直 |
|---|---|---|
| <0 | $90°\leqslant\theta\leqslant180°$ | 否 |
| =0 | $\theta=90°$ | 是 |
| >0 | $0°\leqslant\theta\leqslant90°$ | 否 |

**【例 2-7】** 假设在一款游戏中，摄像机的当前位置是(4,0)，向量$\boldsymbol{c}=[0\quad3]$代表摄像机的视线，现在假设一个角色的位置为(6,6)，且摄像机只能看到某方向上90°范围内的物体(即最大视角为90°)，如图 2-17 所示。问该角色是否可见？

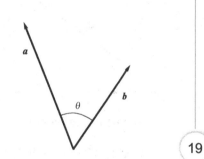

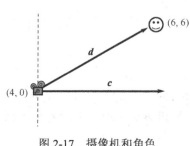

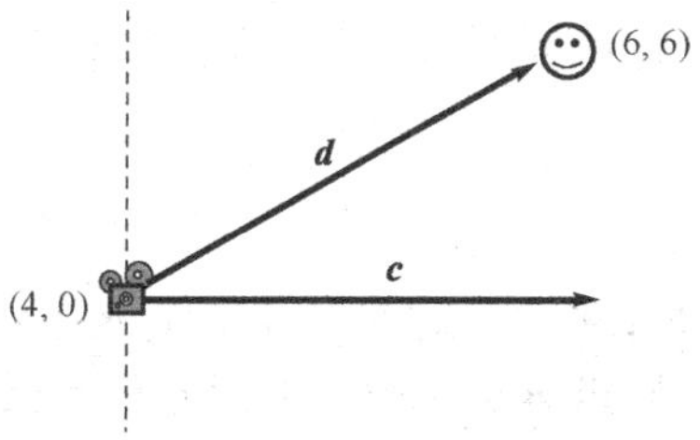

图 2-17　摄像机和角色

解答：

(1) 首先构造由摄像机的当前位置到角色位置所构成的向量，设为$\boldsymbol{d}$，由角色的位置减去摄像机的位置，即可得：$\boldsymbol{d}=[(6-4)\quad(6-0)]=[2\quad6]$。

(2) 计算向量$\boldsymbol{c}$和$\boldsymbol{d}$之间的点乘：$\boldsymbol{c}\cdot\boldsymbol{d}=0\cdot2+3\cdot6=18$。

(3) 因为$\boldsymbol{c}\cdot\boldsymbol{d}>0$，所以摄像机视线和角色之间的夹角一定小于90°，即角色可被摄像机所见。

【例 2-8】 游戏中，某一角色当前的前进方向由向量$\boldsymbol{c}=[5\quad 2\quad -3]$确定，现在该角色改变了前进方向，新方向由向量$\boldsymbol{d}=[8\quad 1\quad -4]$确定，那么该角色转了多少角度？

解答：

(1) 首先计算出向量 $\boldsymbol{c}$ 和 $\boldsymbol{d}$ 的点乘：

$$\boldsymbol{c}\cdot\boldsymbol{d}=5\cdot 8+2\cdot 1+(-3)\cdot(-4)=54$$

(2) 然后计算各个向量的模长：

$$\|\boldsymbol{c}\|=\sqrt{5^2+2^2+(-3)^2}=\sqrt{38},\quad \|\boldsymbol{d}\|=\sqrt{8^2+1^2+(-4)^2}=\sqrt{81}=9$$

(3) 将得到的数值带入到式(2-18)，计算出角度：

$$\theta=\arccos\left(\frac{\boldsymbol{c}\cdot\boldsymbol{d}}{\|\boldsymbol{c}\|\|\boldsymbol{d}\|}\right)=\arccos\left(\frac{54}{9\sqrt{38}}\right)\approx 13.3^\circ$$

向量的点乘还有一个非常重要的几何含义，它代表了向量在另一个向量方向上的投影长度。这里先来看向量 $\boldsymbol{v}$ 与单位向量 $\boldsymbol{n}$ 点乘的几何含义，如图 2-18 所示。

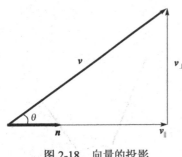

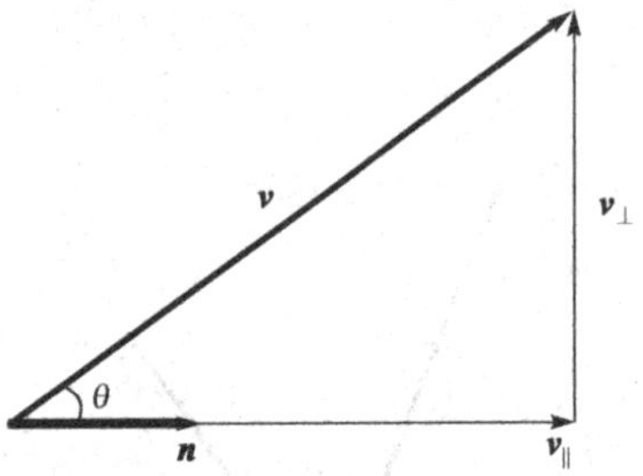


图 2-18 向量的投影



图 2-18 将向量 $\boldsymbol{v}$ 分解为两个分量：正交向量 $\boldsymbol{v}_\perp$（垂直于向量 $\boldsymbol{n}$）和 $\boldsymbol{v}_\parallel$（平行于单位向量 $\boldsymbol{n}$），即满足式(2-19)：

$$\boldsymbol{v}=\boldsymbol{v}_\perp+\boldsymbol{v}_\parallel \tag{2-19}$$

平行分量 $\boldsymbol{v}_\parallel$ 一般称为 $\boldsymbol{v}$ 在 $\boldsymbol{n}$ 上的投影。正因为 $\boldsymbol{v}_\parallel$ 和 $\boldsymbol{n}$ 相互平行，所以可推得公式(2-20)：

$$\boldsymbol{v}_\parallel=\frac{\|\boldsymbol{v}_\parallel\|}{\|\boldsymbol{n}\|}\cdot\boldsymbol{n} \tag{2-20}$$

又从直角三角形的属性中，可推得公式(2-21)：

$$\cos\theta=\frac{\|\boldsymbol{v}_\parallel\|}{\|\boldsymbol{v}\|}\Rightarrow\|\boldsymbol{v}_\parallel\|=\cos\theta\|\boldsymbol{v}\| \tag{2-21}$$

将式(2-21)带入式(2-20)，计算得式(2-22)：

$$\boldsymbol{v}_\parallel=\frac{\cos\theta\|\boldsymbol{v}\|}{\|\boldsymbol{n}\|}\cdot\boldsymbol{n}=\frac{\cos\theta\|\boldsymbol{n}\|\|\boldsymbol{v}\|}{\|\boldsymbol{n}\|^2}\cdot\boldsymbol{n}=\frac{\boldsymbol{n}\cdot\boldsymbol{v}}{\|\boldsymbol{n}\|^2}\cdot\boldsymbol{n} \tag{2-22}$$

因为向量 $\boldsymbol{n}$ 是单位向量，它的模长为 1，那么式(2-22)可化简为式(2-23)：

$$\boldsymbol{v}_\parallel=(\boldsymbol{n}\cdot\boldsymbol{v})\cdot\boldsymbol{n} \tag{2-23}$$

一旦确定了平行分量 $\boldsymbol{v}_\parallel$，垂直分量 $\boldsymbol{v}_\perp$ 的求解也相当容易，将式(2-23)带入式(2-19)求得公式(2-24)：

$$\boldsymbol{v}_\perp=\boldsymbol{v}-\boldsymbol{v}_\parallel=\boldsymbol{v}-(\boldsymbol{n}\cdot\boldsymbol{v})\cdot\boldsymbol{n} \tag{2-24}$$

从图 2-18 可知，假设将向量 $\boldsymbol{v}$ 投影于单位向量 $\boldsymbol{n}$ 上，那么其投影长度就等于向量 $\boldsymbol{v}$ 在 $\boldsymbol{n}$ 上的影子长度，即平行分量 $\boldsymbol{v}_\parallel$ 的模长。换言之，向量 $\boldsymbol{v}$ 与单位向量 $\boldsymbol{n}$ 的点乘，即为向量 $\boldsymbol{v}$ 投影于单位向量 $\boldsymbol{n}$ 上的投影长度。

从上述内容，可进一步推得，如果任意向量 $\boldsymbol{a}$ 与向量 $\boldsymbol{b}$ 进行点乘，其结果相当于是向量 $\boldsymbol{b}$ 在平行于向量 $\boldsymbol{a}$ 的单位向量上的带符号的投影长度与向量 $\boldsymbol{a}$ 的长度进行乘积后的结果，如图 2-19 所示。

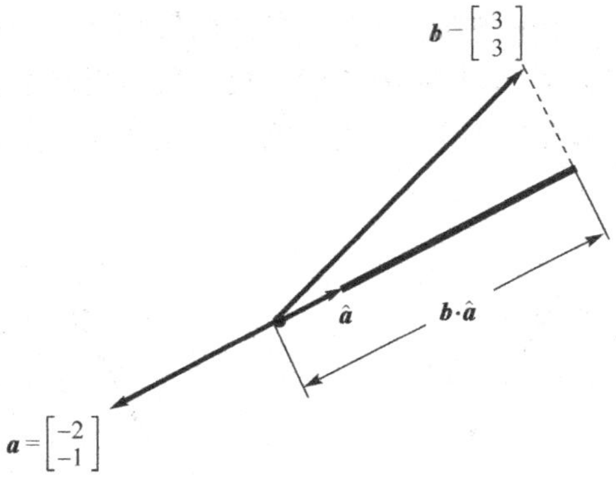


图 2-19　向量 $\boldsymbol{a}$ 和向量 $\boldsymbol{b}$ 的点乘

后文还会多次使用到投影这个概念及上述公式。

### 2.5.6　向量叉乘

叉乘是向量相乘的另一种形式，它与点乘的区别在于点乘的运算结果是一个数值，而叉乘的运算结果是一个向量。因此，向量的叉乘又称为向量积。

叉乘可用式(2-25)进行描述，值得注意的是，这种运算仅可运用于 3D 向量。

$$\boldsymbol{a}\times\boldsymbol{b}=\begin{bmatrix}a_x\\a_y\\a_z\end{bmatrix}\times\begin{bmatrix}b_x\\b_y\\b_z\end{bmatrix}=\begin{bmatrix}a_yb_z-a_zb_y\\a_zb_x-a_xb_z\\a_xb_y-a_yb_x\end{bmatrix}\tag{2-25}$$

叉乘运算的优先级高于向量的加减法，但是和点乘在一起时，叉乘优先级高于点乘，即 $\boldsymbol{a}\cdot\boldsymbol{b}\times\boldsymbol{c}=\boldsymbol{a}\cdot(\boldsymbol{b}\times\boldsymbol{c})$。叉乘不满足交换律，但是满足反交换律，即 $\boldsymbol{a}\times\boldsymbol{b}=-(\boldsymbol{b}\times\boldsymbol{a})$。

从几何上来看，通过叉乘运算得到的向量，垂直于两个原始向量，如图 2-20 所示，该图中向量 $\boldsymbol{a}$ 和 $\boldsymbol{b}$ 在一个平面内。

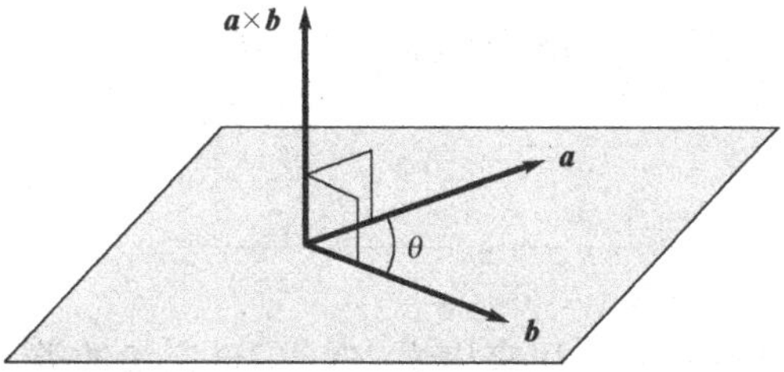


图 2-20　向量叉乘

由于任何两个 3D 向量都可以确定一个平面，而平面法线是垂直于该平面的向量，且其模长为 1。因此可利用叉乘来计算平面法线，如式(2-26)所示：

$$\widehat{\boldsymbol{a}\times\boldsymbol{b}}=\frac{\boldsymbol{a}\times\boldsymbol{b}}{\|\boldsymbol{a}\times\boldsymbol{b}\|}\tag{2-26}$$

需要注意的是，垂直于向量 $\boldsymbol{a}$ 和 $\boldsymbol{b}$ 的方向有两个，判断叉乘 $\boldsymbol{a}\times\boldsymbol{b}$ 到底是指向哪个方向时，需要将向量 $\boldsymbol{a}$ 的头与向量 $\boldsymbol{b}$ 的尾相连，检查从 $\boldsymbol{a}$ 到 $\boldsymbol{b}$ 是顺时针还是逆时针，并结合物体坐标系遵循左手规则还是右手规则，才能真正确定叉乘结果的指向。在图 2-21 和图 2-22 中，向量 $\boldsymbol{a}$ 和 $\boldsymbol{b}$ 头尾相连，不同的是前图中的向量 $\boldsymbol{a}$ 和 $\boldsymbol{b}$ 是顺时针相连，而在后图中则是逆时针相连。如果是在左手坐标系中，那么图 2-21 中 $\boldsymbol{a}\times\boldsymbol{b}$ 的结果向量是指向读者的，而图 2-22 中 $\boldsymbol{a}\times\boldsymbol{b}$ 的结果向量则远离读者。如果是在右手坐标系中，结果则恰好相反。

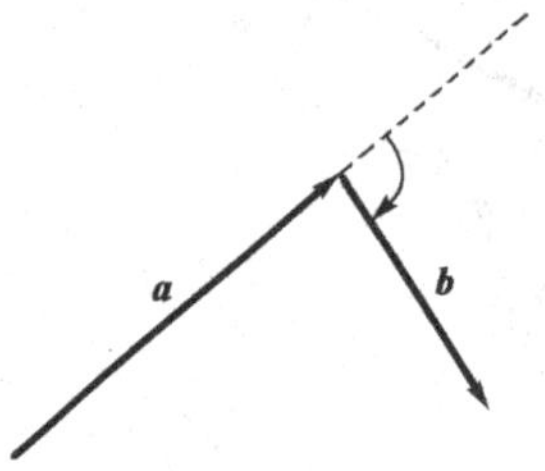


图 2-21　向量顺时针首尾相连

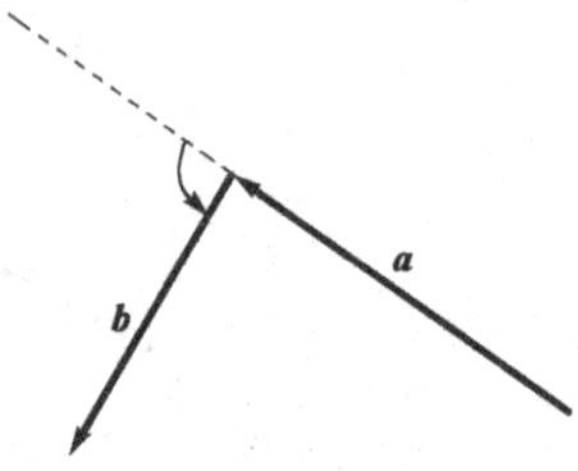


图 2-22　向量逆时针首尾相连

**【例 2-9】** 假设在游戏中某一平面是由向量 $\boldsymbol{a}$ 和 $\boldsymbol{b}$ 确定的，向量 $\boldsymbol{a}=[2\quad -3\quad 5]$，向量 $\boldsymbol{b}=[-1\quad 0\quad 4]$。一人物角色从该平面正上方跳下来，那么该角色下落的方向是什么？假设当前参照系是右手坐标系，且叉乘结果指向该平面上方。

解答：

(1) 首先计算出向量 $\boldsymbol{a}$ 和 $\boldsymbol{b}$ 的叉乘：

$$\boldsymbol{a}\times\boldsymbol{b}=\begin{bmatrix}a_x\\a_y\\a_z\end{bmatrix}\times\begin{bmatrix}b_x\\b_y\\b_z\end{bmatrix}=\begin{bmatrix}a_yb_z-a_zb_y\\a_zb_x-a_xb_z\\a_xb_y-a_yb_x\end{bmatrix}=\begin{bmatrix}-3\times4-5\times0\\5\times(-1)-2\times4\\2\times0-(-3)\times(-1)\end{bmatrix}=\begin{bmatrix}-12\\-13\\-3\end{bmatrix}$$

(2) 由于向量 $\boldsymbol{a}$ 和 $\boldsymbol{b}$ 是顺时针首尾相连，且在右手坐标系下，因此叉乘结果向量的方向应取上述结果的反向，即平面的正方向为 $[12\quad 13\quad 3]$。

(3) 角色从平面正上方跳下来，其下落方向为平面正方向的反方向，因此角色下落的方向为 $[-12\quad -13\quad -3]$。

利用叉乘，还可以计算两向量之间的夹角，如式(2-27)所示，其中 $\theta$ 为向量 $\boldsymbol{a}$ 和 $\boldsymbol{b}$ 之间的夹角：

$$\|\boldsymbol{a}\times\boldsymbol{b}\|=\|\boldsymbol{a}\|\|\boldsymbol{b}\|\sin\theta \tag{2-27}$$

## 2.6　PVector

在 Processing 中，PVector 是一个用来描述 2D 或 3D 向量的类。利用 PVector 的定义及相关方法，可以让向量这个概念更好地被大家理解并进行应用。

### 2.6.1　定义与源代码

PVector 的设计中包含了 3 个基本属性 x、y、z，分别表达了 PVector 在 x 轴、y 轴和 z 轴上面的分量。

在描述 2D 向量时主要用的是 x 和 y，2D PVector 的构造函数源代码如下：

```
public PVector(float x, float y) {
    this.x = x;
    this.y = y;
    this.z = 0;
}
```

在表述 3D 向量时，则用到了 x、y、z 这三个参数，3D PVector 的构造函数源代码如下：

```
public PVector(float x, float y, float z) {
    this.x = x;
    this.y = y;
    this.z = z;
}
```

向量的模长和方向，可以利用 PVector 的相关函数 mag() 和 heading() 轻松求得。而向量的基本运算，在 PVector 中也能找到相应的函数及可视化实例帮助大家去理解、掌握并应用。下面列举了几个向量的基本运算、对应的函数及相关代码案例，并附有可视化结果。



### 2.6.2 add 函数

该函数有四种用法，主要目的是为了实现两个向量的相加，并返回结果向量。其中一种用法的源代码片段如下：

```
static public PVector add(PVector v1, PVector v2, PVector target) {
    if (target == null) {
        //实现向量相加
        target = new PVector(v1.x + v2.x,v1.y + v2.y, v1.z + v2.z);
    } else {
        target.set(v1.x + v2.x, v1.y + v2.y, v1.z + v2.z);
    }
    return target;
}
```

官方具体使用说明详见 https://processing.org/reference/PVector_add_.html，或扫描二维码直接获取。下面的代码案例完整地描述了 add() 的常见用法，在 Processing 中的运行结果如图 2-23 所示。

```
size(300,300);
PVector v1 = new PVector(100, 120, 0);
PVector v2 = new PVector(80, 50, 0);

//以向量 v1 的数值为圆心，绘制半径为 60 的圆(中部)
ellipse(v1.x, v1 .y, 60, 60);
//以向量 v2 的数值为圆心，绘制半径为 40 的圆(上部)
ellipse(v2.x, v2.y, 40, 40);

//以向量 v1 和 v2 之和为圆心，绘制半径为 80 的圆(右下部)
```

```
PVector v3 = PVector.add(v1, v2);
ellipse(v3.x, v3.y, 80, 80);
```

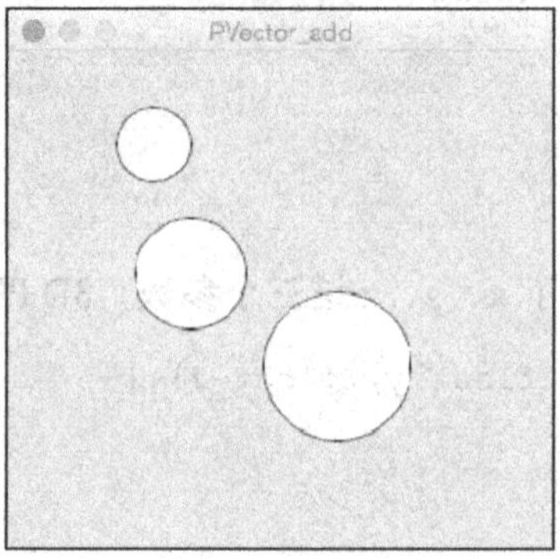


图 2-23　add()的常见用法实例

### 2.6.3　sub 函数



该函数有四种用法，主要目的是为了实现两个向量的相减，并返回结果向量。其中一种用法的源代码片段如下：

```
public PVector sub(PVector v) {
    x -= v.x;
    y -= v.y;
    z -= v.z;
    return this;
}
```

官方具体使用说明详见 https://processing.org/reference/PVector_sub_.html，或扫描二维码直接获取。下面的代码案例完整地描述了 sub()的常见用法，在 Processing 中的运行结果如图 2-24 所示。

```
size(400,300);
PVector v1 = new PVector(240, 220, 0);
PVector v2 = new PVector(80, 170, 0);

//以向量 v1 的数值为圆心，
//绘制半径为 40 的圆(右下方)
ellipse(v1.x, v1.y, 40, 40);

//以向量 v2 的数值为圆心，
//绘制半径为 40 的圆(左下方)
ellipse(v2.x, v2.y, 40, 40);

//以向量 v1 和 v2 之差为圆心，
//绘制半径为 80 的圆(中上部)
v1.sub(v2);
ellipse(v1.x, v1.y, 80, 80);
```

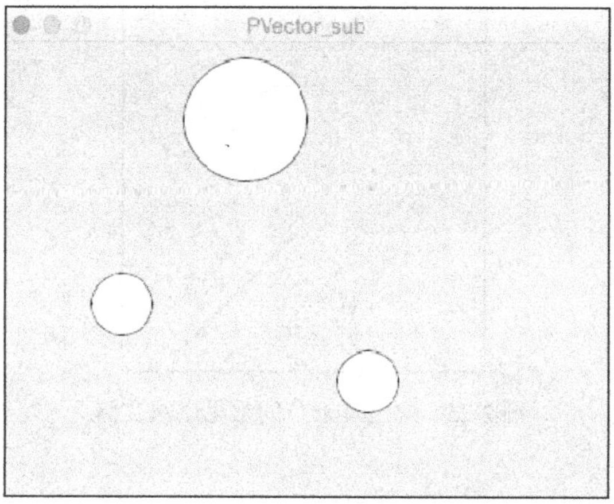


图 2-24 sub()的常见用法实例

### 2.6.4 normalize 函数

该函数有两种用法，主要目的是为了实现向量的单位化，并返回结果向量。其中一种用法的源代码片段如下：

```
public PVector normalize() {
    float m = mag();//先求解出向量的模长
    if (m != 0 && m != 1) {
        div(m);//向量除以模长
    }
    return this;
}
```

具体使用说明详见 https://processing.org/reference/PVector_normalize_.html，或扫描二维码直接获取。下面的代码案例完整地描述了 normalize ()的常见用法，在 Processing 中的运行结果如图 2-25 所示，彩色运行效果图可扫描二维码浏览。

```
size(300,300);
PVector v1 = new PVector(100, 100, 0);

//以屏幕中心为起点，绘制向量 v，黑色线段
strokeWeight(3);
line(width/2, height/2, width/2+v1.x, height/2+v1.y);

//将向量 v1 单位化后，反向绘制，橘色线段
v1.normalize();
strokeWeight(8);
stroke(204, 102, 0);
line(width/2, height/2, width/2-v1.x, height/2-v1.y);
```

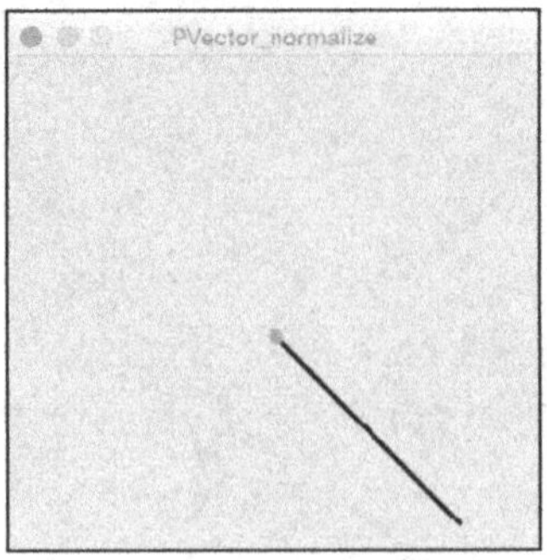


图 2-25　normalize()的常见用法实例

### 2.6.5　mult 函数

该函数有三种用法，主要目的是为了实现标量与向量的相乘，并返回结果向量。其中一种用法的源代码片段如下：



```
public PVector mult(float n) {
    x *= n;
    y *= n;
    z *= n;
    return this;
}
```

具体使用说明详见 https://processing.org/reference/PVector_mult_.html，或扫描二维码直接获取。下面的代码案例完整地描述了 mult()的常见用法，在 Processing 中的运行结果如图 2-26 所示。

```
size(300,300);
PVector v = new PVector(50, 50, 0);

//以向量 v 的数值为圆心，
//绘制半径为 40 的圆(左上方)
ellipse(v.x, v.y, 30, 30);

//以向量 v 和标量 3 的乘积结果为圆心，
//绘制半径为 60 的圆(右下方)
v.mult(3);
ellipse(v.x, v.y, 60, 60);
```

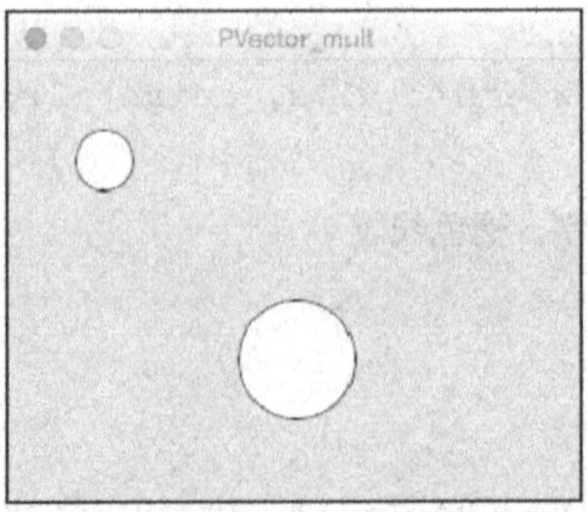


图 2-26　mult()的常见用法实例

### 2.6.6 dot 函数

该函数有三种用法，主要目的是为了实现两个向量的点乘，并返回点乘结果（float 数值）。其中一种用法的源代码片段如下：

```
public float dot(PVector v) {
    return x*v.x + y*v.y + z*v.z;
}
```

具体使用说明详见 https://processing.org/reference/PVector_dot_.html，或扫描二维码直接获取。下面的代码案例完整地描述了 dot()的常见用法，在 Processing 中的运行结果如图 2-27 所示，彩色运行效果图可扫描二维码浏览。

```
size(300,300);
PVector v1 = new PVector(100, 200, 0);
PVector v2 = new PVector(100, 80, 0);

strokeWeight(10);
//绘制向量 v1 和 v2，黑色线段
line(0, 0, v1.x, v1.y);
line(0, 0, v2.x, v2.y);

//将向量 v2 单位化后，v1 投影在其上。
//利用点乘计算出投影长度
v2.normalize();
float d = v1.dot(v2);

//将单位向量进行伸长，扩展为 v1 的平行分量，
//将其绘制，橘色线段
v2.mult(d);
strokeWeight(5);
stroke(204, 102, 0);
line(0, 0, v2.x, v2.y);
```

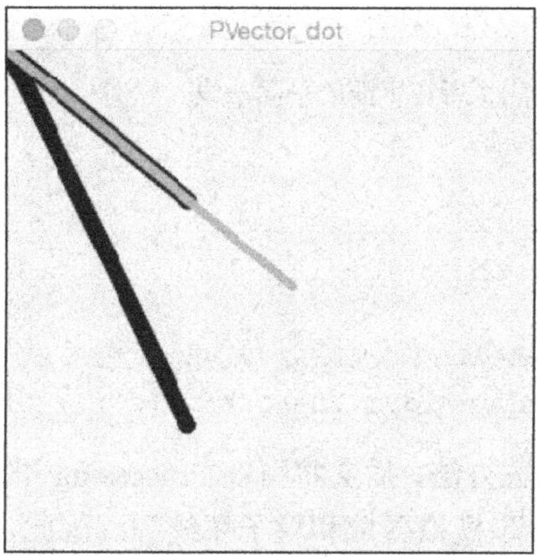


图 2-27　dot()的常见用法实例

### 2.6.7　cross 函数

该函数有三种用法，主要目的是为了实现两个向量的叉乘，并返回结果向量。其中一种用法的源代码片段如下：

```
public PVector cross(PVector v, PVector target) {
    float crossX = y * v.z - v.y * z;
    float crossY = z * v.x - v.z * x;
    float crossZ = x * v.y - v.x * y;

    if (target == null) {
        target = new PVector(crossX, crossY, crossZ);
    } else {
        target.set(crossX, crossY, crossZ);
    }
    return target;
}
```



具体使用说明详见 https://processing.org/reference/PVector_cross_.html，或扫描二维码直接获取。下面的代码案例完整地描述了 cross()的常见用法，在 Processing 中的运行结果如图 2-28 所示，彩色运行效果图可扫描二维码浏览。

```
PVector v1 = new PVector(1, 1, 1);
PVector v2 = new PVector(-1, 1, 1);
float vLength = 80;

size(400, 400, P3D);
PVector vMid = new PVector(width/2, height/2, 0);

//绘制向量 v1 和 v2，黑色线段
strokeWeight(3);
line(vMid.x, vMid.y, vMid.z, vMid.x+vLength*v1.x,
   vMid.y+vLength*v1.y,vMid.z+vLength*v1.z);
line(vMid.x, vMid.y, vMid.z, vMid.x+vLength*v2.x,
   vMid.y+vLength*v2.y,vMid.z+vLength*v2.z);

//利用叉乘求解出向量 v1 和 v2 所在平面的平面法线
//将其绘制，橘色线段
stroke(204, 102, 0);
strokeWeight(5);
PVector v3 = v1.cross(v2);
v3.normalize();
line(vMid.x, vMid.y, vMid.z, vMid.x+vLength*v3.x,
    vMid.y+vLength*v3.y,vMid.z+vLength*v3.z);
```

借助 PVector 的定义及相关方法，后文将可在 Processing 平台上轻松地模拟物体运动的位置、速度和加速度，甚至进一步模拟碰撞和粒子系统等。因此，PVector 在 Processing 中很常见且非常重要。

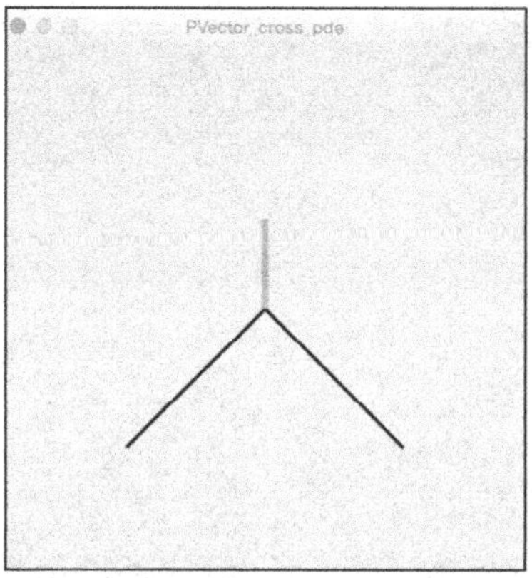


图 2-28　cross()的常见用法实例

## 习题 2



1. 如果一个物体从 400 像素的位置移动到 150 像素的位置，那么它的位移是多少？
2. 下面哪一个选项是向量？

　A. 8 米/秒(向东)　　B. 10 秒　　C. 50　　D. 20 英里

3. 向量[0 743.632]进行单位化后的结果是多少？
4. 
```
PVector v1 = new PVector(10, 20);
PVector v2 = new PVector(60, 80);
float a = ______________________;
```

请在上述代码的最后一行，补充一个函数，用于求解两个向量 v1 和 v2 之间的角度。

5. 请判断这句话的正确性：我们在绘制向量时不需要关心向量的大小，只需要把向量画在正确的位置就可以了。

# 第3章

# 矩阵运算

矩阵是高等代数中的常见工具。在物理学中，矩阵在电路理解、力学、光学和量子物理中都有应用；在计算机科学中，3D 动画制作、游戏实现等都需要用到矩阵。

游戏开发所需要的数学和物理知识中，矩阵是非常重要的基础，主要用来描述两个坐标系之间的关系。利用矩阵的运算法则，能将一个坐标系中的向量转换到另一个坐标系中。

本章将围绕矩阵运算，学习以下内容：

- 3.1 节，矩阵的数学定义，包括矩阵的维数和记法、方阵、相等矩阵、转置矩阵等概念，以及矩阵的加减运算、标量和矩阵的乘法运算、矩阵与矩阵的相乘、行列式和逆等内容；
- 3.2 节，深入分析了向量和矩阵之间的关系，包含行向量和列向量的含义、向量与矩阵的乘法；
- 3.3 节，详细描述了矩阵的几何意义；
- 3.4 节，介绍 Processing 中的 PMatrix 类及相关的矩阵运算函数。

## 3.1 矩阵的数学定义

矩阵是用行和列的形式组织和表达数据的数表。前文中，曾用一维数组定义向量，而矩阵也可以被定义为 2D 数组。

由于在线性代数中有对矩阵的详细介绍，所以本节仅对重要概念进行简单的描述。

### 3.1.1 矩阵的维数和记法

具体地说，一个矩阵中包含了行和列的数量，可用维数来定义。若矩阵有 $r$ 行和 $c$ 列，那么它的维数记为 $r\times c$。下面是一个 4×3 矩阵的例子：

$$\boldsymbol{A}=\begin{bmatrix} 1 & \sqrt{5} & -3 \\ 0.5 & 0 & 2.5 \\ 71 & 3.4 & 1 \\ -1 & 2 & 3/4 \end{bmatrix}$$

在本书中将用方括号表示矩阵，并用黑斜体的大写字母进行标记。

### 3.1.2 方阵

方阵是一种特殊矩阵，它的行数和列数相同。式(3-1)描述了 $n\times n$ 维方阵，它的行数和列数都是 $n$。本书中主要讨论的是 2×2、3×3、4×4 方阵，如式(3-2)所示为 3×3 方阵。

$$\boldsymbol{M}=\begin{bmatrix} m_{11} & m_{12} & \cdots & m_{1n-1} & m_{1n} \\ m_{21} & m_{22} & \cdots & m_{2n-1} & m_{2n} \\ \vdots & \vdots & \ddots & \vdots & \vdots \\ m_{n-11} & m_{n-12} & \cdots & m_{n-1n-1} & m_{n-1n} \\ m_{n1} & m_{n2} & \cdots & m_{nn-1} & m_{nn} \end{bmatrix} \tag{3-1}$$

$$M=\begin{bmatrix} m_{11} & m_{12} & m_{13} \\ m_{21} & m_{22} & m_{23} \\ m_{31} & m_{32} & m_{33} \end{bmatrix} \tag{3-2}$$

式(3-1)中的矩阵 $\boldsymbol{M}$，对角线上的元素为 $m_{11}, m_{22}, \ldots, m_{n-1n-1}, m_{nn}$，行号和列号相同，这样的元素可称为方阵中的对角线元素，其他元素称为非对角线元素，如式(3-3)所示：

$$D=\begin{bmatrix} m_{11} & 0 & \cdots & 0 & 0 \\ 0 & m_{22} & \ldots & 0 & 0 \\ \vdots & \vdots & \ddots & \vdots & \vdots \\ 0 & 0 & \ldots & m_{n-1n-1} & 0 \\ 0 & 0 & \ldots & 0 & m_{nn} \end{bmatrix} \tag{3-3}$$

正如矩阵 $\boldsymbol{D}$ 所示，如果所有非对角线元素都为 0，那么这种矩阵称为对角矩阵。单位矩阵是一种特殊的对角矩阵，其对角线元素为 1，其他元素为 0，$n$ 维单位矩阵记做 $\boldsymbol{I}_n$，如式(3-4)所示：



$$I_n=\begin{bmatrix} 1 & 0 & \cdots & 0 & 0 \\ 0 & 1 & \ldots & 0 & 0 \\ \vdots & \vdots & \ddots & \vdots & \vdots \\ 0 & 0 & \ldots & 1 & 0 \\ 0 & 0 & \ldots & 0 & 1 \end{bmatrix} \tag{3-4}$$

单位矩阵是矩阵的乘法单位元，就如同 1 对于标量的作用，任意一个矩阵乘以单位矩阵得到的还是原矩阵。

### 3.1.3 相等矩阵

假设矩阵 $\boldsymbol{A}$ 和 $\boldsymbol{B}$ 具有相同的维数 $n\times m$，其中矩阵 $\boldsymbol{A}$ 中的元素用 $a_{ij}$ 来表示(下标 $i$ 和 $j$ 分别代表了该元素在矩阵的行号和列号，$1\leqslant i\leqslant n$，$1\leqslant j\leqslant m$)，同样矩阵 $\boldsymbol{B}$ 中的元素用 $b_{ij}$ 来表示。这种同行同列的两个元素称为对应元素。如果这样两个维数相同的矩阵中任意一对对应元素都相同，那么这两个矩阵就是相等矩阵。

因此，判断矩阵相等，需要满足以下两个条件：

- 两矩阵具有相同的行维数和列维数；
- 两矩阵所有的对应元素相同，即 $a_{ij}=b_{ij}$。

### 3.1.4 转置矩阵

矩阵的转置是非常简单而实用的操作，而且适用于任意大小的矩阵。对于一个 $r\times c$ 维矩阵 $\boldsymbol{M}$，它的转置矩阵记为 $\boldsymbol{M}^{\mathrm{T}}$，$\boldsymbol{M}^{\mathrm{T}}$ 的维数是 $c\times r$。进行矩阵转置时，简单说，只需交换每个元素的行和列，即 $\boldsymbol{M}_{ij}^{\mathrm{T}}=\boldsymbol{M}_{ji}$，$\boldsymbol{M}$ 和其转置矩阵 $\boldsymbol{M}^{\mathrm{T}}$ 如式(3-5)所示。

$$
M=\begin{bmatrix} m_{11} & m_{12} & \cdots & m_{1c-1} & m_{1c} \\ m_{21} & m_{22} & \cdots & m_{2c-1} & m_{2c} \\ \vdots & \vdots & \ddots & \vdots & \vdots \\ m_{r-11} & m_{r-12} & \cdots & m_{r-1c-1} & m_{r-1c} \\ m_{r1} & m_{r2} & \cdots & m_{rc-1} & m_{rc} \end{bmatrix}
$$

$$
M^{\mathrm{T}}=\begin{bmatrix} m_{11} & m_{21} & \cdots & m_{r-11} & m_{r1} \\ m_{12} & m_{22} & \cdots & m_{r-12} & m_{r2} \\ \vdots & \vdots & \ddots & \vdots & \vdots \\ m_{1c-1} & m_{2c-1} & \cdots & m_{r-1c-1} & m_{rc-1} \\ m_{1c} & m_{2c} & \cdots & m_{r-1c} & m_{rc} \end{bmatrix} \tag{3-5}
$$

以 3D 矩阵 $\boldsymbol{M}$ 为例，其转置矩阵为 $\boldsymbol{M}^{\mathrm{T}}$，如式(3-6)所示：

$$
M=\begin{bmatrix} m_{11} & m_{12} & m_{13} \\ m_{21} & m_{22} & m_{23} \\ m_{31} & m_{32} & m_{33} \end{bmatrix},\quad M^{\mathrm{T}}=\begin{bmatrix} m_{11} & m_{21} & m_{31} \\ m_{12} & m_{22} & m_{32} \\ m_{13} & m_{23} & m_{33} \end{bmatrix} \tag{3-6}
$$

转置矩阵遵循两条引理：

- 对于任意矩阵 $\boldsymbol{M}$，其转置的转置等于原矩阵，即 $(\boldsymbol{M}^{\mathrm{T}})^{\mathrm{T}}=\boldsymbol{M}$ 。
- 对于任意对角矩阵 $\boldsymbol{D}$(包含单位矩阵 $\boldsymbol{I}$)，其转置矩阵等于原矩阵，即 $\boldsymbol{D}^{\mathrm{T}}=\boldsymbol{D}$。

**【例 3-1】** 已知矩阵 $A=\begin{bmatrix} -1 & \frac{1}{4} & 6 & 34 \\ 0 & 7 & \sqrt{3} & 5 \\ 4 & 2.5 & -2 & 0 \end{bmatrix}$，求 $\boldsymbol{A}^{\mathrm{T}}$ 。

解答：

$$
A^{\mathrm{T}}=\begin{bmatrix} -1 & 0 & 4 \\ \frac{1}{4} & 7 & 2.5 \\ 6 & \sqrt{3} & -2 \\ 34 & 5 & 0 \end{bmatrix}
$$

### 3.1.5 矩阵的加减运算

两个矩阵进行加减运算的前提是：这两个矩阵具有相同的维数。因此，在进行加减运算前，需要先判断两个矩阵的行列数是否相等。

**【例 3-2】** 对矩阵 $\boldsymbol{A}$ 和 $\boldsymbol{B}$ 进行相加，其中矩阵 $A=\begin{bmatrix} 1 & 2 \\ 3 & 4 \end{bmatrix}$，矩阵 $B=\begin{bmatrix} 2 & 4 \\ 0 & 1 \\ 3 & 0 \end{bmatrix}$。

解答：无法对矩阵 $\boldsymbol{A}$ 和 $\boldsymbol{B}$ 进行相加运算，因为这两者的维数不同。矩阵 $\boldsymbol{A}$ 的维数为 2×2，而矩阵 $\boldsymbol{B}$ 的维数为 3×2。

矩阵加法运算，即将对应元素值相加，如式(3-7)所示。其中，矩阵 $\boldsymbol{A}$ 和 $\boldsymbol{B}$ 具有相同的行维数 $n$ 和列维数 $m$。矩阵 $\boldsymbol{A}$ 中的元素用 $a_{ij}$ 来表示(下标 $i$ 和 $j$ 分别代表了该元素在矩阵的行号和列号，$1\leqslant i\leqslant n$，$1\leqslant j\leqslant m$)，同样矩阵 $\boldsymbol{B}$ 中的元素用 $b_{ij}$ 来表示。

$$A+B=\begin{bmatrix} a_{11}+b_{11} & a_{12}+b_{12} & \cdots & a_{1m-1}+b_{1m-1} & a_{1m}+b_{1m} \\ a_{21}+b_{21} & a_{22}+b_{22} & \cdots & a_{2m-1}+b_{2m-1} & a_{2m}+b_{2m} \\ \vdots & \vdots & \ddots & \vdots & \vdots \\ a_{n-11}+b_{n-11} & a_{n-12}+b_{n-12} & \cdots & a_{n-1m-1}+b_{n-1m-1} & a_{n-1m}+b_{n-1m} \\ a_{n1}+b_{n1} & a_{n2}+b_{n2} & \cdots & a_{nm-1}+b_{nm-1} & a_{nm}+b_{nm} \end{bmatrix} \tag{3-7}$$

【例 3-3】 对矩阵 $A$ 和 $B$ 进行相加，其中：矩阵 $A=\begin{bmatrix} 3 & 9 & -1 \\ 4 & 0 & 2 \\ -4 & 1 & 7 \end{bmatrix}$，矩阵 $B=\begin{bmatrix} 3 & 4 & 9 \\ 0 & 1 & 5 \\ 7 & 2 & 6 \end{bmatrix}$。

解答：
$$A+B=\begin{bmatrix} 3+3 & 9+4 & -1+9 \\ 4+0 & 0+1 & 2+5 \\ -4+7 & 1+2 & 7+6 \end{bmatrix}=\begin{bmatrix} 6 & 13 & 8 \\ 4 & 1 & 7 \\ 3 & 3 & 13 \end{bmatrix}$$

相似地，矩阵减法运算只需将对应元素进行相减，如式(3-8)所示。

$$A-B=\begin{bmatrix} a_{11}-b_{11} & a_{12}-b_{12} & \cdots & a_{1m-1}-b_{1m-1} & a_{1m}-b_{1m} \\ a_{21}-b_{21} & a_{22}-b_{22} & \cdots & a_{2m-1}-b_{2m-1} & a_{2m}-b_{2m} \\ \vdots & \vdots & \ddots & \vdots & \vdots \\ a_{n-11}-b_{n-11} & a_{n-12}-b_{n-12} & \cdots & a_{n-1m-1}-b_{n-1m-1} & a_{n-1m}-b_{n-1m} \\ a_{n1}-b_{n1} & a_{n2}-b_{n2} & \cdots & a_{nm-1}-b_{nm-1} & a_{nm}-b_{nm} \end{bmatrix} \tag{3-8}$$



【例 3-4】已知矩阵 $A$ 和 $B$，求解 $A-B$，其中：矩阵 $A=\begin{bmatrix} 3 & 9 & -1 \\ 4 & 0 & 2 \\ -4 & 1 & 7 \end{bmatrix}$，矩阵 $B=\begin{bmatrix} 3 & 4 & 9 \\ 0 & 1 & 5 \\ 7 & 2 & 6 \end{bmatrix}$。

解答：
$$A-B=\begin{bmatrix} 3-3 & 9-4 & -1-9 \\ 4-0 & 0-1 & 2-5 \\ -4-7 & 1-2 & 7-6 \end{bmatrix}=\begin{bmatrix} 0 & 5 & -10 \\ 4 & -1 & -3 \\ -11 & -1 & 1 \end{bmatrix}$$

### 3.1.6 标量和矩阵的乘法运算

标量 $k$ 与矩阵 $M$ 相乘，所得结果矩阵和矩阵 $M$ 具有相同维数。正如式(3-9)所示，这种乘法非常直观，即用 $k$ 乘以 $M$ 中的每个元素。

$$kM=\begin{bmatrix} km_{11} & km_{12} & \cdots & km_{1m-1} & km_{1m} \\ km_{21} & km_{22} & \cdots & km_{2m-1} & km_{2m} \\ \vdots & \vdots & \ddots & \vdots & \vdots \\ km_{n-11} & km_{n-12} & \cdots & km_{n-1m-1} & km_{n-1m} \\ km_{n1} & km_{n2} & \cdots & km_{nm-1} & km_{nm} \end{bmatrix} \tag{3-9}$$

【例 3-5】已知矩阵 $A$ 和 $B$，计算矩阵 $X$，使得 $2X=3A-B$，其中：矩阵 $A=\begin{bmatrix} 3 & 9 & -1 \\ 4 & 0 & 2 \\ -4 & 1 & 7 \end{bmatrix}$，

矩阵 $B=\begin{bmatrix} 3 & 4 & 9 \\ 0 & 1 & 5 \\ 7 & 2 & 6 \end{bmatrix}$。

解答：

$$X=\frac{1}{2}(3A-B)=\frac{1}{2}\begin{bmatrix}3\times3-3 & 3\times9-4 & 3\times(-1)-9\\3\times4-0 & 3\times0-1 & 3\times2-5\\3\times(-4)-7 & 3\times1-2 & 3\times7-6\end{bmatrix}$$

$$=\begin{bmatrix}\frac{1}{2}\times6 & \frac{1}{2}\times23 & \frac{1}{2}\times(-12)\\\frac{1}{2}\times12 & \frac{1}{2}\times(-1) & \frac{1}{2}\times1\\\frac{1}{2}\times(-19) & \frac{1}{2}\times1 & \frac{1}{2}\times15\end{bmatrix}=\begin{bmatrix}3 & 11.5 & -6\\6 & -0.5 & 0.5\\-9.5 & 0.5 & 7.5\end{bmatrix}$$

### 3.1.7 矩阵相乘

如果矩阵 $\boldsymbol{A}$ 和 $\boldsymbol{B}$ 相乘有意义，那么矩阵 $\boldsymbol{A}$ 的列维数必须等于 $\boldsymbol{B}$ 的行维数。换句话说，维数为 $n\times r$ 的矩阵 $\boldsymbol{A}$ 才能够乘以维数为 $r\times m$ 的矩阵 $\boldsymbol{B}$，得到的结果是一个维数为 $n\times m$ 的矩阵，记为 $\boldsymbol{AB}$。



假设结果矩阵 $\boldsymbol{AB}$ 中的任意元素为 $c_{ij}$，矩阵 $\boldsymbol{A}$ 中的任意元素为 $a_{ij}$，而矩阵 $\boldsymbol{B}$ 中的任意元素为 $b_{ij}$，$c_{ij}$ 为 $\boldsymbol{A}$ 中第 $i$ 行与 $\boldsymbol{B}$ 中第 $j$ 列的对应元素乘积之和，具体计算过程如式(3-10)所示：

$$c_{ij}=\sum_{k=1}^{r}a_{ik}b_{kj} \tag{3-10}$$

对于矩阵相乘运算在游戏数学和物理中的应用，本书特别关注方阵相乘，特别是 2×2、3×3 方阵。式(3-11)给出了 2×2 矩阵相乘的完整公式：

$$\boldsymbol{AB}=\begin{bmatrix}a_{11} & a_{12}\\a_{21} & a_{22}\end{bmatrix}\begin{bmatrix}b_{11} & b_{12}\\b_{21} & b_{22}\end{bmatrix}=\begin{bmatrix}a_{11}b_{11}+a_{12}b_{21} & a_{11}b_{12}+a_{12}b_{22}\\a_{21}b_{11}+a_{22}b_{21} & a_{21}b_{12}+a_{22}b_{22}\end{bmatrix} \tag{3-11}$$

**【例 3-6】** 已知矩阵 $\boldsymbol{A}$ 和 $\boldsymbol{B}$，计算 $\boldsymbol{AB}$，其中：矩阵 $\boldsymbol{A}=\begin{bmatrix}2 & 0\\-1 & 4\end{bmatrix}$，矩阵 $\boldsymbol{B}=\begin{bmatrix}0.5 & -4\\6 & 7\end{bmatrix}$。

解答：

$$\boldsymbol{AB}=\begin{bmatrix}2\times0.5+0\times6 & 2\times(-4)+0\times7\\-1\times0.5+4\times6 & -1\times(-4)+4\times7\end{bmatrix}=\begin{bmatrix}1 & -8\\23.5 & 32\end{bmatrix}$$

式(3-12)给出了 3×3 矩阵相乘的完整公式：

$$\begin{aligned}\boldsymbol{AB}&=\begin{bmatrix}a_{11} & a_{12} & a_{13}\\a_{21} & a_{22} & a_{23}\\a_{31} & a_{32} & a_{33}\end{bmatrix}\begin{bmatrix}b_{11} & b_{12} & b_{13}\\b_{21} & b_{22} & b_{23}\\b_{31} & b_{32} & b_{33}\end{bmatrix}\\&=\begin{bmatrix}a_{11}b_{11}+a_{12}b_{21}+a_{13}b_{31} & a_{11}b_{12}+a_{12}b_{22}+a_{13}b_{32} & a_{11}b_{13}+a_{12}b_{23}+a_{13}b_{33}\\a_{21}b_{11}+a_{22}b_{21}+a_{23}b_{31} & a_{21}b_{12}+a_{22}b_{22}+a_{23}b_{32} & a_{21}b_{13}+a_{22}b_{23}+a_{23}b_{33}\\a_{31}b_{11}+a_{32}b_{21}+a_{33}b_{31} & a_{31}b_{12}+a_{32}b_{22}+a_{33}b_{32} & a_{31}b_{13}+a_{32}b_{23}+a_{33}b_{33}\end{bmatrix}\end{aligned} \tag{3-12}$$

【例 3-7】已知矩阵 $A$ 和 $B$，计算 $AB$，其中：矩阵 $A=\begin{bmatrix}1 & 0 & -2\\0 & 3 & 0\\5 & 2 & -6\end{bmatrix}$，矩阵 $B=\begin{bmatrix}0.5 & -4 & 0\\6 & 7 & 2\\2 & 0 & 1\end{bmatrix}$。

$$\boldsymbol{AB}=\begin{bmatrix}1\times0.5+0\times6+(-2)\times2 & 1\times(-4)+0\times7+(-2)\times0 & 1\times0+0\times2+(-2)\times1\\0\times0.5+3\times6+0\times2 & 0\times(-4)+3\times7+0\times0 & 0\times0+3\times2+0\times1\\5\times0.5+2\times6+(-6)\times2 & 5\times(-4)+2\times7+(-6)\times0 & 5\times0+2\times2+(-6)\times1\end{bmatrix}$$

$$=\begin{bmatrix}-3.5 & -4 & -2\\18 & 21 & 6\\2.5 & -6 & -2\end{bmatrix}$$

值得注意的是：

- 矩阵乘法不满足交换律，即 $\boldsymbol{AB}\neq\boldsymbol{BA}$；
- 矩阵乘法满足结合律，即 $(\boldsymbol{AB})\boldsymbol{C}=\boldsymbol{A}(\boldsymbol{BC})$，这里假设这三个矩阵的乘法有意义；
- 矩阵乘法也满足与标量的结合律，即 $(k\boldsymbol{A})\boldsymbol{B}=k(\boldsymbol{AB})=\boldsymbol{A}(k\boldsymbol{B})$；
- 矩阵乘积的转置相当于先对矩阵进行转置然后以相反顺序进行乘法运算，即 $(\boldsymbol{AB})^{\mathrm{T}}=\boldsymbol{B}^{\mathrm{T}}\boldsymbol{A}^{\mathrm{T}}$；
- 任意矩阵 $\boldsymbol{M}$ 乘以方阵 $\boldsymbol{S}$，不论 $\boldsymbol{S}$ 是在 $\boldsymbol{M}$ 的左侧还是右侧，乘积结果矩阵的维度和矩阵 $\boldsymbol{M}$ 是一致的；如果 $\boldsymbol{I}$ 是单位矩阵，乘积结果仍然是 $\boldsymbol{M}$，即 $\boldsymbol{MI}=\boldsymbol{IM}=\boldsymbol{M}$。



### 3.1.8 行列式

任意 $n\times n$ 维方阵 $\boldsymbol{M}$ 有一个对应的标量，将其称为行列式，记为$|\boldsymbol{M}|$或者“det $\boldsymbol{M}$”。

首先给出 2×2 方阵的行列式，如式(3-13)所示：

$$|\boldsymbol{M}|=\begin{vmatrix}m_{11} & m_{12}\\m_{21} & m_{22}\end{vmatrix}=m_{11}m_{22}-m_{12}m_{21} \tag{3-13}$$

这里可以用图 3-1 帮助记忆式(3-13)，在该图中 $m_{11}$ 和 $m_{22}$ 之间的连线代表了连接的这两个元素进行乘积运算，并在运算结果前冠以“+”号，$m_{12}$ 和 $m_{21}$ 之间的连线也代表了连接的这两个元素进行乘积运算，但是需要在运算结果前冠以“−”号，行列式是这两组结果之和。

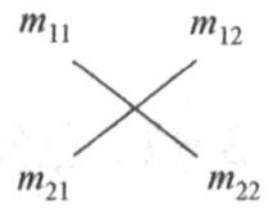

图 3-1　2×2 矩阵行列式求解示意图

计算方阵 3×3 的行列式，过程如式(3-14)所示：

$$\begin{aligned}|\boldsymbol{M}|&=\begin{vmatrix}m_{11} & m_{12} & m_{13}\\m_{21} & m_{22} & m_{23}\\m_{31} & m_{32} & m_{33}\end{vmatrix}\\&=m_{11}m_{22}m_{33}+m_{12}m_{23}m_{31}+m_{13}m_{21}m_{32}\\&\quad-m_{11}m_{23}m_{32}-m_{12}m_{21}m_{33}-m_{13}m_{22}m_{31}\\&=m_{11}\left(m_{22}m_{33}-m_{23}m_{32}\right)\\&\quad-m_{12}\left(m_{21}m_{33}-m_{23}m_{31}\right)+m_{13}\left(m_{21}m_{32}-m_{22}m_{31}\right)\end{aligned} \tag{3-14}$$

仔细观察上述公式，可发现最后一行公式，其实是由 $m_{11}$ 乘以原矩阵去除 $m_{11}$ 所在行和列的元素之后新生成矩阵 $\begin{bmatrix} m_{22} & m_{23} \\ m_{32} & m_{33} \end{bmatrix}$ 的行列式(图 3-2(a))，减去 $m_{12}$ 乘以 $\begin{vmatrix} m_{21} & m_{23} \\ m_{31} & m_{33} \end{vmatrix}$ (图 3-2 (b))，再加上 $m_{13}$ 乘以 $\begin{vmatrix} m_{21} & m_{22} \\ m_{31} & m_{32} \end{vmatrix}$ (图 3-2(c))，最后计算而得的。

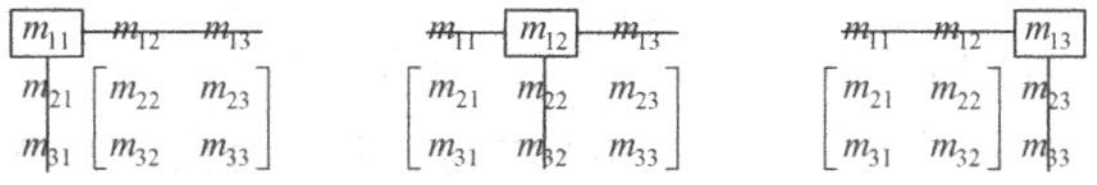

(a) (b) (c)

图 3-2 3×3 矩阵行列式求解示意图

图 3-2 中 $\boldsymbol{M}$ 的余子式，将其记为 $\boldsymbol{M}_{ij}$。与余子式相关的还有一个非常重要的概念，代数余子式，即相对应余子式的有符号行列式，具体表述如式(3-15)所示：

$$c_{ij} = (-1)^{i+j}\left|\boldsymbol{M}_{ij}\right| \; c_{ij} = (-1)^{i+j}\left|\boldsymbol{M}_{ij}\right| \tag{3-15}$$

下文将用余子式和代数余子式来计算任意 $n \times n$ 维方阵 $\boldsymbol{M}$ 的行列式。首先，先在矩阵中选择第 $i$ 行，对于该行中的每一个元素，都乘以对应的代数余子式，这些乘积之和即为矩阵的行列式，如式(3-16)所示：

$$\left|\boldsymbol{M}\right| = \sum_{j=1}^{n} m_{ij} c_{ij} = \sum_{j=1}^{n} m_{ij} (-1)^{i+j} \left|\boldsymbol{M}_{ij}\right| \tag{3-16}$$

选择某一列，也可以进行行列式的求解，过程和式(3-16)相似，因此不再一一赘述。

**【例 3-8】** 已知矩阵 $\boldsymbol{A} = \begin{bmatrix} 1 & 0 & -2 \\ 0 & 3 & 0 \\ 5 & 2 & -6 \end{bmatrix}$，计算行列式 $\left|\boldsymbol{A}\right|$。

解答：根据式(3-16)，分别选择第 1 行和第 2 列，进行行列式的求解并比较计算结果。

$i = 1$：

$$\begin{aligned} \left|A\right| &= \begin{vmatrix} 1 & 0 & -2 \\ 0 & 3 & 0 \\ 5 & 2 & -6 \end{vmatrix} \\ &= 1 \times (-1)^{1+1} \begin{vmatrix} 3 & 0 \\ 2 & -6 \end{vmatrix} + 0 \times (-1)^{1+2} \begin{vmatrix} 0 & 0 \\ 5 & -6 \end{vmatrix} + (-2) \times (-1)^{1+3} \begin{vmatrix} 0 & 3 \\ 5 & 2 \end{vmatrix} \\ &= -18 + (-2) \times (-15) = 12 \end{aligned}$$

$j = 2$：

$$\begin{aligned} \left|A\right| &= \begin{vmatrix} 1 & 0 & -2 \\ 0 & 3 & 0 \\ 5 & 2 & -6 \end{vmatrix} \\ &= 0 \times (-1)^{2+1} \begin{vmatrix} 0 & -2 \\ 2 & -6 \end{vmatrix} + 3 \times (-1)^{2+2} \begin{vmatrix} 1 & -2 \\ 5 & -6 \end{vmatrix} + 0 \times (-1)^{2+3} \begin{vmatrix} 1 & 0 \\ 5 & 2 \end{vmatrix} \\ &= 0 + 3 \times 1 \times (-6 + 10) = 12 \end{aligned}$$

上述两种解法的计算结果是完全一致的，但是第二种解法更简单。由此可见，选择 0 元素较多的行或列来进行行列式的求解，能简化计算。

值得注意的还有如下行列式的一些重要性质：

- 矩阵乘积的行列式等于矩阵行列式的乘积，即 $|\boldsymbol{M}_1\boldsymbol{M}_2\cdots\boldsymbol{M}_n|=|\boldsymbol{M}_1||\boldsymbol{M}_2|\cdots|\boldsymbol{M}_n|$；
- 矩阵转置的行列式等于原矩阵的行列式，即 $|\boldsymbol{M}^{\mathrm{T}}|=|\boldsymbol{M}|$；
- 如果矩阵的任意行或列全为零，那么它的行列式为零；
- 2D 中，行列式的值等于以基向量为两边构造的平行四边形的有符号面积，如图 3-3 所示；

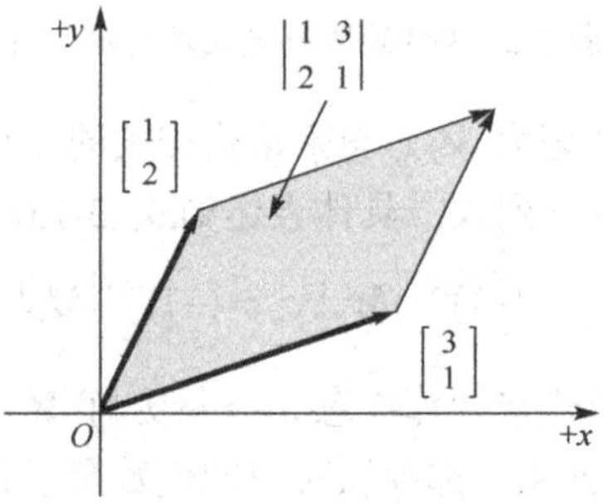


图 3-3　2D 行列式的几何意义

- 3D 中，行列式的值等于以变换后的基向量为三边的平行六面体的有符号面积。

### 3.1.9　矩阵的逆

矩阵求逆是非常重要的运算，但是只适用于方阵。方阵 $\boldsymbol{M}$ 的逆，记为 $\boldsymbol{M}^{-1}$。$\boldsymbol{M}$ 与 $\boldsymbol{M}^{1}$ 相乘得到单位矩阵，如式(3-17)所示：

$$\boldsymbol{M}^{-1}\boldsymbol{M}=\boldsymbol{M}(\boldsymbol{M}^{-1})=\boldsymbol{I} \tag{3-17}$$

值得注意的是，并非所有矩阵都有逆矩阵。如果一个矩阵有逆矩阵，那么称之为可逆的或者非奇异的，否则称之为不可逆的或者奇异矩阵。

判断矩阵是否可逆，可以通过检测矩阵行列式的值。奇异矩阵的行列式为零，非奇异矩阵的行列式不为零。

在几何应用和游戏中，经常使用低阶矩阵，因此利用标准伴随矩阵能更快地实现矩阵的逆求解。所谓标准伴随矩阵，通常记为“adj$\boldsymbol{M}$”，是矩阵 $\boldsymbol{M}$ 的代数余子式$\{c_{ij}\}$(式(3-15))组成的矩阵的转置。常用的 2D 矩阵和 3D 矩阵的标准伴随矩阵，如式(3-18)和式(3-19)所示：

$$\mathrm{adj}\boldsymbol{M}=\begin{bmatrix} c_{11} & c_{12} \\ c_{21} & c_{22} \end{bmatrix}^{\mathrm{T}}=\begin{bmatrix} c_{11} & c_{21} \\ c_{12} & c_{22} \end{bmatrix} \tag{3-18}$$

$$\mathrm{adj}\boldsymbol{M}=\begin{bmatrix} c_{11} & c_{12} & c_{13} \\ c_{21} & c_{22} & c_{23} \\ c_{31} & c_{32} & c_{33} \end{bmatrix}^{\mathrm{T}}=\begin{bmatrix} c_{11} & c_{21} & c_{31} \\ c_{12} & c_{22} & c_{32} \\ c_{13} & c_{23} & c_{33} \end{bmatrix} \tag{3-19}$$

将标准伴随矩阵除以矩阵 $\boldsymbol{M}$ 的行列式，可得矩阵的逆，如式(3-20)所示：

$$\boldsymbol{M}^{-1}=\frac{\mathrm{adj}\boldsymbol{M}}{|\boldsymbol{M}|} \tag{3-20}$$

矩阵的逆在几何上非常有用，利用这一特性可将某一变换进行反向变换，恢复到原始状态。比如某向量用矩阵进行变换，只要再乘以矩阵的逆，就会得到原向量。

【例 3-9】 已知矩阵 $\boldsymbol{A}=\begin{bmatrix}1&0&-2\\0&3&0\\5&2&-6\end{bmatrix}$，计算矩阵的逆。

解答：由例 3-8 计算结果所得，$|\boldsymbol{A}|=12$。

(1)首先，计算该矩阵的各个代数余子式：

$$c_{11}=(-1)^{1+1}\begin{vmatrix}3&0\\2&-6\end{vmatrix}=-18，\quad c_{21}=(-1)^{2+1}\begin{vmatrix}0&-2\\2&-6\end{vmatrix}=-4，\quad c_{31}=(-1)^{3+1}\begin{vmatrix}0&-2\\3&0\end{vmatrix}=6$$

$$c_{12}=(-1)^{1+2}\begin{vmatrix}0&0\\5&-6\end{vmatrix}=0，\quad c_{22}=(-1)^{2+2}\begin{vmatrix}1&-2\\5&-6\end{vmatrix}=4，\quad c_{32}=(-1)^{3+2}\begin{vmatrix}1&-2\\0&0\end{vmatrix}=0$$

$$c_{13}=(-1)^{1+3}\begin{vmatrix}0&3\\5&2\end{vmatrix}=-15，\quad c_{23}=(-1)^{2+3}\begin{vmatrix}1&0\\5&2\end{vmatrix}=-2，\quad c_{33}=(-1)^{3+3}\begin{vmatrix}1&0\\0&3\end{vmatrix}=3$$

(2)然后计算该矩阵的标准伴随矩阵：

$$\text{adj}\boldsymbol{M}=\begin{bmatrix}c_{11}&c_{21}&c_{31}\\c_{12}&c_{22}&c_{32}\\c_{13}&c_{23}&c_{33}\end{bmatrix}=\begin{bmatrix}-18&-4&6\\0&4&0\\-15&-2&3\end{bmatrix}$$

(3)最后从标准伴随矩阵，根据式(3-20)推导出逆矩阵：

$$\boldsymbol{M}^{-1}=\frac{\text{adj}\boldsymbol{M}}{|\boldsymbol{M}|}=\frac{1}{12}\begin{bmatrix}-18&-4&6\\0&4&0\\-15&-2&3\end{bmatrix}=\begin{bmatrix}-1.5&-\frac{1}{3}&0.5\\0&\frac{1}{3}&0\\-\frac{5}{4}&-\frac{1}{6}&\frac{1}{4}\end{bmatrix}$$

## 3.2 向量和矩阵

$n$ 维向量，从本质上来说，可以看成一种特殊的矩阵，其维数为 $1\times n$ 或者 $n\times 1$。

### 3.2.1 行向量与列向量

$1\times n$ 维矩阵，只有一行，因此称为行向量。以此类推，$n\times 1$ 维矩阵只有一列，称为列向量。

转置同样能用于向量，它能使列向量变为行向量，行向量变成列向量，如式(3-21)所示。在书面表达中，经常使用行(或列)向量转置书写列(或行)向量，如$[1\quad 2\quad 3]^{\text{T}}$。矩阵转置的引理也能同样作用于向量的转置。

$$[x \quad y \quad z]^{\mathrm{T}} = \begin{bmatrix} x \\ y \\ z \end{bmatrix}$$

$$\begin{bmatrix} x \\ y \\ z \end{bmatrix}^{\mathrm{T}} = [x \quad y \quad z] \tag{3-21}$$

### 3.2.2 向量与矩阵的乘法

向量也能和矩阵进行乘法运算，这里行向量和列向量的区别非常重要。式(3-22)展示了3D行向量和3×3矩阵 $\boldsymbol{M}$ 的乘法，式(3-23)展示了3D列向量和3×3矩阵 $\boldsymbol{M}$ 的乘法。

请注意行向量和列向量在与矩阵相乘时它们的位置。行向量作为矩阵的维数是1×3，因此为了让乘法有意义，在相乘时它只能位于矩阵 $\boldsymbol{M}$ 的左侧。类似的，列向量在与矩阵相乘时，它只能位于矩阵 $\boldsymbol{M}$ 的右侧。



$$\begin{aligned} &[x \quad y \quad z]\begin{bmatrix} m_{11} & m_{12} & m_{13} \\ m_{21} & m_{22} & m_{23} \\ m_{31} & m_{32} & m_{33} \end{bmatrix} \\ &= [xm_{11} + ym_{21} + zm_{31} \quad xm_{12} + ym_{22} + zm_{32} \quad xm_{13} + ym_{23} + zm_{33}] \end{aligned} \tag{3-22}$$

$$\begin{bmatrix} m_{11} & m_{12} & m_{13} \\ m_{21} & m_{22} & m_{23} \\ m_{31} & m_{32} & m_{33} \end{bmatrix}\begin{bmatrix} x \\ y \\ z \end{bmatrix} = \begin{bmatrix} xm_{11} + ym_{21} + zm_{31} \\ xm_{12} + ym_{22} + zm_{32} \\ xm_{13} + ym_{23} + zm_{33} \end{bmatrix} \tag{3-23}$$

另外，矩阵和向量相乘时，还需要注意的是：

- 相乘结果向量的每个元素都是原向量和矩阵中单独行或列的点积；
- 行向量左乘矩阵的结果必为行向量，列向量右乘矩阵的结果必为列向量；
- 矩阵与向量的乘法满足对向量加法的分配律，即 $(\boldsymbol{v}+\boldsymbol{w})\boldsymbol{M} = \boldsymbol{vM} + \boldsymbol{wM}$，其中 $\boldsymbol{v}$ 和 $\boldsymbol{w}$ 为向量，而 $\boldsymbol{M}$ 为矩阵；
- 矩阵乘法也满足与向量的结合律，即 $(\boldsymbol{vA})\boldsymbol{B} = \boldsymbol{v}(\boldsymbol{AB})$。

## 3.3 矩阵的几何意义

一般来说，任意向量 $\boldsymbol{v}$ 都能用式(3-24)来描述：

$$\boldsymbol{v} = [x \quad y \quad z] = x[1 \quad 0 \quad 0] + y[0 \quad 1 \quad 0] + z[0 \quad 0 \quad 1] \tag{3-24}$$

值得注意的是，在上述公式中右边的单位向量就是 $x$、$y$ 和 $z$ 轴的单位向量。因此，如果用向量 $\boldsymbol{i}$、$\boldsymbol{j}$ 和 $\boldsymbol{k}$ 标记指向+$x$、+$y$ 和+$z$ 轴的单位向量，其中 $\boldsymbol{i} = [1 \quad 0 \quad 0]$，$\boldsymbol{j} = [0 \quad 1 \quad 0]$，$\boldsymbol{k} = [0 \quad 0 \quad 1]$，式(3-24)可被改造为式(3-25)：

$$\boldsymbol{v} = [x \quad y \quad z] = x\boldsymbol{i} + y\boldsymbol{j} + z\boldsymbol{k} \tag{3-25}$$

向量 $\boldsymbol{i}$、$\boldsymbol{j}$ 和 $\boldsymbol{k}$ 称基向量，式(3-25)描述了如何将向量 $\boldsymbol{v}$ 表示为基向量的线性变换。上述公式中的基向量描述的是笛卡儿坐标系，实际上，一个坐标系能用任意 3 个线性无关的向量定义，这样的向量也可以称为基向量。

假设以某 3 个线性无关(不在同一平面上)的基向量 $\boldsymbol{p}$、$\boldsymbol{q}$ 和 $\boldsymbol{r}$ 为行构造一个 3×3 矩阵 $\boldsymbol{M}$，其中 $\boldsymbol{p}=[p_x \quad p_y \quad p_z]$，$\boldsymbol{q}=[q_x \quad q_y \quad q_z]$，$\boldsymbol{r}=[r_x \quad r_y \quad r_z]$，如式(3-26)所示：

$$\boldsymbol{M}=\begin{bmatrix}\boldsymbol{p}\\ \boldsymbol{q}\\ \boldsymbol{r}\end{bmatrix}=\begin{bmatrix}p_x & p_y & p_z\\ q_x & q_y & q_z\\ r_x & r_y & r_z\end{bmatrix} \tag{3-26}$$

将矩阵 $\boldsymbol{M}$ 左乘向量 $\boldsymbol{v}$，可得式(3-27)：

$$\begin{aligned}\boldsymbol{vM}&=[x \quad y \quad z]\begin{bmatrix}p_x & p_y & p_z\\ q_x & q_y & q_z\\ r_x & r_y & r_z\end{bmatrix}\\ &=[x\cdot p_x+y\cdot q_x+z\cdot r_x \quad x\cdot p_y+y\cdot q_y+z\cdot r_y \quad x\cdot p_z+y\cdot q_z+z\cdot r_z]\\ &=x\boldsymbol{p}+y\boldsymbol{q}+z\boldsymbol{r}\end{aligned} \tag{3-27}$$

上述公式与式(3-25)极为类似。这充分说明，如果把矩阵的行解释为某一个坐标系的基向量，那么乘以这个矩阵，就相当于执行了一次坐标转换。即假设存在矩阵 $\boldsymbol{M}$ 和向量 $\boldsymbol{a}$，通过乘法运算 $\boldsymbol{aM}=\boldsymbol{b}$，把当前坐标系下的向量 $\boldsymbol{a}$ 转换成了新坐标系下的向量 $\boldsymbol{b}$，该新坐标系的基向量就是以矩阵 $\boldsymbol{M}$ 的各个行来表示的。

那么怎样来理解矩阵的行表示了转换后的坐标系呢？先来看看下面的式(3-28)、式(3-29)、式(3-30)：

$$[1 \quad 0 \quad 0]\boldsymbol{M}=[1 \quad 0 \quad 0]\begin{bmatrix}p_x & p_y & p_z\\ q_x & q_y & q_z\\ r_x & r_y & r_z\end{bmatrix}=[p_x \quad p_y \quad p_z]=\boldsymbol{p} \tag{3-28}$$

$$[0 \quad 1 \quad 0]\boldsymbol{M}=[0 \quad 1 \quad 0]\begin{bmatrix}p_x & p_y & p_z\\ q_x & q_y & q_z\\ r_x & r_y & r_z\end{bmatrix}=[q_x \quad q_y \quad q_z]=\boldsymbol{q} \tag{3-29}$$

$$[0 \quad 0 \quad 1]\boldsymbol{M}=[0 \quad 0 \quad 1]\begin{bmatrix}p_x & p_y & p_z\\ q_x & q_y & q_z\\ r_x & r_y & r_z\end{bmatrix}=[r_x \quad r_y \quad r_z]=\boldsymbol{r} \tag{3-30}$$

上述三个公式中将笛卡儿坐标系下的标准基向量[1　0　0]、[0　1　0]、[0　0　1]与任意矩阵 $\boldsymbol{M}$ 相乘，得到的结果是矩阵 $\boldsymbol{M}$ 的各行。因此，矩阵的每一行都能解释为转换后的基向量。

以下列 2D 矩阵为例：

$$\boldsymbol{M}=\begin{bmatrix}3 & 1\\ -1 & 3\end{bmatrix}$$

这个矩阵的基向量分别是： $\boldsymbol{p}=[3\ \ 1]$ 和 $\boldsymbol{q}=[-1\ \ 3]$。

图 3-4 展示了从笛卡儿坐标系的标准基向量 $\boldsymbol{i}$ 通过矩阵 $\boldsymbol{M}$ 变换为新的基向量 $\boldsymbol{p}$，而原笛卡儿坐标系的标准基向量 $\boldsymbol{j}$ 则变换为基向量 $\boldsymbol{q}$。同一坐标系下，相应的基向量对呈 L 形。从该图可得，矩阵 $\boldsymbol{M}$ 表示了逆时针旋转约 18° 的变换。

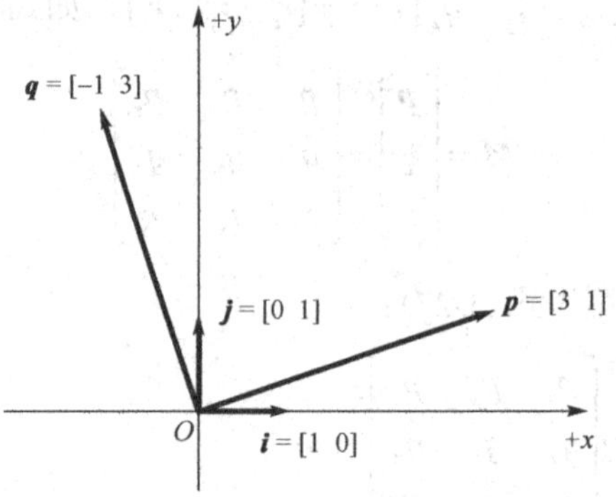


图 3-4　转换矩阵的列向量



实际上，矩阵 $\boldsymbol{M}$ 不仅代表了旋转，还进行了拉伸变换。这里将描述一对基向量的 L 形补充成完整的平行四边形，并在其中放置一张图片来加以说明。正如图 3-5 和图 3-6 所示，同一张图片在矩阵 $\boldsymbol{M}$ 的作用下，拉伸了 $\sqrt{3^2+1^2}=\sqrt{10}\approx 3.16$ 倍。

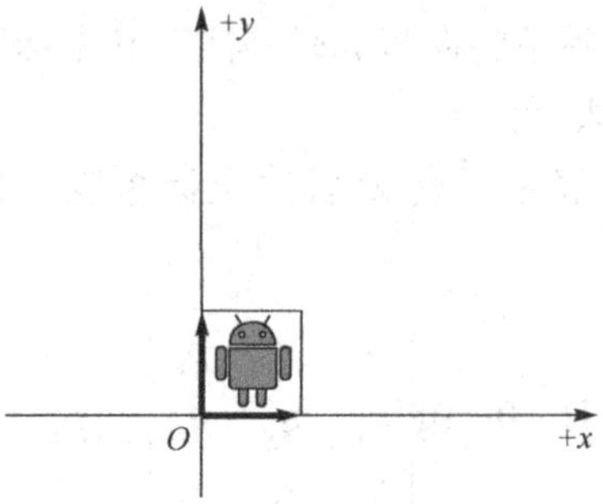


图 3-5　变换前的图片

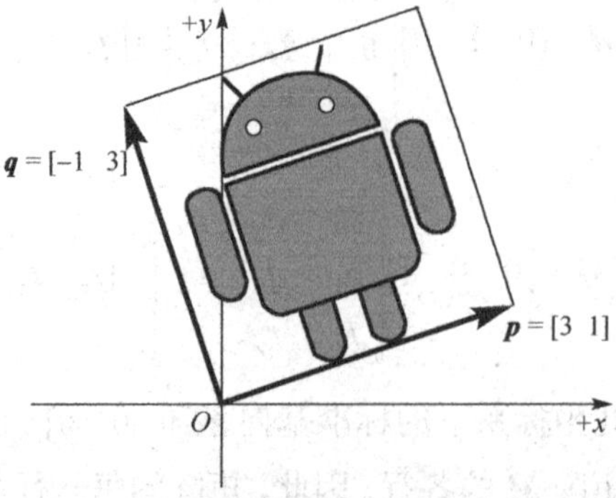


图 3-6　变换后的图片

同样的技术还可以从 2D 坐标应用到 3D 坐标中。不同的是在 2D 坐标中基向量构成 L 形，而在 3D 坐标中 3 个基向量构成一个“三角架”形。不论是在 2D 还是在 3D 空间中，矩阵的几何构架形状可能会发生改变，但是矩阵的几何意义还是相同的，矩阵的行向量代表了旋转、缩放等变换。

## 3.4 PMatrix

在 Processing 中，PMatrix 是一个用来描述矩阵的接口，根据 2D 和 3D 应用的不同，在 PMatrix 基础上又实现了具体的类 PMatrix2D 和 PMatrix3D。

在 PMatrix 类中，设计和实现了许多与矩阵运算相关的函数，如表 3-1 所示。

**表 3-1 PMatrix 的函数与对应运算**

| 矩阵运算 | 对应函数 | 说明 |
|---|---|---|
| 标量与矩阵相乘 | void scale (float s) | 乘积结果储存在原矩阵中 |
| 矩阵相乘 | void apply (PMatrix source) / void preApply (PMatrix left) | 前者将原矩阵右乘参数矩阵，后者将原矩阵左乘参数矩阵，乘积结果储存在原矩阵中 |
| 转置 | void transpose () | 对原矩阵进行转置，结果储存在原矩阵中 |
| 行列式 | float determinant () | 返回矩阵的行列式 |
| 矩阵的逆 | Boolean invert () | 如果求逆成功，返回 true，否则 false；结果储存在原矩阵中 |

在 PMatrix2D 中，为了实现几何变换，设计了能表述当前参照坐标系标架的坐标矩阵 $\begin{bmatrix} m_{00} & m_{01} & m_{02} \\ m_{10} & m_{11} & m_{12} \\ 0 & 0 & 1 \end{bmatrix}$，其中 $\begin{bmatrix} m_{00} \\ m_{10} \end{bmatrix}$ 和 $\begin{bmatrix} m_{01} \\ m_{11} \end{bmatrix}$ 是当前参照坐标系的基向量，而向量 $\begin{bmatrix} m_{02} \\ m_{12} \end{bmatrix}$ 描述的是当前参照坐标系的原点位置。

PMatrix3D 也是类似的设计，利用能表述当前参照坐标系标架的坐标矩阵 $\begin{bmatrix} m_{00} & m_{01} & m_{02} & m_{03} \\ m_{10} & m_{11} & m_{12} & m_{13} \\ m_{20} & m_{21} & m_{22} & m_{23} \\ 0 & 0 & 0 & 1 \end{bmatrix}$ 来进行几何变换，其中 $\begin{bmatrix} m_{00} \\ m_{10} \\ m_{20} \end{bmatrix}$、$\begin{bmatrix} m_{01} \\ m_{11} \\ m_{21} \end{bmatrix}$ 和 $\begin{bmatrix} m_{02} \\ m_{12} \\ m_{22} \end{bmatrix}$ 是当前参照坐标系的基向量，而向量 $\begin{bmatrix} m_{03} \\ m_{13} \\ m_{23} \end{bmatrix}$ 描述的是当前参照坐标系的原点位置。

## 习题 3

1. 根据矩阵的几何意义，$\boldsymbol{a}\boldsymbol{M}=\boldsymbol{b}$，如果 $\boldsymbol{M}=\begin{bmatrix} 2 & 0 \\ 0 & 2 \end{bmatrix}$，$\boldsymbol{M}$ 矩阵的几何意义是什么？

2. 图中机器人的变换和下列矩阵正确的对应顺序是什么？

A. $\begin{bmatrix} 1 & 0 \\ 0 & 1 \end{bmatrix}$　B. $\begin{bmatrix} 2.5 & 0 \\ 0 & 2.5 \end{bmatrix}$　C. $\begin{bmatrix} -\sqrt{2}/2 & -\sqrt{2}/2 \\ -\sqrt{2}/2 & \sqrt{2}/2 \end{bmatrix}$　D. $\begin{bmatrix} 1.5 & 0 \\ 0 & 2.0 \end{bmatrix}$

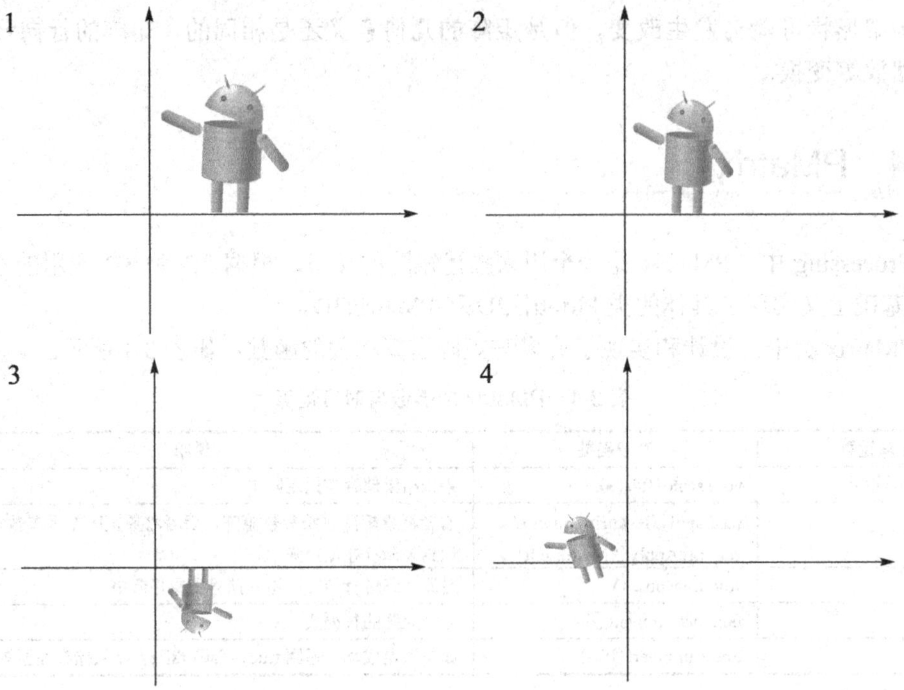
1
2
3
4

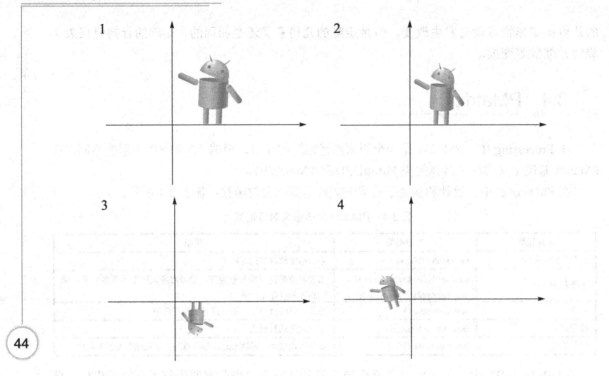

# 第4章

# 矩阵和仿射变换

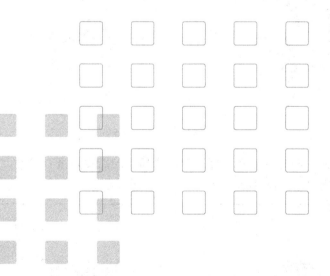

上一章中简单回顾了矩阵的相关运算，本章将关注矩阵在游戏编程中的具体应用：仿射变换。

在几何上定义为两个向量空间之间的一个仿射变换或者仿射映射，指的是在空间中能让物体发生运动的操作的总称，包括平移、缩放、翻转、旋转和错切等。

本章围绕仿射变换将学习以下内容：

- 4.1 节，深入分析了变换物体和变换坐标之间的关系；
- 4.2 节，讲述了在后文中需要用到的重要概念——齐次坐标和齐次矩阵；
- 4.3 节～4.5 节，讨论了基本的仿射变换，包含平移、缩放、旋转；
- 4.6 节，详细描述了怎样用矩阵乘法将基本变换组合成一个复杂变换。

在讨论基本的仿射变换时，对于每一个变换都将结合 PMatrix 中的代码加以说明，并展示相关的应用实例。

## 4.1 变换物体和变换坐标系

以 2D 中将物体进行逆时针旋转 45° 为例。



如果坐标系不动，变换物体，是将物体上所有的点都旋转到一个新的位置，如图 4-1 所示。这里使用同一坐标系描述变换前和变换后的位置。

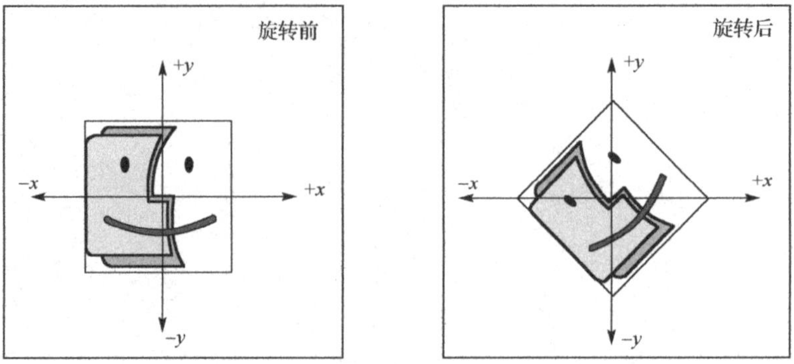


图 4-1 逆时针旋转物体 45°

再来看变换坐标系。顺时针旋转坐标系时，物体上的点实际没有移动，只是在另一个坐标系中描述它的位置而已，如图 4-2 所示。

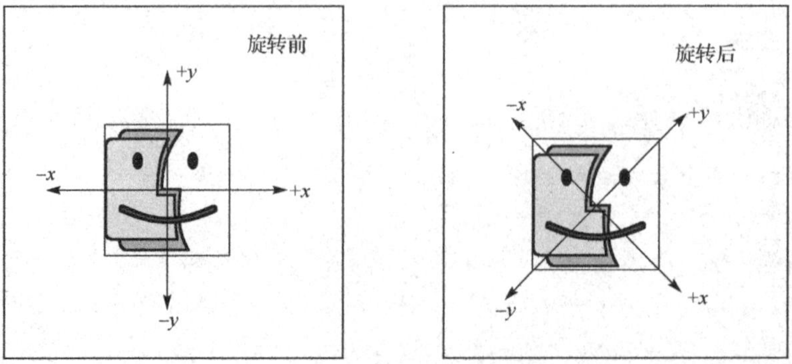


图 4-2 顺时针旋转坐标系 45°

在游戏编程中，经常需要用到变换坐标系。比如在碰撞检测时，变换物体需要对模型进行大量计算，但是变换坐标系就能避免很多细节。

变换物体和变换坐标系在概念上是有区别的，有些情况下适合变换物体，有些情况下适合变换坐标系。但是实质上这两种变换是等价的，物体变换某一个量相当于将坐标变换与这个量相反的量。如图 4-3 所示，参照物体不变时该图的左边部分是图 4-2 的右边部分，即将图 4-2 左边部分坐标系顺时针旋转 45°；参照坐标系不变时，图 4-3 的右边部分是将左边部分物体逆时针旋转 45°。如果从整张图(包括坐标系和物体)来看，旋转整张图就能使图 4-3 的右边部分变为左边部分，因为仅仅相当于是换了一个角度看整张图，并没有改变物体和坐标系的相对位置，所以左边和右边部分是等价的。

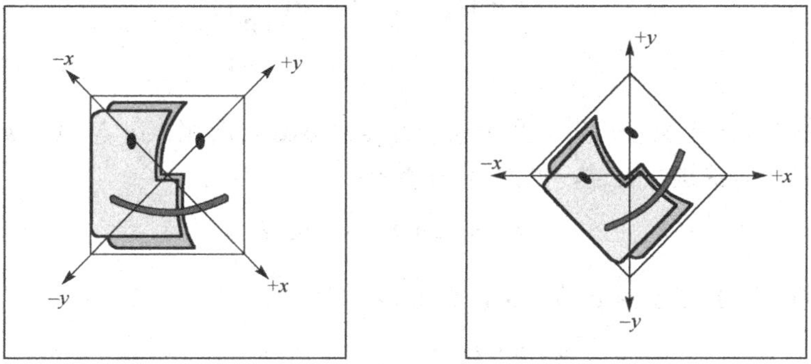


图 4-3　逆时针旋转物体 45° 相当顺时针旋转坐标系 45°

除了旋转，其他类型的变换，也都需要以相反的顺序变换相反的量，才能使得物体变换和坐标系变换是等价的。例如，将物体平移[2 1]，再扩大 4 倍，等价于将坐标系缩小 4 倍，然后平移[−2 −1]。

值得注意的是，在 Processing 平台中，使用的变换都是基于变换坐标系的。因此，在下面的章节中，除了涉及 Processing 中的相关函数之外的所有讨论，都是假设直接变换物体而坐标系静止不动，只有在讨论 Processing 相关函数及其应用时，都是假设变换坐标系而物体静止不动。

## 4.2　齐次坐标和齐次矩阵

在游戏编程中，经常用到齐次坐标和齐次矩阵。下文将对这两个概念进行详细介绍。

### 4.2.1　齐次坐标

齐次坐标是计算机图形学的重要手段之一，它既能够用来明确区分向量和点，同时也易用于仿射(线性)几何变换。

假设某坐标系下，原点为 $\boldsymbol{o}$，其基向量为 $\boldsymbol{i}$、$\boldsymbol{j}$ 和 $\boldsymbol{k}$。在该坐标系下，向量 $\boldsymbol{v}$($\boldsymbol{v}=[v_x \quad v_y \quad v_z]$)可标记为如式(4-1)所示：

$$\boldsymbol{v}=v_x \cdot \boldsymbol{i}+v_y \cdot \boldsymbol{j}+v_z \cdot \boldsymbol{k} \tag{4-1}$$

为了方便计算和转换，同样为了和坐标系进行区分，式(4-2)用矩阵 $\boldsymbol{F}$ 表达了一种带原点描述的坐标系记法，矩阵 $\boldsymbol{F}$ 的前三行描述了坐标系的基向量，最后一行则代表了坐标系的原点位置。这种标记方法称为坐标系的标架表述。

$$\boldsymbol{F}=\begin{bmatrix}\boldsymbol{a}\\\boldsymbol{b}\\\boldsymbol{c}\\\boldsymbol{o}\end{bmatrix} \tag{4-2}$$

利用标架和式(4-1)，向量 $\boldsymbol{v}$ 可用式(4-3)来描述：

$$\boldsymbol{v}=\boldsymbol{v}\cdot\boldsymbol{F}=[v_x \quad v_y \quad v_z \quad 0]\cdot\begin{bmatrix}\boldsymbol{a}\\\boldsymbol{b}\\\boldsymbol{c}\\\boldsymbol{o}\end{bmatrix} \tag{4-3}$$

现在，再回过头来定义在该坐标系中某一点 $\boldsymbol{p}$ 的表述。利用点 $\boldsymbol{p}$ 与原点 $\boldsymbol{o}$ 构成向量，同样可以用式(4-1)的方式进行表述，如式(4-4)所示：

$$\boldsymbol{p}-\boldsymbol{o}=p_x\cdot\boldsymbol{i}+p_y\cdot\boldsymbol{j}+p_z\cdot\boldsymbol{k} \tag{4-4}$$



由式(4-4)进一步推导出点 $\boldsymbol{p}$ 的定义，如式(4-5)所示：

$$\boldsymbol{p}=\boldsymbol{o}+p_x\cdot\boldsymbol{i}+p_y\cdot\boldsymbol{j}+p_z\cdot\boldsymbol{k} \tag{4-5}$$

对点 $\boldsymbol{p}$ 的定义，参考式(4-3)的方法，再将其转换成向量与标架的乘法描述，如式(4-6)所示：

$$\boldsymbol{p}=\boldsymbol{p}\cdot\boldsymbol{F}=[p_x \quad p_y \quad p_z \quad 1]\cdot\begin{bmatrix}\boldsymbol{a}\\\boldsymbol{b}\\\boldsymbol{c}\\\boldsymbol{o}\end{bmatrix} \tag{4-6}$$

上述用 4 个代数分量表示 3D 几何概念的方式就是一种齐次坐标表示。2D 几何概念同样也可以用齐次坐标来表述。

以 2D 点 $(x, y)$ 为例，$(x, y)$ 的齐次坐标表示为 $(hx, hy, h)$，比如(3,2,1)和(6,4,2)表示的都是 2D 平面上的点(3,2)。不过，通常取 $h$=1，此时 2D 点的齐次坐标可简单表示为 $(x, y, 1)$。在几何意义上，相当于把发生在 3D 空间的变换限制在 $z$=1 的平面内。简单地说，所谓齐次坐标就是用 $n$+1 维向量来表示 $n$ 维向量。从普通坐标转换成齐次坐标时，如果 $(x, y, z)$ 是个点，则变为 $(x, y, z, 1)$；如果 $[x, y, z]$ 是个向量，则变为 $(x, y, z, 0)$。反过来，从齐次坐标转换成普通坐标时，如果是 $(x, y, z, 1)$，则表明这是一个点，转变为 $(x, y, z)$；如果是 $(x, y, z, 1)$，则表明这是一个向量 $[x, y, z]$。

### 4.2.2 齐次矩阵

假设 2D 空间中存在一个绝对不变的坐标系 $W$，以 $W$ 为参照物，建立两个坐标系 $O_1$ 和 $O_2$。$O_1$ 的原点在 $W$ 的(1, 1)处，$O_2$ 的原点在 $W$ 的(2, 2)处。在坐标系 $W$ 中的一个点 $p(x, y)$，在坐标系 $O_1$ 中将变为 $p(x-1, y-1)$，在坐标系 $O_2$ 中将变为 $p(x-2, y-2)$。这样，同一个点 $p$，在不同的坐标系下就具有了不同的表示。很显然，$p$ 点在 2D 空间的位置是唯一的，是与坐标系无关的，但是在上述不同坐标系下的表述中，并没有体现出这种无关性。

如果用矩阵$\begin{bmatrix}1 & 0\\0 & 1\end{bmatrix}$来表示当前 2D 坐标系，在这个坐标系中矩阵的行向量[1　0]和[0　1]分别代表了坐标系的基向量，当然在实际情况下基向量可以为任意向量。式(4-7)表示了点 $p(x, y)$ 这样一个 2D 坐标的实际意义：

$$[x \quad y]\begin{bmatrix}1 & 0\\0 & 1\end{bmatrix}=[x \quad y] \tag{4-7}$$

但是这样的一个坐标系明显忽略了坐标原点所具有的重要意义：正是坐标原点标出了该坐标系处于哪个参照位置，所以在矩阵中引入坐标原点$(a, b)$，得到$\begin{bmatrix}1 & 0\\0 & 1\\a & b\end{bmatrix}$。这种带原点描述的记法与前面对标架的定义是一样的，它称为坐标系的标架表示。

很显然，根据矩阵相乘的规则，标架表示的矩阵是无法和点 $p(x, y)$ 相乘的。因此，将 $p(x, y)$ 转变成为齐次坐标 $p(x, y, 1)$，同时将标架表示的矩阵进行扩展，然后将两者进行相乘，变换过程如式(4-8)所示：

$$[x \quad y \quad 1]\begin{bmatrix}1 & 0 & 0\\0 & 1 & 0\\a & b & 1\end{bmatrix}=[x+a \quad y+b \quad 1] \tag{4-8}$$

由式(4-8)可知，点 $p$ 在当前物体坐标系下的坐标是$(x+a, y+b)$。这样，同一个点在不同标架下的不同表示最终会得到同一个计算结果。它反映了这样一个事实：同一个点在不同标架下的不同表示是等价的。

在 3D 空间中也是类似的。假设某一个坐标系的三个线性无关的基向量分别是 $\boldsymbol{i}$、$\boldsymbol{j}$ 和 $\boldsymbol{k}$，用矩阵$\begin{bmatrix}i_x & i_y & i_z\\j_x & j_y & j_z\\k_x & k_y & k_z\end{bmatrix}$来描述该坐标系。假设该坐标系的原点标记为 $p(p_x, p_y, p_z)$。进一步可用矩阵$\begin{bmatrix}i_x & i_y & i_z\\j_x & j_y & j_z\\k_x & k_y & k_z\\p_x & p_y & p_z\end{bmatrix}$来表示该坐标系的标架，为了能进行变换，可将 3D 空间坐标$(x, y, z)$转为 4D 齐次坐标$(x, y, z, 1)$，同时将 3D 标架矩阵进行扩展，然后将两者相乘得到变换结果，如式(4-9)所示：

$$\begin{bmatrix}x'\\y'\\z'\\1\end{bmatrix}=\begin{bmatrix}i_x & j_x & k_x & p_x\\i_y & j_y & k_y & p_y\\i_z & j_z & k_z & p_z\\0 & 0 & 0 & 1\end{bmatrix}\begin{bmatrix}x\\y\\z\\1\end{bmatrix} \tag{4-9}$$

请注意式(4-8)中标架矩阵$\begin{bmatrix}1 & 0 & 0\\0 & 1 & 0\\a & b & 1\end{bmatrix}$和式(4-9)中标架矩阵$\begin{bmatrix}i_x & j_x & k_x & p_x\\i_y & j_y & k_y & p_y\\i_z & j_z & k_z & p_z\\0 & 0 & 0 & 1\end{bmatrix}$出现在不同的位置上，前者是每一行代表了标架的基本信息，而后者是用每一列描述标架的基本信息。这两者之间发生了转置变换。那么为何会出现这样的差别？这取决于向量是采用行向量还是列向量的方式进行描述的。需要注意的是，下文中经常采用列向量的方式来描绘向量，因此也多用类似于矩阵$\begin{bmatrix}i_x & j_x & k_x & p_x\\i_y & j_y & k_y & p_y\\i_z & j_z & k_z & p_z\\0 & 0 & 0 & 1\end{bmatrix}$的方式来描绘坐标系的标架。

类似于这样的标价矩阵，不管左乘还是右乘向量，既通过基向量表示了矩阵的姿态，又通过当前物体坐标系的原点描述表示了矩阵的位置，同时为了方便计算，在矩阵中加入比例因子使之成为$3\times3$或$4\times4$矩阵，这种形式的矩阵称为齐次矩阵。



为什么要引入齐次坐标和齐次矩阵呢？这是因为它们在解决几何变换问题(包括了平移、旋转、缩放等)时，提供了用矩阵运算把2D、3D甚至高维空间中的一个点集从一个坐标系变换到另一个坐标系的有效方法，能够简化计算。

以矩阵表达式来计算这些几何变换时，平移矩阵是相加，旋转和缩放则是矩阵相乘。分别来看下面两个例子。

**【例 4-1】** 当前物体所在位置为点$\boldsymbol{p}$，对该物体进行变换，相对于坐标原点先旋转($\boldsymbol{R}$)，再缩放($\boldsymbol{S}$)。请写出物体的完整变换过程。

解答：

先旋转变换：$\boldsymbol{p}'=\boldsymbol{R}\cdot\boldsymbol{p}$

再缩放变换：$\boldsymbol{p}''=\boldsymbol{S}\cdot\boldsymbol{p}'=\boldsymbol{S}\cdot(\boldsymbol{R}\cdot\boldsymbol{p})=(\boldsymbol{S}\cdot\boldsymbol{R})\cdot\boldsymbol{p}$

假设物体上有3000个点，那么进行上述变换，只需要计算3001次的矩阵相乘运算，其中1次是$\boldsymbol{M}=\boldsymbol{S}\cdot\boldsymbol{R}$的计算，另外3000次是3000个点的坐标分别和矩阵$\boldsymbol{M}$相乘。

**【例 4-2】** 当前物体所在位置为点$\boldsymbol{p}$，对该物体进行变换，先做平移变换($\boldsymbol{T}$)，再相对于坐标原点做缩放变换($\boldsymbol{S}$)。请写出物体的完整变换过程。

解答：

先平移变换：$\boldsymbol{p}'=\boldsymbol{T}+\boldsymbol{p}$

再缩放变换：$\boldsymbol{p}''=\boldsymbol{S}\cdot\boldsymbol{p}'=\boldsymbol{S}\cdot(\boldsymbol{T}+\boldsymbol{p})=\boldsymbol{S}\cdot\boldsymbol{T}+\boldsymbol{S}\cdot\boldsymbol{p}$

同样假设物体上有3000个点，进行上述变换时，需要计算3001次的矩阵相乘运算(这包括了1次是$\boldsymbol{S}\cdot\boldsymbol{T}$的相乘计算，以及3000次物体上的点和缩放矩阵的相乘运算$\boldsymbol{S}\cdot\boldsymbol{p}$)，以及3000次与$\boldsymbol{S}\cdot\boldsymbol{T}$乘积结果的相加运算。

由上述两个例子可见，多次使用变换会使方程中产生大量的代数项。为此，人们希望将这些变换对应的矩阵合并，减少方程中的项数，尤其是平移变换。引入齐次矩阵的目的就是为了合并矩阵运算中的乘法和加法，使变换表示为类似于$\boldsymbol{p}'=\boldsymbol{R}\cdot\boldsymbol{p}$的运算。

值得注意的是，在进行齐次坐标变换时，如果把某个变换矩阵$\boldsymbol{X}$视为变换算子，需要满足下列运算规则：若变换算子左乘坐标向量$\boldsymbol{p}$，即$\boldsymbol{p}'=\boldsymbol{X}\cdot\boldsymbol{p}$，这种坐标变换是相对固定坐标系进行的，简而言之坐标系不变、物体变；假如变换算子右乘坐标向量 $\boldsymbol{p}$，即 $\boldsymbol{p}'=\boldsymbol{p}\cdot\boldsymbol{X}$，则固定点进行坐标变换，也就说物体不变、坐标系变。

例如例 4-2 中的 $\boldsymbol{S}$ 和 $\boldsymbol{T}$。观察这个实例，在这里变换算子 $\boldsymbol{S}$ 左乘物体坐标 $\boldsymbol{p}$，此时物体的线性变换是相对固定坐标系进行的。这种线性变换的计算方式，是参照固定坐标系时变换物体常用的方法。也就是说，如果当前物体的位置向量为 $\boldsymbol{p}$，变换矩阵为 $\boldsymbol{X}$，则变换后物体的新位置向量为 $\boldsymbol{p}'=\boldsymbol{X}\cdot\boldsymbol{p}$。

相反，如果与变换算子右乘时，通常意味着变换坐标系，参照的是固定点。需要再次强调的是，Processing 平台上实现的仿射变换，都是基于变换坐标系的。所以一旦确定了当前参照坐标系的标架矩阵 $\boldsymbol{F}$ 及线性变换算子矩阵 $\boldsymbol{X}$，新的坐标系标架矩阵 $\boldsymbol{F}'$就可由算子右乘求得，即 $\boldsymbol{F}'=\boldsymbol{F}\cdot\boldsymbol{X}$。请大家牢记，这种变换正是在 Processing 中编码模拟物体运动的基本原理。

在下文对平移、缩放和旋转变换的详细介绍中，基本原理的阐述是建立在算子左乘的基础上的，即参照固定坐标系变换物体，但是在 Processing 中模拟时文中则会采用算子右乘来进行描述，即参照固定点变换坐标系。



## 4.3 平移

在仿射几何中，平移是将物体的每一个点向指定的方向移动相同距离。平移不改变物体的形状和大小。

下文将给出平移的严格定义，并结合 PMatrix 中的相关方法来加以描述说明。

### 4.3.1 2D 和 3D 中的平移

假设游戏中人物当前的位置是点 $p(1,2)$ 处，当前坐标系的 $x$ 轴向右为正，$y$ 轴向上为正。现在想让它向右平移 3 个位置、向上平移 1 个位置，该如何实现？最简单的方法是，直接在点 $p$ 的坐标上进行平移变换，新位置的坐标 $(1+3, 2+1)=(4,3)$。如果点 $p$ 的坐标为 $(x, y)$，平移后新坐标为 $(x', y')$，那么 $x'=x+3$，$y'=y+1$。如果用向量来描述平移，则表示如下：

$$\begin{bmatrix} x' \\ y' \end{bmatrix} = \begin{bmatrix} x \\ y \end{bmatrix} + \begin{bmatrix} 3 \\ 1 \end{bmatrix}$$

由此可得，式(4-10)描述了用矩阵加法实现 2D 平移。类似地，3D 平移可用式(4-11)实现：

$$\begin{bmatrix} x' \\ y' \end{bmatrix} = \begin{bmatrix} x \\ y \end{bmatrix} + \begin{bmatrix} \Delta x \\ \Delta y \end{bmatrix} \tag{4-10}$$

$$\begin{bmatrix} x' \\ y' \\ z' \end{bmatrix} = \begin{bmatrix} x \\ y \\ z \end{bmatrix} + \begin{bmatrix} \Delta x \\ \Delta y \\ \Delta z \end{bmatrix} \tag{4-11}$$

在 4.2.2 节中曾详细描述了引入齐次矩阵的原因。为了能让变换计算更为简便，这里根据平移的概念，引入能描述平移距离的齐次矩阵，将 2D 和 3D 平移变换用式(4-12)和式(4-13)表示：

$$\begin{bmatrix} x' \\ y' \\ 1 \end{bmatrix} = \begin{bmatrix} 1 & 0 & \Delta x \\ 0 & 1 & \Delta y \\ 0 & 0 & 1 \end{bmatrix} \begin{bmatrix} x \\ y \\ 1 \end{bmatrix} \tag{4-12}$$

$$\begin{bmatrix} x' \\ y' \\ z' \\ 1 \end{bmatrix} = \begin{bmatrix} 1 & 0 & 0 & \Delta x \\ 0 & 1 & 0 & \Delta y \\ 0 & 0 & 1 & \Delta z \\ 0 & 0 & 0 & 1 \end{bmatrix} \begin{bmatrix} x \\ y \\ z \\ 1 \end{bmatrix} \tag{4-13}$$

**【例 4-3】** 建立一个矩阵方程，能将一个物体在屏幕上向右移动 50 个像素，向下移动 100 个像素，然后利用该方程平移一个三角形，其顶点分别为 $A(20,-30)$，$B(0,0)$，$C(300,200)$（屏幕的 $x$ 轴正向为向右水平，$y$ 轴正向为向下竖直）。

解答：

(1) 根据式(4-12)，构造以下矩阵方程：

$$\begin{bmatrix} x' \\ y' \\ 1 \end{bmatrix} = \begin{bmatrix} 1 & 0 & 50 \\ 0 & 1 & 100 \\ 0 & 0 & 1 \end{bmatrix} \begin{bmatrix} x \\ y \\ 1 \end{bmatrix} = \begin{bmatrix} x+50 \\ y+100 \\ 1 \end{bmatrix}$$



(2) 将 $A(20,-30)$，$B(0,0)$，$C(300,200)$ 代入上述方程中，得到三角形的新位置 $A'(70,70)$，$B'(50,100)$，$C'(350,300)$。

**【例 4-4】** 建立一个矩阵方程，能将一个物体在 3D 空间内向 $x$ 轴负向移动 100 个单位，向 $y$ 轴正向移动 200 个单位，向 $z$ 轴负向移动 50 个单位。然后利用该方程平移一个空间三角形，其顶点分别为 $A(40, 0, 100)$，$B(0, 350, 200)$，$C(-100, 200, -10)$。

解答：

(1) 根据式(4-13)，构造以下矩阵方程：

$$\begin{bmatrix} x' \\ y' \\ z' \\ 1 \end{bmatrix} = \begin{bmatrix} 1 & 0 & 0 & -100 \\ 0 & 1 & 0 & 200 \\ 0 & 0 & 1 & -50 \\ 0 & 0 & 0 & 1 \end{bmatrix} \begin{bmatrix} x \\ y \\ z \\ 1 \end{bmatrix} = \begin{bmatrix} x-100 \\ y+200 \\ z-50 \\ 1 \end{bmatrix}$$

(2) 将 $A(40, 0, 100)$，$B(0, 350, 200)$，$C(-100, 200, -10)$ 代入上述方程中，得到三角形的新位置 $A'(-60, 200, 50)$，$B'(-100, 550, 150)$，$C'(-200, 400, -60)$。

### 4.3.2 translate 函数

PMatrix 中关于平移变换的实现，是依靠 PMatrix2D 和 PMatrix3D 中分别定义的 translate 函数，假设当前坐标系的标架用矩阵 $\boldsymbol{M}$ 来标记。

(1) 2D 的平移变换函数：void translate(float tx, float ty);

这个函数的输入参数 tx 和 ty 描述的是当前物体坐标系将要平移的量，为其构造齐次变换矩阵 $\boldsymbol{T}$，可得新坐标矩阵 $\boldsymbol{M}'$，如式(4-14)所示：

$$\boldsymbol{M}' = \boldsymbol{M} \cdot \boldsymbol{T} = \begin{bmatrix} m_{00} & m_{01} & m_{02} \\ m_{10} & m_{11} & m_{12} \\ 0 & 0 & 1 \end{bmatrix} \begin{bmatrix} 1 & 0 & \text{tx} \\ 0 & 1 & \text{ty} \\ 0 & 0 & 1 \end{bmatrix} \tag{4-14}$$

(2) 3D 的平移变换函数：void translate(float tx, float ty, float tz)；

这个函数的输入参数 tx、ty 和 tz 描述的是当前物体坐标系将要平移的量，为其构造齐次变换矩阵，可得新坐标矩阵 $\boldsymbol{M}'$，如式(4-15)所示：

$$\boldsymbol{M}' = \boldsymbol{M} \cdot \boldsymbol{T} = \begin{bmatrix} m_{00} & m_{01} & m_{02} & m_{03} \\ m_{10} & m_{11} & m_{12} & m_{13} \\ m_{20} & m_{21} & m_{22} & m_{23} \\ 0 & 0 & 0 & 1 \end{bmatrix} \begin{bmatrix} 1 & 0 & 0 & \mathrm{tx} \\ 0 & 1 & 0 & \mathrm{ty} \\ 0 & 0 & 1 & \mathrm{tz} \\ 0 & 0 & 0 & 1 \end{bmatrix} \tag{4-15}$$

下面的代码描述了一个简单的实例，关于在 Processing 中如何使用 translate 函数实现白色矩形沿正方向连续在屏幕上移动，代码运行结果如图 4-4 所示。

```
float x, y;
float dim = 80.0;
void setup() {
    size(640, 360);
    noStroke();
}
void draw() {
    background(102);

    x = x + 0.8;        //每帧都把当前参照坐标系向 x 轴正方向平移 0.8
    if (x > width + dim) {
      x = -dim;         //当前参照坐标系移动到屏幕最右端时，需要对坐标系进行充值，使其
                        //定位于 x=-dim 处
    }

    translate(x, height/2-dim/2);
    fill(255);
    rect(-dim/2, -dim/2, dim, dim);
}
```

图 4-4　调用 translate 函数使得白色矩形连续平移运动

值得注意的是，Processing 在绘制每一帧时，都会对当前参照坐标系的标架进行重置。这就意味着，每一帧在绘制前，将原点复位到了屏幕左上角(0,0)处，基向量则重设为标准基向量。

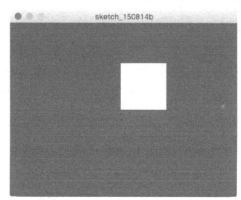

## 4.4 缩放

在游戏编程中，经常用矩阵对物体进行缩放。与其他变换类似，缩放变换是对物体的所有顶点进行操作。

最简单的缩放是均匀缩放，也就是对物体在各方向上，根据缩放因子 $k$ 按同样的比例进行缩放。均匀缩放能保持物体的角度和比例不变。如果在不同方向应用不同的缩放因子进行变换，这就是非均匀缩放。

根据缩放因子 $k$ 的不同，还能将缩放进行细分：

- 如果 $k=0$，物体的变换称为正交投影，将在 4.4.3 节中详细描述；
- 如果 $k=-1$，物体的变换称为镜像，将在 4.4.4 节中进行讨论；
- 如果 $k>0$，物体的变换就是一般的缩放，将在 4.4.1 节中展开，并且主要围绕沿着坐标轴的缩放进行讨论。

此外，显而易见，如果 $|k|<1$，物体将被缩小；而如果 $|k|>1$，物体将被放大。



### 4.4.1 沿坐标轴的缩放

分别从 2D 和 3D 来讨论沿着坐标轴的缩放。

在 2D 中，假设 $x$ 轴标准基向量为 $\boldsymbol{p}$，$y$ 轴标准基向量为 $\boldsymbol{q}$，沿着 $x$ 轴的缩放因子为 $k_x$，沿着 $y$ 轴的缩放因子为 $k_y$，$\boldsymbol{p}$ 和 $\boldsymbol{q}$ 基向量将会各自受缩放因子的影响得到新的基向量，如式(4-16)和式(4-17)所示：

$$\boldsymbol{p}' = k_x\boldsymbol{p} = k_x\begin{bmatrix}1\\0\end{bmatrix} = \begin{bmatrix}k_x\\0\end{bmatrix} \tag{4-16}$$

$$\boldsymbol{q}' = k_y\boldsymbol{q} = k_y\begin{bmatrix}0\\1\end{bmatrix} = \begin{bmatrix}0\\k_y\end{bmatrix} \tag{4-17}$$

由上述两个公式，可建立缩放的齐次变换矩阵 $\boldsymbol{S}$，如式(4-18)所示：

$$\boldsymbol{S} = \begin{bmatrix}k_x & 0 & 0\\0 & k_y & 0\\0 & 0 & 1\end{bmatrix} \tag{4-18}$$

在 3D 空间，也是建立类似的齐次变换矩阵 $\boldsymbol{S}$，不同的是多了描述沿着 $z$ 轴进行缩放变换的因子 $k_z$，如式(4-19)所示：

$$\boldsymbol{S} = \begin{bmatrix}k_x & 0 & 0 & 0\\0 & k_y & 0 & 0\\0 & 0 & k_z & 0\\0 & 0 & 0 & 1\end{bmatrix} \tag{4-19}$$

**【例 4-5】** 假设有一个矩形形状的物体，其顶点坐标分别为 $A(20,0)$，$B(50,0)$，$C(50,100)$，$D(20,100)$，现在有一个巨大的石头砸在它上面，为了让物体看起来确实像是被砸扁了，请建立一个矩阵方程，将物体沿着 $x$ 轴放大 1.5 倍、沿着 $y$ 轴放大 0.1 倍，然后利用该方程对这个物体的四个顶点进行缩放变换(假设坐标系固定，仅变换物体)。

解答：

(1)假设物体原来的位置向量为 $\boldsymbol{p}=[x \quad y]^{\mathrm{T}}$，变换后的位置向量为 $\boldsymbol{p}'$，建立变换方程：

$$\boldsymbol{p}'=\boldsymbol{S}\cdot\boldsymbol{p}=\begin{bmatrix}k_x & 0 & 0\\ 0 & k_y & 0\\ 0 & 0 & 1\end{bmatrix}\begin{bmatrix}x\\ y\\ 1\end{bmatrix}=\begin{bmatrix}1.5 & 0 & 0\\ 0 & 0.1 & 0\\ 0 & 0 & 1\end{bmatrix}\begin{bmatrix}x\\ y\\ 1\end{bmatrix}=\begin{bmatrix}1.5x\\ 0.1y\\ 1\end{bmatrix}$$

(2)将矩形物体的四个顶点坐标代入上述等式，求得变换后的四个新的顶点：

$$A'(30,0),\ B'(75,0),\ C'(75,10),\ D'(30,10)$$

### 4.4.2 沿任意轴的缩放

除了上述沿着坐标轴进行缩放之外，还能沿着任意方向进行均匀缩放。在此省略了推导过程，直接给出结论，有兴趣进行结论推演的读者可以自行推导。

假设 $\boldsymbol{n}=[n_x \quad n_y]^{\mathrm{T}}$ 是平行于缩放方向的单位向量，$k$ 为均匀缩放因子。在 2D 空间中，沿着与向量 $\boldsymbol{n}$ 平行的任意轴进行缩放的矩阵如式(4-20)所示：

$$\boldsymbol{S}(\boldsymbol{n},k)=\begin{bmatrix}1+(k-1)n_x^2 & (k-1)n_xn_y & 0\\ (k-1)n_xn_y & 1+(k-1)n_y^2 & 0\\ 0 & 0 & 1\end{bmatrix} \tag{4-20}$$

在 3D 空间中，沿着与向量 $\boldsymbol{n}=[n_x \quad n_y \quad n_z]^{\mathrm{T}}$ 平行的任意轴进行均匀缩放的矩阵如式(4-21)所示：

$$\boldsymbol{S}(\boldsymbol{n},k)=\begin{bmatrix}1+(k-1)n_x^2 & (k-1)n_xn_y & (k-1)n_xn_z & 0\\ (k-1)n_xn_y & 1+(k-1)n_y^2 & (k-1)n_zn_y & 0\\ (k-1)n_xn_z & (k-1)n_zn_y & 1+(k-1)n_z^2 & 0\\ 0 & 0 & 0 & 1\end{bmatrix} \tag{4-21}$$

### 4.4.3 正交投影

如果缩放因子 $k$=0，缩放物体上的所有点都被拉平至坐标轴(2D)或者坐标平面(3D)，这样的缩放可称为正交投影或者平行投影。

如果向 $x$ 轴投影，即在 $y$ 轴方向上缩放因子 $k$=0，2D 缩放矩阵可用式(4-22)表示：

$$\boldsymbol{P}_x=\begin{bmatrix}1 & 0 & 0\\ 0 & 0 & 0\\ 0 & 0 & 1\end{bmatrix} \tag{4-22}$$

如果向 $y$ 轴投影，即在 $x$ 轴方向上缩放因子 $k$=0，2D 缩放矩阵可用式(4-23)表示：

$$\boldsymbol{P}_y=\begin{bmatrix}0 & 0 & 0\\ 0 & 1 & 0\\ 0 & 0 & 1\end{bmatrix} \tag{4-23}$$

如果向 $xoy$ 平面投影，即在 $z$ 轴方向上缩放因子 $k$=0，3D 缩放矩阵可用式(4-24)表示：

$$\boldsymbol{P}_{xoy}=\begin{bmatrix}1&0&0&0\\0&1&0&0\\0&0&0&0\\0&0&0&1\end{bmatrix} \tag{4-24}$$

如果向 $xoz$ 平面投影，即在 $y$ 轴方向上缩放因子 $k$=0，3D 缩放矩阵可用式(4-25)表示：

$$\boldsymbol{P}_{xoz}=\begin{bmatrix}1&0&0&0\\0&0&0&0\\0&0&1&0\\0&0&0&1\end{bmatrix} \tag{4-25}$$

如果向 $yoz$ 平面投影，即在 $x$ 轴方向上缩放因子 $k$=0，3D 缩放矩阵可用式(4-26)表示：

$$\boldsymbol{P}_{yoz}=\begin{bmatrix}0&0&0&0\\0&1&0&0\\0&0&1&0\\0&0&0&1\end{bmatrix} \tag{4-26}$$



正交投影还可以向任意直线或者平面进行投影。利用式(4-20)和式(4-21)，可以推导出 2D 中向任意直线投影的缩放矩阵，如式(4-27)所示，这里假设直线必须过原点，而且垂直于直线的向量 $\boldsymbol{n}=\begin{bmatrix}n_x & n_y\end{bmatrix}^{\mathrm{T}}$：

$$\begin{aligned}\boldsymbol{P}(\boldsymbol{n})=\boldsymbol{S}(\boldsymbol{n},0)&=\begin{bmatrix}1+(0-1)n_x^2 & (0-1)n_xn_y & 0\\(0-1)n_xn_y & 1+(0-1)n_y^2 & 0\\0&0&1\end{bmatrix}\\&=\begin{bmatrix}1-n_x^2 & -n_xn_y & 0\\-n_xn_y & 1-n_y^2 & 0\\0&0&1\end{bmatrix}\end{aligned} \tag{4-27}$$

3D 中向任意平面投影的缩放矩阵如式(4-28)所示，这里假设平面必须过原点，而且平面法线向量 $\boldsymbol{n}=[n_x \quad n_y \quad n_z]^{\mathrm{T}}$：

$$\begin{aligned}\boldsymbol{P}(\boldsymbol{n})=\boldsymbol{S}(\boldsymbol{n},0)&=\begin{bmatrix}1+(0-1)n_x^2 & (0-1)n_xn_y & (0-1)n_xn_z & 0\\(0-1)n_xn_y & 1+(0-1)n_y^2 & (0-1)n_zn_y & 0\\(0-1)n_xn_z & (0-1)n_zn_y & 1+(0-1)n_z^2 & 0\\0&0&0&1\end{bmatrix}\\&=\begin{bmatrix}1-n_x^2 & -n_xn_y & -n_xn_z & 0\\-n_xn_y & 1-n_y^2 & -n_zn_y & 0\\-n_xn_z & -n_zn_y & 1-n_z^2 & 0\\0&0&0&1\end{bmatrix}\end{aligned} \tag{4-28}$$

### 4.4.4 镜像

镜像，也称为翻转、反射，是将物体沿着直线或者平面进行翻转，就和现实中照镜子的效果类似。

先来看最简单的镜像操作，即 2D 中沿着 $x$、$y$ 轴和 3D 中沿着轴平面进行镜像操作。

2D 中，沿着 $x$ 轴进行镜像变换，实质上是在 $y$ 轴方向上乘以 $k=-1$ 的因子，即如式(4-29)所示。沿着 $y$ 轴进行镜像变换，也是类似的，如式(4-30)所示。

$$\boldsymbol{F}_x=\begin{bmatrix}1&0&0\\0&-1&0\\0&0&1\end{bmatrix} \tag{4-29}$$

$$\boldsymbol{F}_y=\begin{bmatrix}-1&0&0\\0&1&0\\0&0&1\end{bmatrix} \tag{4-30}$$

3D 中，沿着轴平面进行镜像变换，实质上是在沿着轴平面的法线方向乘以 $k=-1$ 的因子。即沿着 $xoy$ 平面进行镜像变换，则只需要在 $z$ 轴方向上乘以 $-1$，$xoz$、$yoz$ 平面以此类推，如式(4-31)，式(4-32)，式(4-33)所示：

$$\boldsymbol{F}_{xoy}=\begin{bmatrix}1&0&0&0\\0&1&0&0\\0&0&-1&0\\0&0&0&1\end{bmatrix} \tag{4-31}$$

$$\boldsymbol{F}_{xoz}=\begin{bmatrix}1&0&0&0\\0&-1&0&0\\0&0&1&0\\0&0&0&1\end{bmatrix} \tag{4-32}$$

$$\boldsymbol{F}_{yoz}=\begin{bmatrix}-1&0&0&0\\0&1&0&0\\0&0&1&0\\0&0&0&1\end{bmatrix} \tag{4-33}$$

如果在 2D 空间中，假设 2D 单位向量 $\boldsymbol{n}=[n_x\quad n_y]^{\mathrm{T}}$ 垂直于过原点的某一直线，绕着该直线进行镜像的变换矩阵由式(4-34)所示：

$$\begin{aligned}\boldsymbol{F}(\boldsymbol{n})=\boldsymbol{S}(\boldsymbol{n},-1)&=\begin{bmatrix}1+(-1-1)n_x^2&(-1-1)n_xn_y&0\\(-1-1)n_xn_y&1+(-1-1)n_y^2&0\\0&0&1\end{bmatrix}\\&=\begin{bmatrix}1-2n_x^2&-2n_xn_y&0\\-2n_xn_y&1-2n_y^2&0\\0&0&1\end{bmatrix}\end{aligned} \tag{4-34}$$

而在 3D 空间中，用反射平面代替了直线。假设 3D 单位向量 $\boldsymbol{n}=[n_x \quad n_y \quad n_z]^{\mathrm{T}}$ 垂直于过原点的某一平面，沿着该平面进行镜像的变换矩阵可由式(4-21)推得，如式(4-35)所示：

$$\boldsymbol{F}(\boldsymbol{n})=\boldsymbol{S}(\boldsymbol{n},-1)=\begin{bmatrix}1+(-1-1)n_x^2 & (-1-1)n_xn_y & (-1-1)n_xn_z & 0\\(-1-1)n_xn_y & 1+(-1-1)n_y^2 & (-1-1)n_zn_y & 0\\(-1-1)n_xn_z & (-1-1)n_zn_y & 1+(-1-1)n_z^2 & 0\\0 & 0 & 0 & 1\end{bmatrix}$$
$$=\begin{bmatrix}1-2n_x^2 & -2n_xn_y & -2n_xn_z & 0\\-2n_xn_y & 1-2n_y^2 & -2n_zn_y & 0\\-2n_xn_z & -2n_zn_y & 1-2n_z^2 & 0\\0 & 0 & 0 & 1\end{bmatrix} \tag{4-35}$$

### 4.4.5 scale 函数

PMatrix 中进行缩放变换设计并实现了 3 个 scale 函数。假设当前参照坐标系的标架用矩阵 $\boldsymbol{M}$ 来表示。



(1) 均匀缩放函数：void scale (float s);

这个函数的输入参数 s，描述的是当前物体坐标系将要均匀缩放的量，为其构造齐次变换矩阵，可得新坐标矩阵 $\boldsymbol{M'}$，如式(4-36)(2D)和式(4-37)(3D)所示：

$$\boldsymbol{M'}=\boldsymbol{M}\cdot\boldsymbol{S}=\begin{bmatrix}m_{00} & m_{01} & m_{02}\\m_{10} & m_{11} & m_{12}\\0 & 0 & 1\end{bmatrix}\begin{bmatrix}\mathrm{s} & 0 & 0\\0 & \mathrm{s} & 0\\0 & 0 & 1\end{bmatrix} \tag{4-36}$$

$$\boldsymbol{M'}=\boldsymbol{M}\cdot\boldsymbol{S}=\begin{bmatrix}m_{00} & m_{01} & m_{02} & m_{03}\\m_{10} & m_{11} & m_{12} & m_{13}\\m_{20} & m_{21} & m_{22} & m_{23}\\0 & 0 & 0 & 1\end{bmatrix}\begin{bmatrix}\mathrm{s} & 0 & 0 & 0\\0 & \mathrm{s} & 0 & 0\\0 & 0 & \mathrm{s} & 0\\0 & 0 & 0 & 1\end{bmatrix} \tag{4-37}$$

(2) 非均匀缩放函数：void scale (float sx, float sy) 和 void scale (float x, float y, float z);

这两个函数分别是在 PMatrix2D 和 PMatrix3D 中实现了非均匀缩放，前者的输入参数 sx 和 sy，以及后者的输入参数 x、y 和 z 描述的都是当前物体坐标系将要缩放的各个分量，为其构造齐次变换矩阵，可得新坐标矩阵 $\boldsymbol{M'}$，如式(4-38)和式(4-39)所示：

$$\boldsymbol{M'}=\boldsymbol{M}\cdot\boldsymbol{S}=\begin{bmatrix}m_{00} & m_{01} & m_{02}\\m_{10} & m_{11} & m_{12}\\0 & 0 & 1\end{bmatrix}\begin{bmatrix}\mathrm{sx} & 0 & 0\\0 & \mathrm{sy} & 0\\0 & 0 & 1\end{bmatrix} \tag{4-38}$$

$$\boldsymbol{M'}=\boldsymbol{M}\cdot\boldsymbol{S}=\begin{bmatrix}m_{00} & m_{01} & m_{02} & m_{03}\\m_{10} & m_{11} & m_{12} & m_{13}\\m_{20} & m_{21} & m_{22} & m_{23}\\0 & 0 & 0 & 1\end{bmatrix}\begin{bmatrix}\mathrm{x} & 0 & 0 & 0\\0 & \mathrm{y} & 0 & 0\\0 & 0 & \mathrm{z} & 0\\0 & 0 & 0 & 1\end{bmatrix} \tag{4-39}$$

下面的代码描述了一个简单的实例，关于在 Processing 中如何使用 scale 函数实现白色矩形在屏幕中心连续缩放，代码运行结果如图 4-5 所示。

```
float a = 0.0;
float s = 0.0;

void setup() {
    size(400, 300);
    noStroke();
    rectMode(CENTER);
    frameRate(30);
}

void draw() {

    background(102);
    //设置变换因子
    a = a + 0.04;
    s = cos(a)*2;

    translate(width/2, height/2);//当前参照坐标系平移到屏幕中心
    scale(s); //将平移后的参照坐标系再进行均匀缩放
    fill(255);
    rect(0, 0, 80, 80);
}
```

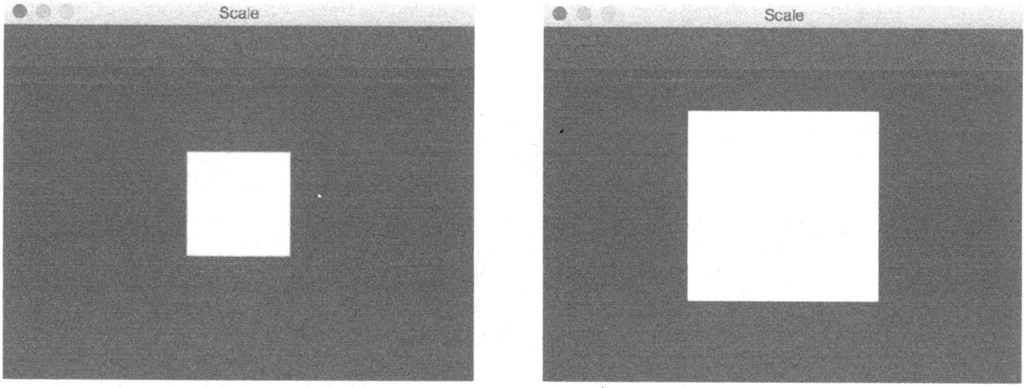


图 4-5　调用 scale 函数使得白色矩形在屏幕中心连续缩放

## 4.5　旋转

为了能了解物体旋转变换的更多细节，下文的讨论将从 2D 和 3D 这两个不同的应用角度出发，给出旋转变换的严格定义，并结合 PMatrix 中的相关方法加以描述说明。

### 4.5.1 2D 旋转

在 2D 空间中，物体只能绕着某个点进行旋转。为了方便理解，这里假设所有的旋转是绕着原点进行的。此时，旋转操作仅需要考虑一个参数：旋转角度 $\theta$ 。本书中，假定逆时针旋转是沿着正方向的，而顺时针旋转是负方向。

假设已知某一个点 $p$，经过逆时针旋转 $\theta$ 角度之后，变换为点 $p'$，如图 4-6 所示。为了能更清楚地演算旋转变换的过程，下文中将用坐标系的旋转变换来代替点的旋转变换。

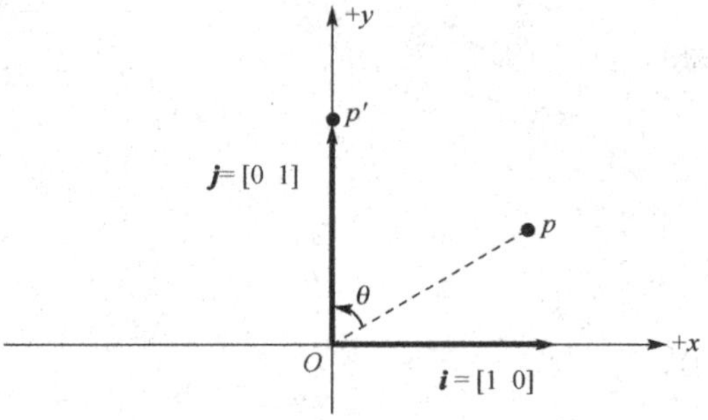




图 4-6 点 $p$ 在固定坐标系下逆时针旋转 $\theta$ 角度变换为点 $p'$

在本章的 4.1 节中，已经清楚地表明了在固定坐标系下逆时针旋转物体 $\theta$ 角度相当于顺时针旋转坐标系 $\theta$ 角度。而旋转坐标系能更清楚地描述旋转的演算。所以下文将把图 4-6 中在固定坐标系下点 $p$ 的逆时针旋转，变为图 4-7 中所示的顺时针旋转坐标系。从图 4-7 中可知当前坐标系的标准基向量 $\boldsymbol{i}$ 和 $\boldsymbol{j}$ 绕着原点顺时针旋转 $\theta$ 角度后得到了新的基向量 $\boldsymbol{i}'$ 和 $\boldsymbol{j}'$。

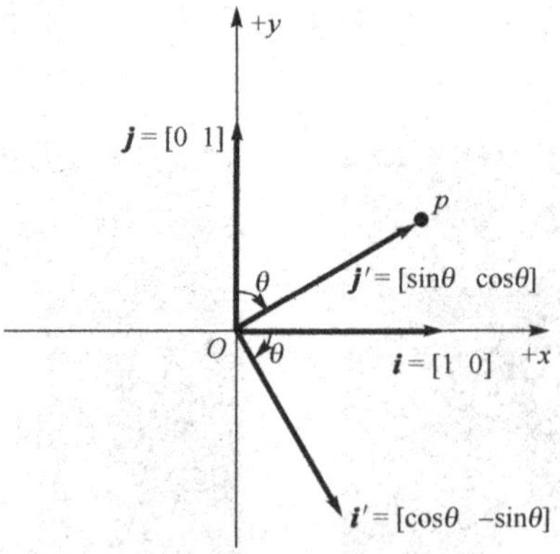


图 4-7 顺时针旋转坐标系 $\theta$ 角度

由图 4-7 可推导出 2D 旋转变换的齐次矩阵如式(4-40)所示，其中 $\theta$ 为旋转角度：

$$\boldsymbol{R}(\theta)=\begin{bmatrix}\cos\theta & -\sin\theta & 0\\ \sin\theta & \cos\theta & 0\\ 0 & 0 & 1\end{bmatrix} \tag{4-40}$$

处理物体旋转时，建立上述旋转变换矩阵，然后利用公式依次将物体顶点的原始值代入，与变换矩阵相乘后得到各顶点对应的新位置，如式(4-41)所示：

$$\begin{bmatrix} x' \\ y' \\ 1 \end{bmatrix} = \begin{bmatrix} \cos\theta & -\sin\theta & 0 \\ \sin\theta & \cos\theta & 0 \\ 0 & 0 & 1 \end{bmatrix} \begin{bmatrix} x \\ y \\ 1 \end{bmatrix} \tag{4-41}$$

**【例 4-6】** 在游戏中大多数 2D 图形都是基于矩形形状的，在空间中如何将矩形（其顶点分别为 $A(2,2)$，$B(7,2)$，$C(7,7)$，$D(2,7)$）绕着原点正向旋转 30°？

解答：

第一步，建立下述旋转变换方程，其中 $\theta$ 为 30°：

$$\begin{bmatrix} x' \\ y' \\ 1 \end{bmatrix} = \boldsymbol{R} \cdot \begin{bmatrix} x \\ y \\ 1 \end{bmatrix} = \begin{bmatrix} \cos 30^\circ & -\sin 30^\circ & 0 \\ \sin 30^\circ & \cos 30^\circ & 0 \\ 0 & 0 & 1 \end{bmatrix} \begin{bmatrix} x \\ y \\ 1 \end{bmatrix} = \begin{bmatrix} \sqrt{3}/2 & -1/2 & 0 \\ 1/2 & \sqrt{3}/2 & 0 \\ 0 & 0 & 1 \end{bmatrix} \begin{bmatrix} x \\ y \\ 1 \end{bmatrix}$$

第二步，依次将矩阵各顶点值代入上述方程，并与矩阵相乘后求出变换后的新顶点位置。以点 $A(2,2)$ 为例，计算变换后新顶点位置 $A'$：

$$\begin{bmatrix} x' \\ y' \\ 1 \end{bmatrix} = \begin{bmatrix} \sqrt{3}/2 & -1/2 & 0 \\ 1/2 & \sqrt{3}/2 & 0 \\ 0 & 0 & 1 \end{bmatrix} \begin{bmatrix} 2 \\ 2 \\ 1 \end{bmatrix} = \begin{bmatrix} \sqrt{3}-1 \\ \sqrt{3}+1 \\ 1 \end{bmatrix}$$

由上述计算过程得到新顶点 $A'(\sqrt{3}-1, \sqrt{3}+1)$。

第三步，对矩形的其他三个顶点重复第二步的计算过程，分别得到旋转变换后的其他三个新顶点，$B'(7\sqrt{3}/2-1, \sqrt{3}+3.5)$，$C'\left(\frac{7}{2}(\sqrt{3}-1), \frac{7}{2}(\sqrt{3}+1)\right)$，$D'\left(\sqrt{3}-3.5,\ 7\sqrt{2}/2+1\right)$，如图 4-8 所示。

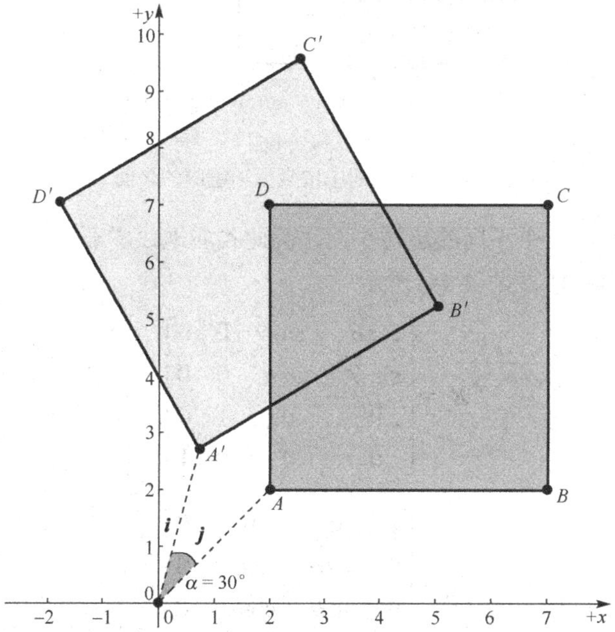


图 4-8　2D 矩形绕原点旋转

### 4.5.2 3D 旋转

3D 空间与 2D 空间中发生的旋转不同，此时发生的旋转变换是绕轴旋转而非绕点旋转。在本书中，所谓的绕轴旋转，并不一定是指坐标轴，任意穿过原点的直线都可以作为旋转轴。

绕轴旋转的旋转方向，在不同的坐标系下，需考虑不同的正负方向，这里假设旋转轴与坐标轴类似，是有正端点和负端点的。因此，沿着轴的负端点向正端点看，在左手坐标系下，逆时针是正方向，而顺时针是负方向，而在右手坐标系下则刚好相反；沿着轴的正端点向负端点看，在左手坐标系下，逆时针是负方向，而逆时针是正方向，在右手坐标系下也是刚好相反。

(1)绕坐标轴旋转

3D 中的旋转，最简单的就是绕某坐标轴旋转。

在 2D 空间中，绕轴旋转时仅在一个平面内发生。3D 空间中绕坐标轴旋转也是类似的。根据不同的坐标轴，在 3D 空间中对应有三个旋转平面，如图 4-9 所示。该图采用的是左手坐标系，这也是下文中默认的 3D 空间坐标系法则。如果绕 $z$ 轴旋转，旋转平面为 $xoy$ 平面，即计算机屏幕所在的 2D 平面作为旋转平面；绕 $x$ 轴旋转，旋转平面为 $yoz$ 平面；而绕 $y$ 轴旋转，旋转平面为 $xoz$ 平面。



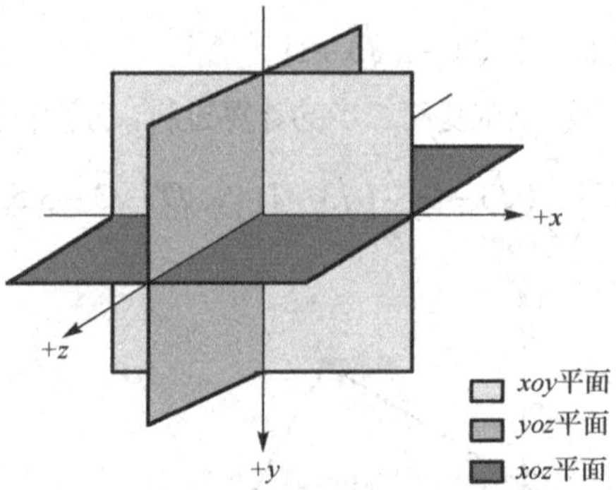


图 4-9 3D 空间中由坐标轴组成的平面

由于 3D 空间中存在三个不同的旋转平面，因此相应地，需要建立三个不同的旋转矩阵，分别如式(4-42)、式(4-43)、式(4-44)所示：

$$\boldsymbol{R}_z=\begin{bmatrix}\cos\theta & -\sin\theta & 0 & 0\\ \sin\theta & \cos\theta & 0 & 0\\ 0 & 0 & 1 & 0\\ 0 & 0 & 0 & 1\end{bmatrix} \tag{4-42}$$

$$\boldsymbol{R}_x=\begin{bmatrix}1 & 0 & 0 & 0\\ 0 & \cos\theta & -\sin\theta & 0\\ 0 & \sin\theta & \cos\theta & 0\\ 0 & 0 & 0 & 1\end{bmatrix} \tag{4-43}$$

$$\boldsymbol{R}_y=\begin{bmatrix}\cos\theta & 0 & \sin\theta & 0\\ 0 & 1 & 0 & 0\\ -\sin\theta & 0 & \cos\theta & 0\\ 0 & 0 & 0 & 1\end{bmatrix} \tag{4-44}$$

在上述三个公式中，其中 $\theta$ 为旋转角度，$\boldsymbol{R}_z$ 是绕着 $z$ 轴旋转的变换矩阵，$\boldsymbol{R}_x$ 是绕着 $x$ 轴旋转的变换矩阵，$\boldsymbol{R}_y$ 是绕着 $y$ 轴旋转的变换矩阵。这三个公式非常类似，都用到了旋转角度 $\theta$ 的正弦和余弦值，三者的区别在于正弦和余弦值放置的位置不同。结合不同的旋转矩阵，通过式(4-45)，可计算出绕坐标轴旋转的变换公式，其中 $\boldsymbol{R}$ 为旋转变换矩阵 $\boldsymbol{R}_x$、$\boldsymbol{R}_y$ 或者 $\boldsymbol{R}_z$：

$$\begin{bmatrix}x'\\ y'\\ z'\\ 1\end{bmatrix}=\boldsymbol{R}\cdot\begin{bmatrix}x\\ y\\ z\\ 1\end{bmatrix} \tag{4-45}$$

在类似于飞机的飞行器运动模拟中，经常需要用到旋转运动。在图 4-10 中的飞机上建立 3D 坐标系。当飞机绕着机体坐标系的 $z$ 轴进行旋转时，被称为偏航运动，机体坐标系 $x$ 轴在水平面上的投影与地面坐标系 $x$ 轴(在水平面上，指向目标为正)之间的夹角称为偏航角(Yaw)。当飞机绕着机体坐标系的 $y$ 轴旋转时，被称为俯仰运动，机体坐标系 $x$ 轴与水平面之间的夹角称为俯仰角(Pitch)。当飞机绕着机体坐标系的 $x$ 轴旋转时，被称为滚转运动，机体坐标系 $z$ 轴与通过机体 $x$ 轴的铅垂面之间的夹角称为滚转角(Roll)。

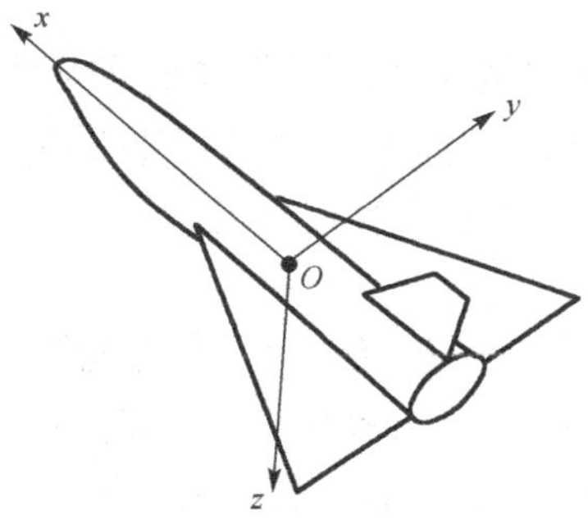


图 4-10　飞机的坐标系

**【例 4-7】** 在 3D 游戏中，需要将物体绕 $z$ 轴旋转 90°。请建立旋转变换矩阵，并将其应用在三角形(顶点分别为 $A(0,100,-20)$，$B(70,20,30)$，$C(-20,50,100)$)的旋转上。

解答：

第一步，根据式(4-42)和式(4-45)建立下述旋转变换方程，其中 $\theta$ 为 90°：

$$\begin{bmatrix}x'\\ y'\\ z'\\ 1\end{bmatrix}=\boldsymbol{R}\cdot\begin{bmatrix}x\\ y\\ z\\ 1\end{bmatrix}=\begin{bmatrix}\cos90^\circ & -\sin90^\circ & 0 & 0\\ \sin90^\circ & \cos90^\circ & 0 & 0\\ 0 & 0 & 1 & 0\\ 0 & 0 & 0 & 1\end{bmatrix}\cdot\begin{bmatrix}x\\ y\\ z\\ 1\end{bmatrix}=\begin{bmatrix}0 & -1 & 0 & 0\\ 1 & 0 & 0 & 0\\ 0 & 0 & 1 & 0\\ 0 & 0 & 0 & 1\end{bmatrix}\cdot\begin{bmatrix}x\\ y\\ z\\ 1\end{bmatrix}$$

第二步，依次将三角形各顶点值代入上述方程，与旋转变换矩阵相乘后求出变换后的新顶点位置。以点 $A(0,100,-20)$ 为例，计算变换后新顶点位置 $A'$：

$$\begin{bmatrix} x' \\ y' \\ z' \\ 1 \end{bmatrix} = \begin{bmatrix} 0 & -1 & 0 & 0 \\ 1 & 0 & 0 & 0 \\ 0 & 0 & 1 & 0 \\ 0 & 0 & 0 & 1 \end{bmatrix} \cdot \begin{bmatrix} 0 \\ 100 \\ -20 \\ 1 \end{bmatrix} = \begin{bmatrix} -100 \\ 0 \\ -20 \\ 1 \end{bmatrix}$$

由上述计算过程得到新顶点 $A'(-100,0,-20)$。

第三步，对三角形的其他两个顶点重复第二步的计算过程，分别得到旋转变换后的其他两个新顶点，分别是 $B'(-20,70,30)$，$C'(-50,-20,100)$。

(2)绕任意轴旋转

除了绕坐标轴进行旋转之外，3D 空间中的旋转还能绕着任意轴进行。因为先不考虑平移，所以任意旋转轴，假设都是过原点的。任意轴的方向用单位向量 $\boldsymbol{n}$ 来表示，其中 $\boldsymbol{n}=[n_x \ \ n_y \ \ n_z]$，而旋转角度则记为 $\theta$。

绕任意轴 $\boldsymbol{n}$ 的完整的旋转变换矩阵可用式(4-46)来求解。

$$\boldsymbol{R}(\boldsymbol{n},\theta)=$$
$$\begin{bmatrix} n_x^2(1-\cos\theta)+\cos\theta & n_xn_y(1-\cos\theta)-n_z\sin\theta & n_xn_z(1-\cos\theta)+n_y\sin\theta & 0 \\ n_xn_y(1-\cos\theta)+n_z\sin\theta & n_y^2(1-\cos\theta)+\cos\theta & n_yn_z(1-\cos\theta)-n_x\sin\theta & 0 \\ n_xn_z(1-\cos\theta)-n_y\sin\theta & n_yn_z(1-\cos\theta)+n_x\sin\theta & n_z^2(1-\cos\theta)+\cos\theta & 0 \\ 0 & 0 & 0 & 1 \end{bmatrix} \quad (4\text{-}46)$$



(3)欧拉角和四元数

在 3D 空间的旋转变换中，需要精确地定义所要描述的物体，因此有一个概念非常重要——方位(Orientation)。方位不同于方向，它是通过已知方位的旋转来描述的，该旋转量被称为角位移。可将方位和角位移之间的关系想象为点和向量之间的关系，这两对术语在数学上等价但是概念上不同。

除了使用矩阵来实现旋转变换之外，还可利用欧拉角和四元数来进行旋转变换。通常使用矩阵和四元数表示角位移，用欧拉角表示方位。下文将简单介绍欧拉角和四元数的概念。读者如果希望深入了解这两个概念，请自行查阅资料和相关书籍。

欧拉角的基本思想是将角位移分解为绕三个互相垂直轴的三个旋转角组成的序列。最常用的约定是所谓的“heading-pitch-bank”约定。在这个约定的系统中，一个方位由一个 heading 角、一个 pitch 角和一个 bank 角组成。它的基本思想是让物体开始于“标准方位”(物体坐标系与参考坐标系的坐标轴一致)，然后让物体做 heading、pitch、bank 旋转，最后物体到达想要描述的方位，它定义了从参考坐标系到物体坐标系的旋转顺序。另外一组常用的约定是“roll-pitch-yaw”，其中的 roll 等价于 bank，yaw 基本等价于 heading，它的顺序刚好与“heading-pitch-bank”相反，定义了从物体坐标系到参考坐标系的旋转顺序。经常用“roll-pitch-yaw”来描述飞机的旋转，如图 4-11 所示。

四元数是一种高阶复数，是通过四个数来表述方位的。一个四元数包含了一个标量分量和一个 3D 向量分量，通常标量分量被标记为 $w$，向量分量被标记为 $\boldsymbol{v}$ 或者三个分量 $x$，$y$，$z$。由此，四元数可表示为：$[w,\boldsymbol{v}]$ 或者 $[w,(x,y,z)]$。四元数能被解释为方位的轴—角描述(指角位移可表示为绕单一轴的单一旋转)，因而能描述 3D 中的任意旋转。

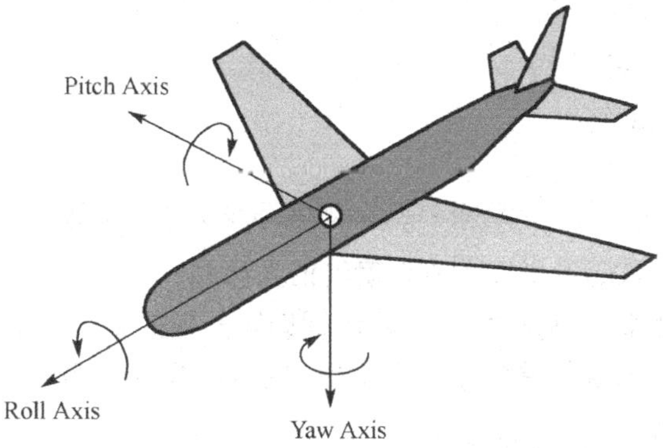


图 4-11　机体坐标系的欧拉角

在 3D 数学中，四元数存在的理由是基于一种称为球面线性插值(Slerp)的运算，它非常有用，因为可以在两个四元数之间进行平滑差值运算，从而避免了欧拉角插值运算的所有问题。

对比 3D 空间中的旋转方法，矩阵、欧拉角、四元数这三种方法的优缺点如表 4-1 所示。

**表 4-1　三种旋转方法对比**

| 任务/性质 | 矩阵 | 欧拉角 | 四元数 |
|---|---|---|---|
| 在坐标系间(物体和惯性)旋转点 | 能 | 不能(必须转换到矩阵) | 不能(必须转换到矩阵) |
| 连接或增量旋转 | 能，但经常比四元数慢，小心矩阵蠕变的情况 | 不能 | 能，比矩阵快 |
| 插值 | 基本上不能 | 能，但可能遭遇万向锁或其他问题 | Slerp 提供了平滑插值 |
| 易用程度 | 难 | 易 | 难 |
| 在内存或文件中存储 | 12 个数 | 3 个数 | 4 个数 |
| 对给定方位的表达方式是否唯一 | 是 | 不是，对同一方位有无数多种方法 | 不是，有两种方法 |
| 可能导致非法 | 矩阵蠕变 | 任意三个数都能构成合法的欧拉角 | 可能会出现误差积累，从而产生非法的四元数 |

### 4.5.3　rotate 函数

关于旋转变换，PMatrix 中设计和实现了 4 个 rotate 函数。假设当前参照坐标系的标架可用矩阵 $\boldsymbol{M}$ 来表示。

(1)2D 旋转函数：void rotate(float angle);

这个函数的输入参数 angle，描述的是当前 2D 坐标系绕着原点将要旋转的角度(弧度值)，为其构造齐次变换矩阵 $\boldsymbol{R}$，可得新坐标矩阵 $\boldsymbol{M}'$，如式(4-47)。值得注意的是，Processing 中 rotate 函数的正向旋转是沿着顺时针方向进行的，这和 4.5.1 节中式(4-40)的定义刚好是相反的。

$$\boldsymbol{M}'=\boldsymbol{M}\cdot\boldsymbol{R}=\begin{bmatrix} m_{00} & m_{01} & m_{02} \\ m_{10} & m_{11} & m_{12} \\ 0 & 0 & 1 \end{bmatrix}\begin{bmatrix} \cos\theta & \sin\theta & 0 \\ -\sin\theta & \cos\theta & 0 \\ 0 & 0 & 1 \end{bmatrix} \tag{4-47}$$

(2) 3D 旋转函数：

void rotateX(float angle);

void rotateY(float angle);

void rotateZ(float angle);

这三个函数分别实现了在 3D 空间中绕物体坐标系 $x$ 轴、$y$ 轴、$z$ 轴进行旋转变换，输入参数 angle 描述的是坐标系绕着坐标轴将要旋转的角度(弧度值)，为其构造齐次变换矩阵 $\boldsymbol{R}$，绕着 $x$ 轴进行旋转变换的记为 $\boldsymbol{R_x}$，绕着 $y$ 轴进行旋转变换的记为 $\boldsymbol{R_y}$，绕着 $z$ 轴进行旋转变换的记为 $\boldsymbol{R_z}$，同样这里的正向旋转是沿着顺时针方向进行的，可得新坐标矩阵 $\boldsymbol{M'}$，如式(4-48)、式(4-49)、式(4-50)所示：

$$\boldsymbol{M}'_x = \boldsymbol{M}\cdot\boldsymbol{R}_x = \begin{bmatrix} m_{00} & m_{01} & m_{02} & m_{03} \\ m_{10} & m_{11} & m_{12} & m_{13} \\ m_{20} & m_{21} & m_{22} & m_{23} \\ 0 & 0 & 0 & 1 \end{bmatrix}\begin{bmatrix} 1 & 0 & 0 & 0 \\ 0 & \cos\theta & \sin\theta & 0 \\ 0 & -\sin\theta & \cos\theta & 0 \\ 0 & 0 & 0 & 1 \end{bmatrix} \tag{4-48}$$

$$\boldsymbol{M}'_y = \boldsymbol{M}\cdot\boldsymbol{R}_y = \begin{bmatrix} m_{00} & m_{01} & m_{02} & m_{03} \\ m_{10} & m_{11} & m_{12} & m_{13} \\ m_{20} & m_{21} & m_{22} & m_{23} \\ 0 & 0 & 0 & 1 \end{bmatrix}\begin{bmatrix} \cos\theta & 0 & -\sin\theta & 0 \\ 0 & 1 & 0 & 0 \\ \sin\theta & 0 & \cos\theta & 0 \\ 0 & 0 & 0 & 1 \end{bmatrix} \tag{4-49}$$

$$\boldsymbol{M}'_z = \boldsymbol{M}\cdot\boldsymbol{R}_z = \begin{bmatrix} m_{00} & m_{01} & m_{02} & m_{03} \\ m_{10} & m_{11} & m_{12} & m_{13} \\ m_{20} & m_{21} & m_{22} & m_{23} \\ 0 & 0 & 0 & 1 \end{bmatrix}\begin{bmatrix} \cos\theta & \sin\theta & 0 & 0 \\ -\sin\theta & \cos\theta & 0 & 0 \\ 0 & 0 & 1 & 0 \\ 0 & 0 & 0 & 1 \end{bmatrix} \tag{4-50}$$

下面代码完整地描述了一个简单的实例，关于在 Processing 中如何使用 rotate 函数实现 3D 中多个立方体的动态旋转，代码运行结果如图 4-12 所示。

```
float a;                        //旋转角度
float offset = PI/24.0;         //立方体之间的角度差
int num = 12;                   //立方体个数

void setup() {
    size(640, 360, P3D);
    noStroke();
}

void draw() {

    lights();

    background(0, 0, 26);
    translate(width/2, height/2);
    //将当前物体坐标系的原点从(0, 0)移到屏幕中心

    for(int i = 0; i < num; i++) {
        float gray = map(i, 0, num-1, 0, 255);
        pushMatrix();
```

```
        fill(gray);
        rotateY(a + offset*i);        //绕着 y 轴旋转
        rotateX(a/2 + offset*i);      //绕着 x 轴旋转
        box(200);
        popMatrix();
    }

  a += 0.01;
}
```

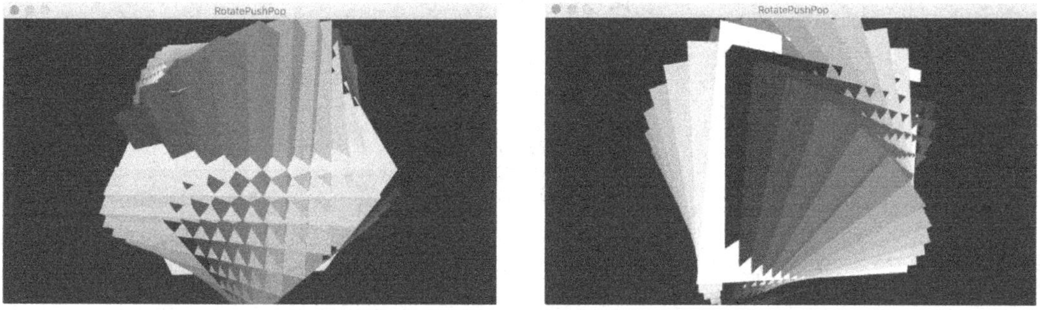


图 4-12 调用 rotate 函数使得立方体在屏幕中心连续旋转



另外需要注意的是，在 Processing 中连续使用多个 rotate、translate 及 scale 函数时，必须注意使用顺序的正确性，这与结果有着紧密的联系。

## 4.6 组合变换

组合变换就是将一系列变换矩阵组合成一个矩阵的过程，如相对物体自身中心进行缩放变换或者相对于中心点(某一个顶点)进行旋转变换及组合 3D 旋转变换等。

**【例 4-8】** 一个 2D 三角形，其顶点分别为 $A(50,40)$，$B(100,40)$，$C(75,200)$，让其绕着自身中心(75,93)旋转 90°。

解答：

(1)将物体中心平移到坐标系原点，如图 4-13 所示，得平移矩阵 $\boldsymbol{T}$:

$$\boldsymbol{T}=\begin{bmatrix}1 & 0 & -75\\0 & 1 & -93\\0 & 0 & 1\end{bmatrix}$$

(2)旋转 90°，如图 4-14 所示，得旋转矩阵 $\boldsymbol{R}$:

$$\boldsymbol{R}(90^\circ)=\begin{bmatrix}\cos 90^\circ & -\sin 90^\circ & 0\\\sin 90^\circ & \cos 90^\circ & 0\\0 & 0 & 1\end{bmatrix}$$

(3)将物体移回原处，如图 4-15 所示，得平移矩阵 $\boldsymbol{T}'$:

$$\boldsymbol{T}'=\begin{bmatrix}1 & 0 & 75\\0 & 1 & 93\\0 & 0 & 1\end{bmatrix}$$

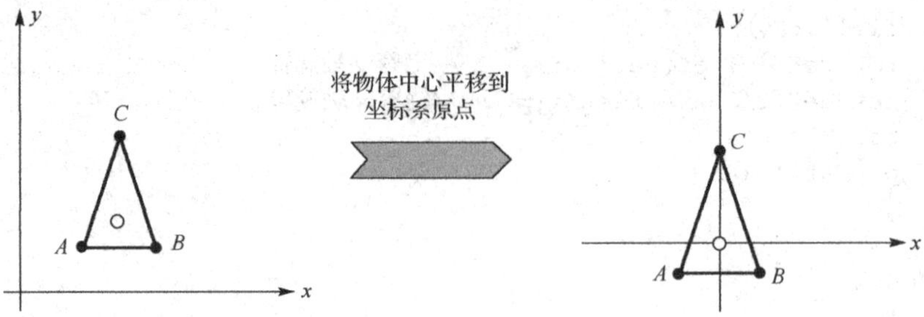


图 4-13　第一步平移

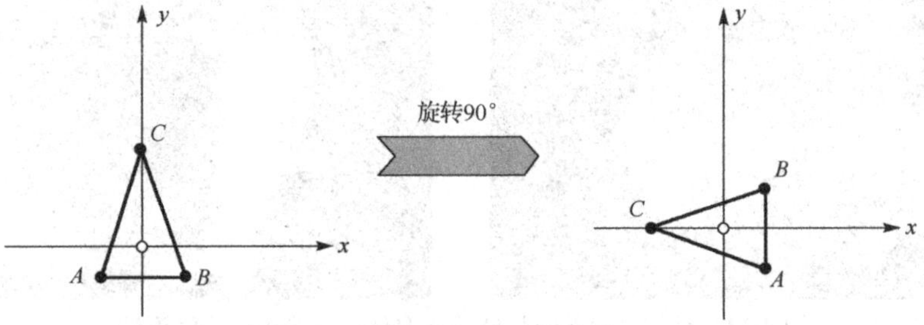




图 4-14　第二步旋转

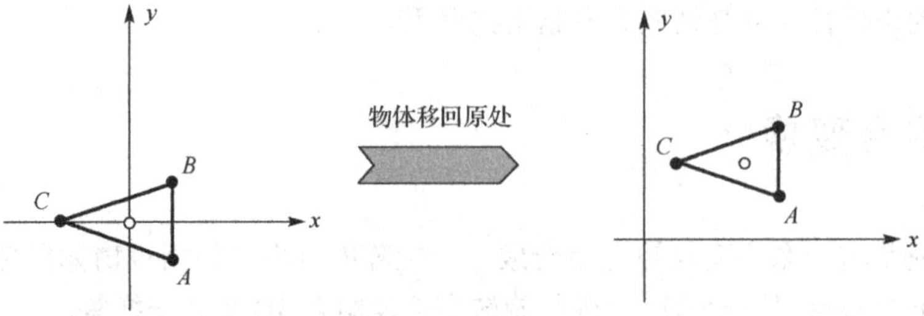


图 4-15　第三步移回原处

(4) 将上述三个步骤中求解得到的变换矩阵 $\boldsymbol{T}$、$\boldsymbol{R}$ 和 $\boldsymbol{T'}$ 相乘，得到最后的变换矩阵 $\boldsymbol{M}$：

$$\boldsymbol{M}=\boldsymbol{T'}\cdot\boldsymbol{R}\cdot\boldsymbol{T}=\begin{bmatrix}1&0&75\\0&1&93\\0&0&1\end{bmatrix}\begin{bmatrix}\cos 90^\circ&-\sin 90^\circ&0\\\sin 90^\circ&\cos 90^\circ&0\\0&0&1\end{bmatrix}\begin{bmatrix}1&0&-75\\0&1&-93\\0&0&1\end{bmatrix}=\begin{bmatrix}0&-1&168\\1&0&18\\0&0&1\end{bmatrix}$$

**【例 4-9】** 假设游戏中的一个 3D 模型，想让它保持在原地并将其缩小为原来的二分之一，建立一个矩阵方程，将任意一个 3D 物体相对其中心 $(x_c, y_c, z_c)$ 缩小为原来的二分之一。

解答：

(1) 将物体的中心平移到原点，得到：

$$\begin{bmatrix}1&0&0&-x_c\\0&1&0&-y_c\\0&0&1&-z_c\\0&0&0&1\end{bmatrix}\begin{bmatrix}x\\y\\z\\1\end{bmatrix}$$

(2) 将物体均匀缩放为原来的二分之一，得到：

$$\begin{bmatrix}0.5 & 0 & 0 & 0\\0 & 0.5 & 0 & 0\\0 & 0 & 0.5 & 0\\0 & 0 & 0 & 1\end{bmatrix}\begin{bmatrix}1 & 0 & 0 & -x_c\\0 & 1 & 0 & -y_c\\0 & 0 & 1 & -z_c\\0 & 0 & 0 & 1\end{bmatrix}\begin{bmatrix}x\\y\\z\\1\end{bmatrix}$$

(3)将物体的中心移回到原始位置，得到：

$$\begin{bmatrix}1 & 0 & 0 & x_c\\0 & 1 & 0 & y_c\\0 & 0 & 1 & z_c\\0 & 0 & 0 & 1\end{bmatrix}\begin{bmatrix}0.5 & 0 & 0 & 0\\0 & 0.5 & 0 & 0\\0 & 0 & 0.5 & 0\\0 & 0 & 0 & 1\end{bmatrix}\begin{bmatrix}1 & 0 & 0 & -x_c\\0 & 1 & 0 & -y_c\\0 & 0 & 1 & -z_c\\0 & 0 & 0 & 1\end{bmatrix}\begin{bmatrix}x\\y\\z\\1\end{bmatrix}$$

(4)计算出最后的相乘矩阵，得到

$$\begin{bmatrix}0.5 & 0 & 0 & 0.5x_c\\0 & 0.5 & 0 & 0.5y_c\\0 & 0 & 0.5 & 0.5z_c\\0 & 0 & 0 & 1\end{bmatrix}\begin{bmatrix}x\\y\\z\\1\end{bmatrix}$$

**【例 4-10】** 建立一个矩阵方程，将一个 3D 物体绕着 $z$ 轴旋转 30°，绕着 $x$ 轴旋转 180°，绕着 $y$ 轴旋转 90°。利用该矩阵旋转一个三角形，其顶点分别是 $A(200,0,-30)$，$B(0,50,-150)$，$C(40,20,-100)$。

解答：

(1)将物体绕着 $z$ 轴旋转 30°，得到：

$$\begin{bmatrix}x'\\y'\\z'\\1\end{bmatrix}=\boldsymbol{R}_z\cdot\begin{bmatrix}x\\y\\z\\1\end{bmatrix}=\begin{bmatrix}\cos 30^\circ & -\sin 30^\circ & 0 & 0\\\sin 30^\circ & \cos 30^\circ & 0 & 0\\0 & 0 & 0 & 0\\0 & 0 & 0 & 1\end{bmatrix}\begin{bmatrix}x\\y\\z\\1\end{bmatrix}$$

(2)将物体绕着 $x$ 轴旋转 180°，得到：

$$\begin{bmatrix}x'\\y'\\z'\\1\end{bmatrix}=\begin{bmatrix}1 & 0 & 0 & 0\\0 & \cos 180^\circ & -\sin 180^\circ & 0\\0 & \sin 180^\circ & \cos 180^\circ & 0\\0 & 0 & 0 & 1\end{bmatrix}\begin{bmatrix}\cos 30^\circ & -\sin 30^\circ & 0 & 0\\\sin 30^\circ & \cos 30^\circ & 0 & 0\\0 & 0 & 0 & 0\\0 & 0 & 0 & 1\end{bmatrix}\begin{bmatrix}x\\y\\z\\1\end{bmatrix}$$

(3)将物体绕着 $y$ 轴旋转 90°，得到：

$$\begin{bmatrix}x'\\y'\\z'\\1\end{bmatrix}=\begin{bmatrix}\cos 90^\circ & 0 & \sin 90^\circ & 0\\0 & 1 & 0 & 0\\-\sin 90^\circ & 0 & \cos 90^\circ & 0\\0 & 0 & 0 & 1\end{bmatrix}\begin{bmatrix}1 & 0 & 0 & 0\\0 & \cos 180^\circ & -\sin 180^\circ & 0\\0 & \sin 180^\circ & \cos 180^\circ & 0\\0 & 0 & 0 & 1\end{bmatrix}\begin{bmatrix}\cos 30^\circ & -\sin 30^\circ & 0 & 0\\\sin 30^\circ & \cos 30^\circ & 0 & 0\\0 & 0 & 0 & 0\\0 & 0 & 0 & 1\end{bmatrix}\begin{bmatrix}x\\y\\z\\1\end{bmatrix}$$

(4)计算出相乘矩阵的最后结果，得到：

$$\begin{bmatrix}x'\\y'\\z'\\1\end{bmatrix}=\begin{bmatrix}0 & 0 & -1 & 0\\-0.5 & -0.866 & 0 & 0\\-0.866 & 0.5 & 0 & 0\\0 & 0 & 0 & 1\end{bmatrix}\begin{bmatrix}x\\y\\z\\1\end{bmatrix}$$

(5)代入 $A$、$B$、$C$ 点的原始坐标，计算出变换后的坐标：

$$A'(30,-100,173.2)$$
$$B'(150,-43.3,25)$$
$$C'(100,-37.32,-24.64)$$

在对一系列变换矩阵进行组合的时候，需要注意矩阵相乘的次序非常重要，一定要保证顺序的正确。一旦将所有的变换矩阵都建立完毕，最后一个步骤就是，通过将它们相乘在一起从而将它们合并成一个矩阵。这样做会大大提升计算的效率，因为避免了计算机对每个顶点进行各种变换矩阵重复相乘的过程。

尝试去建立更多的组合矩阵，就会发现这样的规律：式(4-51)是关于 2D 的组合变换矩阵，式(4-52)是关于 3D 的组合变换矩阵，其中与 $r$ 相关的矩阵元素存放着缩放和旋转的信息，与 $t$ 相关的矩阵元素则存放着平移的信息。

$$\begin{bmatrix} x' \\ y' \\ 1 \end{bmatrix} = \begin{bmatrix} r_{00} & r_{01} & t_{02} \\ r_{10} & r_{11} & t_{12} \\ 0 & 0 & 1 \end{bmatrix} \begin{bmatrix} x \\ y \\ 1 \end{bmatrix} \tag{4-51}$$



$$\begin{bmatrix} x' \\ y' \\ z' \\ 1 \end{bmatrix} = \begin{bmatrix} r_{00} & r_{01} & r_{02} & t_{03} \\ r_{10} & r_{11} & r_{12} & t_{13} \\ r_{20} & r_{21} & r_{22} & t_{23} \\ 0 & 0 & 0 & 1 \end{bmatrix} \begin{bmatrix} x \\ y \\ z \\ 1 \end{bmatrix} \tag{4-52}$$

## 习题 4

1. 建立一个组合变换矩阵，使得一个 2D 物体相对其自身中心(10, 50)旋转−90°，然后利用这个变换矩阵，旋转一个三角形，其顶点分别为 $A(-10, 50)$，$B(90, 0)$，$C(-50, 100)$。

2. 建立一个组合变换矩阵，让一个 3D 物体分别绕 $z$ 轴旋转 45°，绕 $x$ 轴旋转 90°，绕 $y$ 轴旋转−90°。然后利用该矩阵对一个三角形实施变换，三角形的顶点为 $A(300, 0, -50)$，$B(0, 40, -100)$，$C(40, 20, -80)$。

3. Processing 中，模拟物体的平移需要用到什么函数？

4. Processing 中，模拟物体的缩放需要用到什么函数？

5. Processing 中，模拟物体的旋转需要用到什么函数？

# 第5章

# 几何图元

本章将详细介绍几何图元的相关知识，包括了几何图元的基本性质，以及与几何图元相关的基本原理，还在 Processing 中对各种几何图元进行了模拟，详细内容包括了以下几部分：

- 5.1 节，结合案例介绍了直线、线段和射线的定义及彼此之间的区别和联系，然后详细描述了 line 函数的定义和用法；
- 5.2 节，介绍了圆和球的定义，并且详细描述了 ellipse 函数和 sphere 函数的定义和用法；
- 5.3 节，讨论了平面的定义及其性质，还给出了模拟平面的方法及应用；
- 5.4 节，介绍了三角形的定义，并且详细描述了 triangle 函数的定义及用法；
- 5.5 节，讨论了多边形的定义及其性质，并且详细介绍了多边形的模拟与绘制；
- 5.6 节，简单讨论矩形边界框的定义，介绍了相关函数 box 的定义及应用。

## 5.1 直线、线段和射线

在经典几何的基础内容中，对直线、线段和射线的定义是(如图 5-1 所示)：

- 直线向两个方向无限延伸；
- 线段有两个端点，是直线的有限部分；
- 射线有一个起点，并向一个方向无限延伸，它是直线的“一半”。在本书中，射线被理解为有向线段。在这样的理解基础上，任意一条射线，定义了一个位置、一个有限长度和一个方向(除非射线长度为零)，还定义了一条包含它的直线和若干线段。



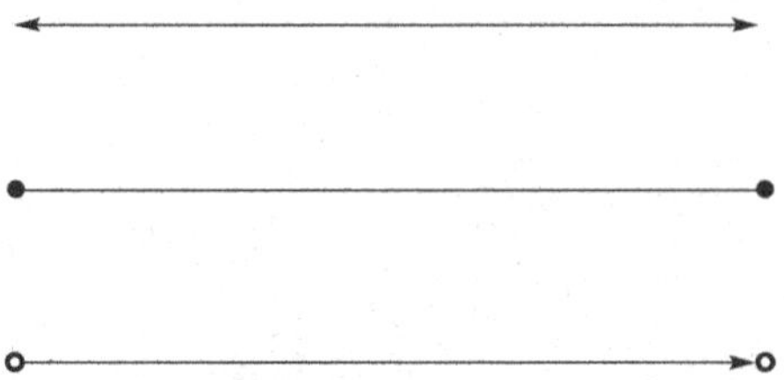

图 5-1　直线、线段和射线的对比(从上至下)

### 5.1.1　直线和线段

首先来看直线。下文中描述直线的方法，均针对 2D 直线。在 3D 中类似的方法定义的是平面。

第一类描述方法，一般方程式定义，如式(5-1)所示：

$$ax + by = c \tag{5-1}$$

第二类描述方法，可分为两种：斜截式和点斜式。

第一种是常见的斜截式，如式(5-2)所示，其中 $m$ 是直线的斜率，$b'$称为 $y$ 截距：

$$y = mx + b' \tag{5-2}$$

第二种方法是点斜式，与斜截式相似，如式(5-3)所示，其中 $m$ 仍为直线的斜率，且直线过两点$(x_1, y_1)$与$(x_2, y_2)$：

$$(y - y_1) = m(x - x_1), \quad m = \frac{y_2 - y_1}{x_2 - x_1} \tag{5-3}$$

点斜式提供了一个非常重要的信息：如果两条直线互相垂直，那么这两条直线的斜率乘积为-1，即 $m_1 \times m_2 = -1$， $m_1 = -1/m_2$，或 $m_2 = -1/m_1$。

第三类描述方法，也是本书中常用的方法，用向量记法表示的 2D 直线的隐式定义(假设向量 $\boldsymbol{n}=[a, b]$，为了便于计算，通常情况下可将向量 $\boldsymbol{n}$ 进行单位化)，如式(5-4)所示，其中向量 $\boldsymbol{p}$ 既描述了直线上某一点的位置也可被理解为从原点出发指向这个点的位移向量，标准向量 $\boldsymbol{n}$ 描述了直线的方向，距离 $d$ 则描述了从原点出发到直线的垂直距离，即直线的位置：

$$\boldsymbol{p} \cdot \boldsymbol{n} = d \tag{5-4}$$

图 5-2 描述的正是式(5-4)的几何意义。如果直线和标准向量 $\boldsymbol{n}$ 代表的点在原点的同一侧，则 $d$ 为正，当 $d$ 增大时，直线沿方向 $\boldsymbol{n}$ 移动。

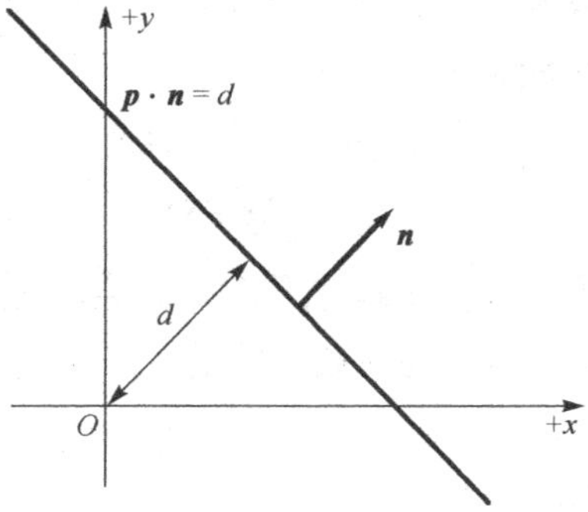


图 5-2　式(5-4)的几何意义

这三类描述方法之间可以互相转换，转换的方法如下：

(1) 从直线的一般方程式描述转换为斜截式，如式(5-5)所示：

$$m = \frac{-a}{b}, \quad b' = \frac{c}{b} \tag{5-5}$$

(2) 从直线的一般方程式转换为“标准向量+距离”，如式(5-6)所示：

$$\boldsymbol{n} = \frac{[a \quad b]}{\sqrt{a^2 + b^2}}, \quad \text{distance} = \frac{d}{\sqrt{a^2 + b^2}} \tag{5-6}$$

(3) 从直线的点斜式转换为“标准向量+距离”，首先需将点斜式先转换为标准的一般方程式定义，即将 $m$ 代入式(5-1)。转换后得到式(5-7)：

$$mx - y = mx_1 - y_1 \tag{5-7}$$

将式(5-7)代入式(5-6)得到最终的转换公式(5-8)：

$$\boldsymbol{n} = \frac{[m \quad -1]}{\sqrt{m^2 + 1}}, \quad \text{distance} = \frac{mx_1 - y_1}{\sqrt{m^2 + 1}}, \quad m = \frac{y_2 - y_1}{x_2 - x_1} \tag{5-8}$$

**【例 5-1】** 假设人物角色在游戏中的位置为(50, 200)，当玩家在点(150,400)处单击了鼠标，这说明他想要去此位置，那么就需要找到一条到达目的地的直线路径，请计算出该直线方程。

解答：

(1) 想要从两个点解得直线方程，可以使用点斜式方程，它所需要的就是直线斜率和直线上一点。

$$斜率 = m = (400-200)/(150-50) = 2$$

(2) 将点 (50, 200) 代入点斜式方程中：

$$(y-200) = 2(x-50)$$
$$y = 2x+100$$

**【例 5-2】** 想象一下，在游戏中角色正沿着直线 $y=2/3x+20$ 移动，当到达位置 (30, 40) 时，玩家按下了方向按钮，即命令它向左转 90 度，然后继续沿直线前进，请计算出新路径的直线方程。

解答：

(1) 找到与原来路径相垂直的直线的斜率：

$$新路径的斜率 = -1/(2/3) = -3/2$$

(2) 将点 (30,40) 代入点斜式方程中：

$$(y-40) = -3/2(x-30)$$
$$-y = -3/2x+85$$

值得注意的是直线和线段在概念上的区别与联系，直线上两个点和它们之间的部分叫做线段，这两个点叫做线段的端点。线段与直线之间的区别是：

(1) 直线无长度，线段有长度；

(2) 直线无端点，线段有两个端点。



### 5.1.2 射线和线段

描述射线最直观的方法就是两点表示法，把射线两个端点记为 $P_{org}$ 和 $P_{end}$，如图 5-3 所示。不论是 2D 射线还是 3D 射线，都能用参数来表示，如式 (5-9) (2D) 和式 (5-10) (3D) 所示：

$$\begin{cases} x(t) = x_0 + t\Delta x \\ y(t) = y_0 + t\Delta y \end{cases} \tag{5-9}$$

$$\begin{cases} x(t) = x_0 + t\Delta x \\ y(t) = y_0 + t\Delta y \\ z(t) = z_0 + t\Delta z \end{cases} \tag{5-10}$$

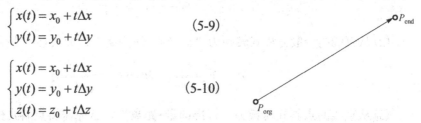

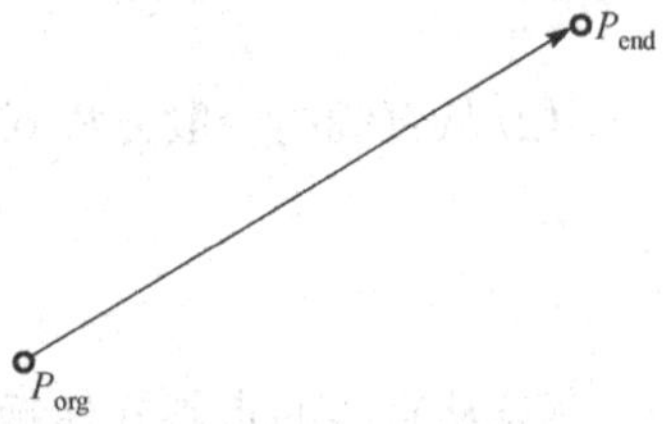

图 5-3 射线的两点表示法

上述两组公式中，2D 和 3D 射线的表述不同，主要差别在于 3D 射线多了参数 $z$。另外需要注意的是，公式中 $t$ 的范围为[0,1]，射线的起点为 $(x_0, y_0, z_0)$。

射线的另一种表述方式是采用向量来表示。假设向某一个方向无限延伸的射线，其起点记为 $\boldsymbol{p}_0$，$\boldsymbol{p}_0=\boldsymbol{p}(0)$，射线的方向用单位向量 $\boldsymbol{d}$ 来表示。射线上任意一个点 $\boldsymbol{p}(t)$ 都可以用式 (5-11) 来表示：

$$\boldsymbol{p}(t) = \boldsymbol{p}_0 + t\boldsymbol{d} \tag{5-11}$$

如果在式 (5-11) 中，$t$ 有一个取值范围，$t \in [0, t_1]$，此时该公式描述的是一条线段，该线段的两个端点分别是 $\boldsymbol{p}_0$ 和 $\boldsymbol{p}(t_1)$。由此可见线段和射线的区别在于：

(1) 射线无长度，线段有长度；

(2) 射线有一个端点，线段有两个端点。

### 5.1.3 line 函数

当我们试图将几何图元进行可视化时，没有长度的直线和射线并没有实际意义，线段才是需要借助的工具。在 Processing 平台上，将使用 line 函数进行线段绘制。linc 函数的基本定义如下：

```
void line(x1, y1, x2, y2)
void line(x1, y1, z1, x2, y2, z2)
```

这两个函数的参数均为 float 型数值。其中，第一个 line 函数是针对 2D 空间设计的，函数的两对参数 $x_1, y_1$ 和 $x_2, y_2$ 分别表示了该 2D 线段的两个端点。类似地，第二个 line 函数针对的是 3D 空间的线段，函数的两对参数 $x_1, y_1, z_1$ 和 $x_2, y_2, z_2$ 则分别表示了该 3D 线段的两个端点位置。

下述的两个完整案例分别描述了 2D 线段和 3D 线段的 line 函数的使用方法，其运行结果截图如图 5-4、图 5-5 所示。

```
void setup(){
    size(200, 200);
    line(40, 40, 170, 40);
    stroke(126);
    line(170, 40, 170, 170);
    stroke(255);
    line(170, 170, 40, 170);
}
```

图 5-4　2D line 函数的应用案例

```
void setup(){
    //在 3D 中进行图元绘制时，需要
    //将 size()的最后一个参数设置为 P3D
    size(200, 200, P3D);
    line(40, 40, 0, 150, 40, 30);
    stroke(126);
    line(150, 40, 30, 150, 150, 0);
    stroke(255);
    line(150, 150, 0, 40, 150, -80);
}
```

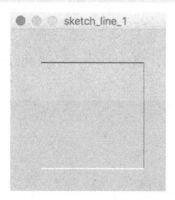

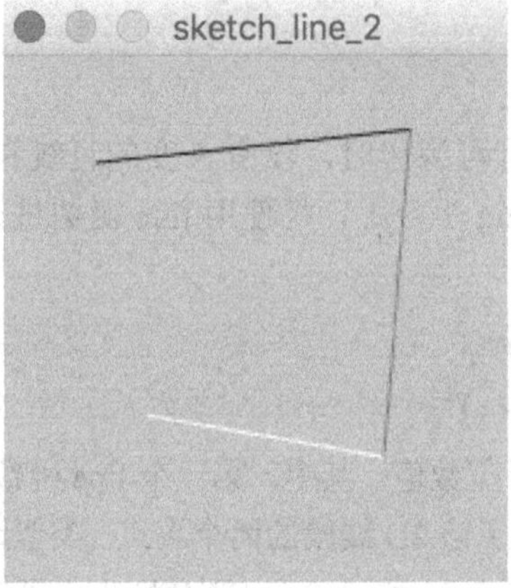


图 5-5　3D line 函数的应用案例

用“标准向量+距离”来表述直线，在下文中会有非常重要的用处。但是在 Processing 中，通常用已知两点来表述直线，并用 line 来进行显示。因此，可以利用式(5-8)来进行转换，通过已知两点求解出直线的“标准向量+距离”，实现过程如下述代码所述，运行结果如图 5-6 所示。



```
//第一部分
PVector p1, p2, n;
float d = 0;

void setup(){
    size(200, 200);
    p1 = new PVector(40, 50);
    p2 = new PVector(160, 150);
    line(p1.x, p1.y, p2.x, p2.y);        //绘制过这两点的线段
    strokeWeight(10);
    stroke(#FF4040);
    //绘制两个端点
    point(p1.x, p1.y);
    point(p2.x, p2.y);

    //方法 1：根据式(5-8)进行计算
    float m = (p2.y-p1.y)/(p2.x-p1.x);
    float tmp = sqrt(m*m+1);
    n = new PVector(m/tmp, -1/tmp);
    d = (m*p1.x-p1.y)/tmp;

    //在线段中点描绘 n 和 d
    PVector midPnt = new PVector(p1.x+p2.x, p1.y+p2.y);
    midPnt.mult(0.5);
    strokeWeight(5);
    stroke(#6495ED);
    line(midPnt.x, midPnt.y, midPnt.x+n.x*d, midPnt.y+n.y*d);
}
```

图 5-6 直线的“标准向量+距离”实现效果

如果将上述代码中的“方法 1”替换成下述的“方法 2”，则描述了另外一种求解“标准向量+距离”的方法。在这种方法中，标准向量 $\boldsymbol{n}$ 和直线本身所在的方向相互垂直，因此这两个向量的点乘为 0。换言之，如果表示直线本身所在方向的单位向量记为[$a$ $b$]，那么标准向量 $\boldsymbol{n}$ 可记为[$-b$ $a$]。最后将计算出来的 $\boldsymbol{n}$ 值和已知点 $p_1$ 代入到公式 $p\cdot\boldsymbol{n}=d$，即可计算出距离 $d$ 的值。



```
//方法 2
PVector vec = PVector.sub(p1, p2);
vec.normalize();
n = new PVector(-vec.y, vec.x);
d = n.dot(p1);
```

经过实验，上述两种方法的计算结果是一致的。

## 5.2 圆和球

### 5.2.1 定义

在游戏中，经常用圆或者球作为物体的包围，然后进行碰撞检测的简化计算，如图 5-7 所示。

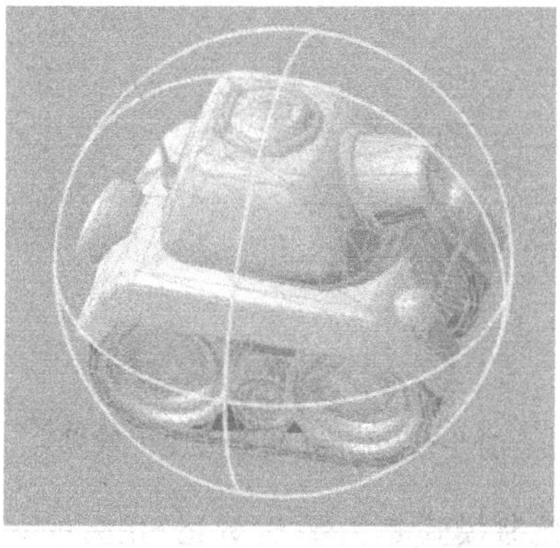

图 5-7 3D 坦克的包围球

对于圆和球，尽管前者是2D几何图元而后者是3D几何图元，但是它们都可定义为：到给定点的距离为给定长度的所有点的集合。圆边上某点到圆心的距离称圆的半径，类似的，球面上某点到球心的距离称为球的半径。

假设圆心(球心)为 $c(c_x, c_y)$ $(c(c_x, c_y, c_z))$，半径为 $r$，则式(5-12)和式(5-13)分别描述了圆和球的隐式表达式：

$$(x-c_x)^2+(y-c_y)^2=r^2 \tag{5-12}$$

$$(x-c_x)^2+(y-c_y)^2+(z-c_z)^2=r^2 \tag{5-13}$$

如果用 $\boldsymbol{p}$ 来标记圆或者球上的任意一点，则可用向量来标记圆或者球，如式(5-14)所示：

$$\|\boldsymbol{p}-\boldsymbol{c}\|=r \tag{5-14}$$

### 5.2.2 ellipse 函数

在 Processing 平台上，经常使用 ellipse 函数来进行 2D 空间中圆的绘制。ellipse 函数的基本定义如下：

```
void ellipse(a, b, c, d);
```



其中，参数 a 描述的是椭圆的圆心坐标 $x$ 轴坐标值，参数 b 描述的是椭圆的圆心坐标 $y$ 轴坐标值，参数 c 描述的是椭圆的宽度，参数 d 描述的是椭圆的高度，这四个参数都是 float 型数值。当参数 c 和 d 数值一致时，ellipse 函数描绘的就是圆。

下面的代码完整地描述了圆的绘制过程及 ellipse 函数的基本用法，其运行结果截图如图 5-8 所示。

```
void setup(){
    size(200,200);
    stroke(#8B2252);//圆的边界色
    fill(#A2CD5A);//圆的填充色
    ellipse(100, 100, 150, 150);
}
```

图 5-8　ellipse 函数的应用效果

值得注意的是，ellipse 的绘制模式是由函数 void ellipseMode(mode)进行控制，其中参数 mode 有四个选项，分别是 CENTER、RADIUS、CORNER 和 CORNERS，它们的含义如下。

(1) CENTER：默认模式。在这个模式里，ellipse 函数的前两个参数描述了椭圆的中心点坐标，而后两个参数则描述了椭圆的宽度和高度，见图 5-9 中深灰色小圆。

(2) RADIUS：在这个模式里，ellipse 函数的前两个参数描述了椭圆的中心点坐标，但是后两个参数描述了椭圆的宽度和高度的一半，见图 5-9 中白色大圆。

下面的代码完整地描述了 ellipse 两种模式 CENTER 和 RADIUS 的绘制过程，对应生成的运行结果图如图 5-9 所示。

```
void setup(){
    size(200, 200);
    ellipseMode(RADIUS);  //绘制模式为 RADIUS
    fill(255);  //大圆的填充色为白色
    ellipse(100, 100, 60, 60);  //利用 RADIUS 模式绘制的大圆

    ellipseMode(CENTER);  //绘制模式为 CENTER
    fill(100);  //小圆的填充色为深灰色
    ellipse(100, 100, 60, 60);  //利用 CENTER 模式绘制的小圆
}
```



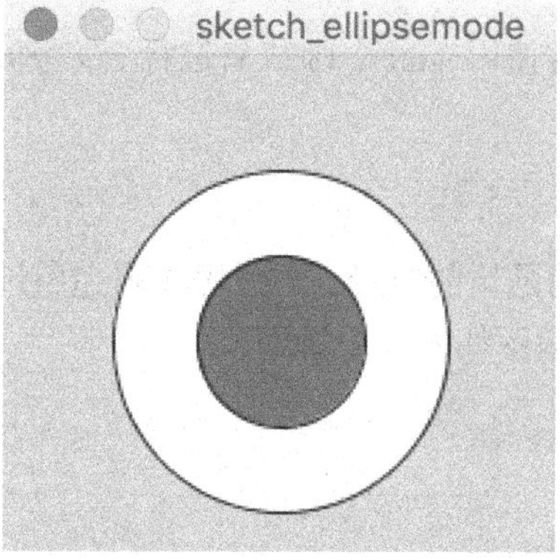


图 5-9 ELlipse 两种模式 CENTER 和 RADIUS 的绘制效果

(3) CORNER：在这个模式里，ellipse 函数的前两个参数描述了椭圆的左上角坐标，而后两个参数描述了椭圆的宽度和高度，见图 5-10 中白色大圆。

(4) CORNERS：在这个模式里，ellipse 函数的前两个参数描述了椭圆包围盒的某一个顶点坐标，而后两个参数描述了该包围盒上与上述顶点相对的顶点坐标，见图 5-10 中深灰色小圆。

下面的代码完整地描述了 ellipse 两种模式 CORNRE 和 CORNERS 的绘制过程，对应生成的运行结果图如图 5-10 所示。

```
void setup(){
    size(200, 200);
    ellipseMode(CORNER);                //绘制模式为 CORNER
    fill(255);                          //大圆的填充色为白色
    ellipse(50, 50, 100, 100);          //利用 CORNER 模式绘制的大圆

    ellipseMode(CORNERS);               //绘制模式为 CORNERS
    fill(100);                          //小圆的填充色为深灰色
```

```
    ellipse(50, 50, 100, 100);        //利用 CORNERS 模式绘制的小圆
}
```

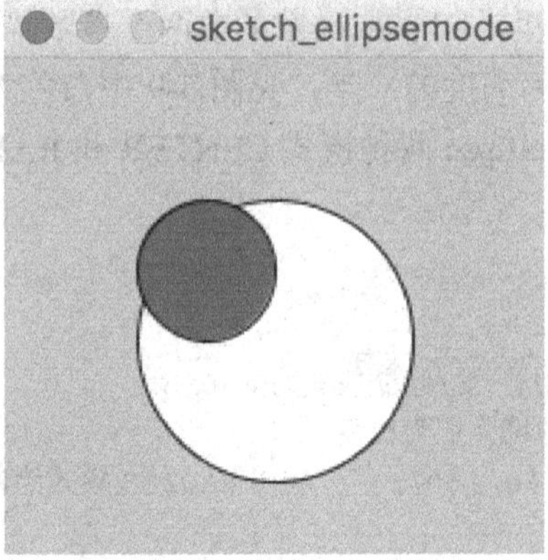


图 5-10　ellipse 两种模式 CORNER 和 CORNERS 的绘制效果



### 5.2.3　sphere 函数

在 Processing 平台上，经常使用 sphere 函数来进行 3D 空间中球的绘制。sphere 函数的基本定义如下：

```
void sphere(r);
```

其中，float 型参数 r 描述的是球的半径。下面的代码完整地描述了球的绘制过程及 sphere 函数的基本用法，其运行结果截图如图 5-11 所示。

```
void setup(){
    size(250, 200, P3D);
    noStroke();
    lights();
    translate(116, 96, 0);
    sphere(56);
}
```

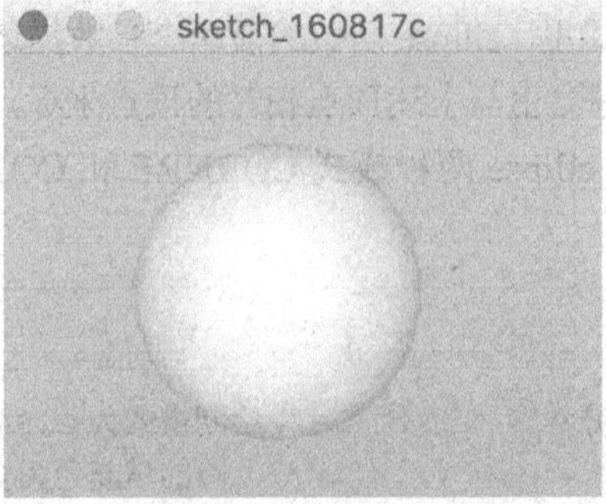


图 5-11　sphere 函数的绘制效果

值得注意的是，sphere 函数的绘制精度是由函数 sphereDetail()通过调整球体网格的顶点数目来进行控制的。

sphereDetail 有两种定义：

```
void sphereDetail(res);
void sphereDetail(ures, vres);
```

第一种定义中的 int 型参数 res，描述的是球体上的每一圈被分割成的块数(最少为 3 块)。

第二种定义中的 int 型参数 ures 和 vres，描述的是球体上的每一圈在经度和纬度上分别被分割成的块数。

在该函数中，通常使用默认参数值 30(即在球面上每隔 360/30 = 12 度绘制一个顶点)。如果每帧要绘制多个球体，为了提高绘制效率，建议减小参数数值。

下面的代码完整地展示了随着鼠标的移动，球体绘制精度的变换，其效果图如图 5-12 所示。

```
void setup() {
    size(300, 300, P3D);
}

void draw() {
    background(200);
    stroke(255, 50);
    translate(150, 150, 0);
    rotateX(mouseY * 0.05);
    rotateY(mouseX * 0.05);
    fill(mouseX * 2, 0, 160);
    sphereDetail(mouseX / 4);
    sphere(120);
}
```

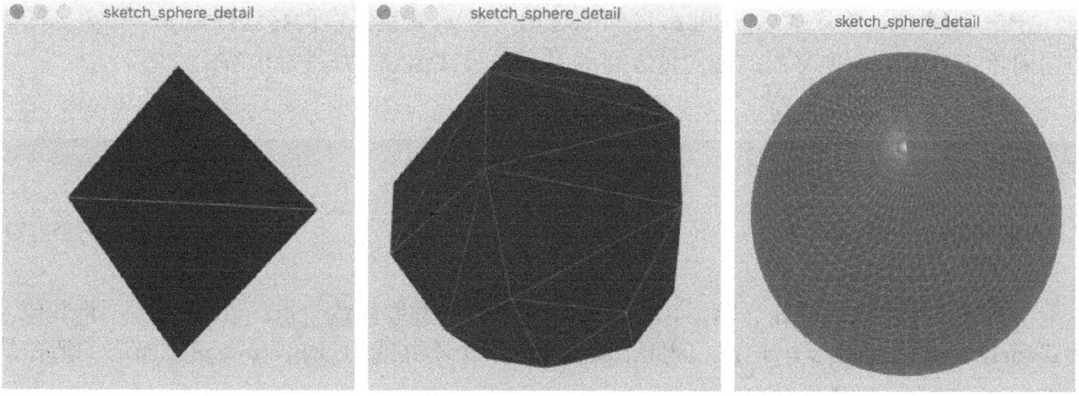


图 5-12　sphereDetail 函数的应用效果图

## 5.3　平面

### 5.3.1　定义

平面是 3D 空间中的一种基本几何图元，是由到两个点距离相等的点组成的集合，平面没有厚度、平整且无限延伸。

这里可以用两种方法来定义平面。

第一种定义方法，是在中学就学过的隐式定义。平面的隐式定义由所有满足平面方程的点 $\boldsymbol{p}(x, y, z)$ 给出，记为式(5-15)：

$$ax + by + cz = d \tag{5-15}$$

第二种定义方法，是用向量进行表示，如式(5-16)所示：

$$\boldsymbol{p} \cdot \boldsymbol{n} = d \tag{5-16}$$

其中向量 $\boldsymbol{n} = [a\ b\ c]$，称平面的法向量，它垂直于平面。为了简化计算，通常会对向量 $\boldsymbol{n}$ 进行单位化。一般来说，$\boldsymbol{n}$ 指向的方向是平面的正面，即从 $\boldsymbol{n}$ 的头向尾看，看见的是正面，如图 5-13 所示。

下面是一种常见的情况，即如何通过三个不同线的点 $\boldsymbol{p}_1$、$\boldsymbol{p}_2$、$\boldsymbol{p}_3$ 来确定一个平面，如图 5-14 所示。



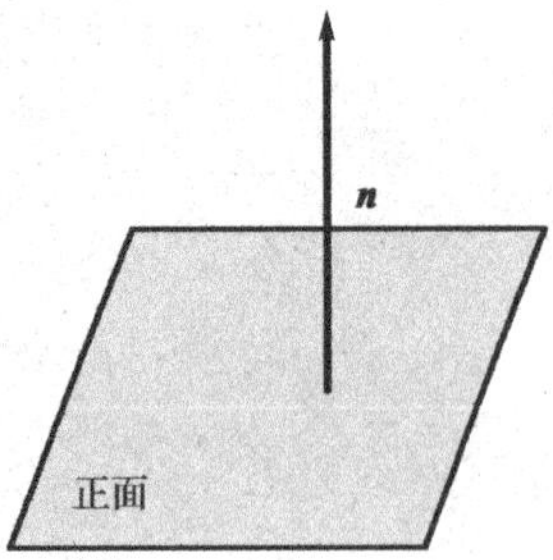


图 5-13　平面和其法向量 $\boldsymbol{n}$

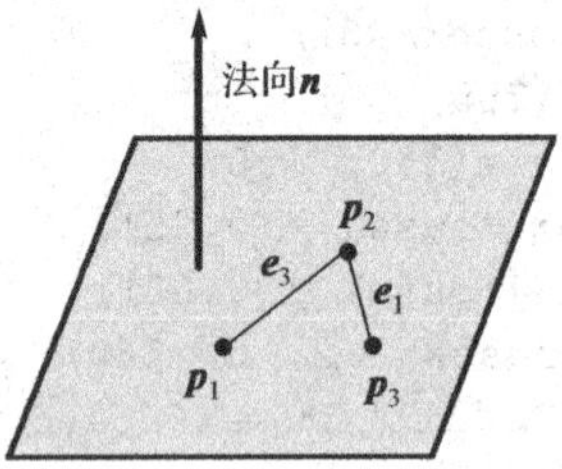


图 5-14　三个不同线的点可确定一个平面

在图 5-14 中，将连接点 $\boldsymbol{p}_1$ 和 $\boldsymbol{p}_2$ 之间的边用向量 $\boldsymbol{e}_3$ 来定义，而将连接点 $\boldsymbol{p}_3$ 和 $\boldsymbol{p}_2$ 之间的边用向量 $\boldsymbol{e}_1$ 来定义。而平面的法向量 $\boldsymbol{n}$ 可通过下面公式组(5-17)进行求解：

$$\begin{aligned} \boldsymbol{e}_1 &= \boldsymbol{p}_3 - \boldsymbol{p}_2 \\ \boldsymbol{e}_3 &= \boldsymbol{p}_1 - \boldsymbol{p}_2 \\ \boldsymbol{n} &= \frac{\boldsymbol{e}_3 \times \boldsymbol{e}_1}{\|\boldsymbol{e}_3 \times \boldsymbol{e}_1\|} \end{aligned} \tag{5-17}$$

一旦求得平面法向量 $\boldsymbol{n}$ 之后，可在已知的三个点中选取任意一点，以 $\boldsymbol{p}_1$ 为例，将其代入到式(5-18)中后求解出 $d = \boldsymbol{p}_1 \cdot \boldsymbol{n}$，因此，通过已知三个不共线的点 $\boldsymbol{p}_1$、$\boldsymbol{p}_2$、$\boldsymbol{p}_3$ 求解它们所在的平面，可由式(5-18)计算得到：

$$d = \boldsymbol{p} \cdot \boldsymbol{n} = \boldsymbol{p}_1 \cdot \frac{\boldsymbol{e}_3 \times \boldsymbol{e}_1}{\|\boldsymbol{e}_3 \times \boldsymbol{e}_1\|} \tag{5-18}$$

式(5-18)对下一章中进行几何检测的实现提供了非常大的帮助。

### 5.3.2　Processing 中平面的绘制

由平面的定义可知，平面是无限的。但是在可视化编程时，总是用一个有限四边形来表示平面。下面的完整案例利用预先计算好的四个共面的点来构造四边形，并在 3D 空间中进行绘制，如图 5-15 中浅色部分所示平面。

```
//平面上四个点
PVector p1, p2, p3, p4;

void setup() {
    size(600, 600, P3D);
    smooth();

    //预先定义四个点的位置，确保其共面
    p1 = new PVector(width/4, height/2, 0);
    p2 = new PVector(3*width/4, height/2, 0);
    p3 = new PVector(3*width/4, height/2, width/2);
    p4 = new PVector(width/4, height/2, width/2);

    background(120);
    lights();

    rotateX(-PI/6);

    fill(#F4A460);
    noStroke();
    beginShape();
    vertex(p1.x, p1.y, p1.z);
    vertex(p2.x, p2.y, p2.z);
    vertex(p3.x, p3.y, p3.z);
    vertex(p4.x, p4.y, p4.z);
    endShape(CLOSE);
}
```

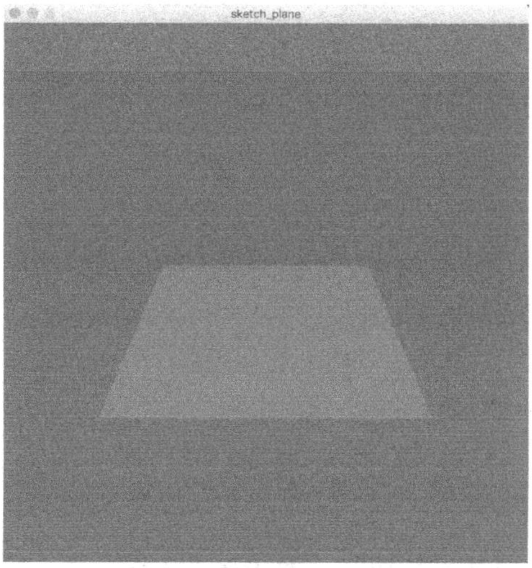


图 5-15　平面的绘制效果

请注意上述代码中出现的函数 vertex()（用于绘制点），以及成对出现的函数 beginShape() 和 endShape()。这三个函数是用来创建复杂多边形必须使用的工具，使用方法请详见 5.5.2 节内容。

## 5.4 三角形

### 5.4.1 定义

平面上不共线的三个点组成了一个三角形。假设三角形的三个顶点为 $\boldsymbol{v}_i$，内角为 $\theta_i$，顺时针边向量为 $\boldsymbol{e}_i$，边长为 $l_i$，$i$=1,2,3，如图 5-16 所示。

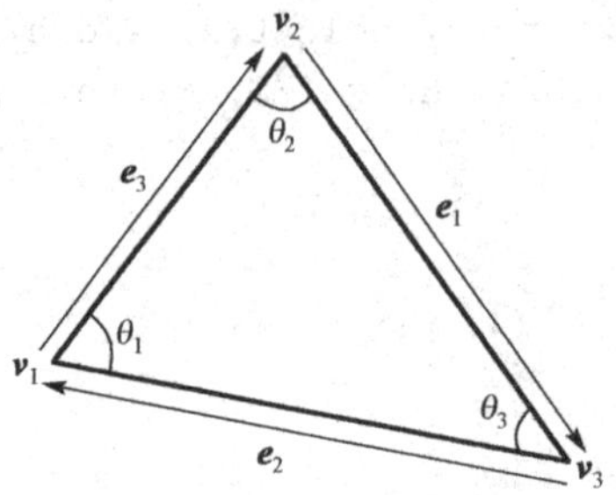


图 5-16 三角形基本定义



它们之间的关系如公式(5-19)所示：

$$\begin{aligned} \boldsymbol{e}_1 &= \boldsymbol{v}_3 - \boldsymbol{v}_2, \quad l_1 = \|\boldsymbol{e}_1\| \\ \boldsymbol{e}_2 &= \boldsymbol{v}_1 - \boldsymbol{v}_3, \quad l_2 = \|\boldsymbol{e}_2\| \\ \boldsymbol{e}_3 &= \boldsymbol{v}_2 - \boldsymbol{v}_1, \quad l_3 = \|\boldsymbol{e}_3\| \end{aligned} \tag{5-19}$$

三角形正弦公式如式(5-20)所示：

$$\frac{\sin\theta_1}{l_1} = \frac{\sin\theta_2}{l_2} = \frac{\sin\theta_3}{l_3} \tag{5-20}$$

三角形余弦公式如式(5-21)所示：

$$\begin{aligned} l_1^2 &= l_2^2 + l_3^2 - 2l_2l_3\cos\theta_1 \\ l_2^2 &= l_1^2 + l_3^2 - 2l_1l_3\cos\theta_2 \\ l_3^2 &= l_1^2 + l_2^2 - 2l_1l_2\cos\theta_3 \end{aligned} \tag{5-21}$$

三角形周长公式如式(5-22)所示：

$$p = l_1 + l_2 + l_3 \tag{5-22}$$

三角形面积公式如式(5-23)所示：

$$A = \frac{\|\boldsymbol{e}_1 \times \boldsymbol{e}_2\|}{2} \tag{5-23}$$

三角形面积还可由海伦公式进行计算，如式(5-24)所示：

$$s = \frac{p}{2} = \frac{l_1 + l_2 + l_3}{2}$$

$$A = \sqrt{s(s-l_1)(s-l_2)(s-l_3)} \tag{5-24}$$

### 5.4.2 triangle 函数

在 Processing 平台上，通常使用 triangle 函数来绘制 2D 三角形。triangle 函数的基本定义如下：

```
void triangle(x1, y1, x2, y2, x3, y3);
```

其中，参数 x1、y1 描述的是三角形第一个顶点的 *x* 轴坐标值和 *y* 轴坐标值，参数 x2、y2 描述的是第二个顶点的 *x* 轴坐标值和 *y* 轴坐标值，参数 x3、y3 描述的是第三个顶点的 *x* 轴坐标值和 *y* 轴坐标值。这六个参数都是 float 型数值。

下面的代码案例完整地描述了三角形的绘制过程及 triangle 函数的基本用法，其运行结果截图如图 5-17 所示。

```
void setup(){
    size(200, 250);
    //直接调用 triangle 绘制三角形，上方白色
    triangle(120, 20, 50, 120, 150, 130);   //Filled triangle

    //第二种绘制三角形的方法，中间线框
    line(120, 60, 60, 160);                 //Outlined triangle edge
    line(60, 160, 150, 170);                //Outlined triangle edge
    line(150, 170, 120, 60);                //Outlined triangle edge

    //第三种绘制三角形的方法，下方灰色
    fill(126);
    beginShape(TRIANGLES);
    vertex(120, 100);
    vertex(70, 210);
    vertex(150, 210);
    endShape();
}
```

图 5-17　三角形的绘制效果

从上述代码中可看出，除了直接调用 triangle 函数外，还可以通过 line 函数和多边形绘制(详见 5.5.2 节介绍)的方法来实现三角形的绘制。

## 5.5 多边形

### 5.5.1 定义

狭义地说，在同一平面且不在同一直线上的三条或三条以上的线段首尾顺次连接且不相交，其所组成的封闭图形称为多边形。在不同平面上的多条线段首尾顺次连接且不相交，其所组成的图形也被称为多边形，指广义的多边形。

组成多边形的线段至少有三条，三角形是最简单的多边形。组成多边形的每一条线段叫做多边形的**边**；相邻的两条线段的公共端点叫做多边形的**顶点**；多边形相邻两边所组成的角叫做多边形的**内角**；多边形内角的一边与另一边反向延长线所组成的角，叫做多边形的**外角**；连接多边形的两个不相邻顶点的线段叫做多边形的对角线。



多边形有很多种分类方法：

(1) 多边形可以分为正多边形和非正多边形，正多边形各边相等且各内角相等。

(2) 多边形可以分为平面多边形和空间多边形，平面多边形的所有顶点全在同一个平面上，空间多边形至少有一个顶点和其他的顶点不在同一个平面上。

(3) 多边形还可以分为简单多边形和复杂多边形，简单多边形不包含“洞”(图 5-18 左列)，复杂多边形可能包含“洞”(图 5-18 右列)。

(4) 多边形也可以分为凸多边形及凹多边形，凸多边形全部都是平面多边形(平面多边形不等于凸多边形，还包括平面的凹多变形，如图 5-19 左列所示)，但是凹多边形却非全是空间多边形，也有平面凹多边形，如图 5-19 右列所示。

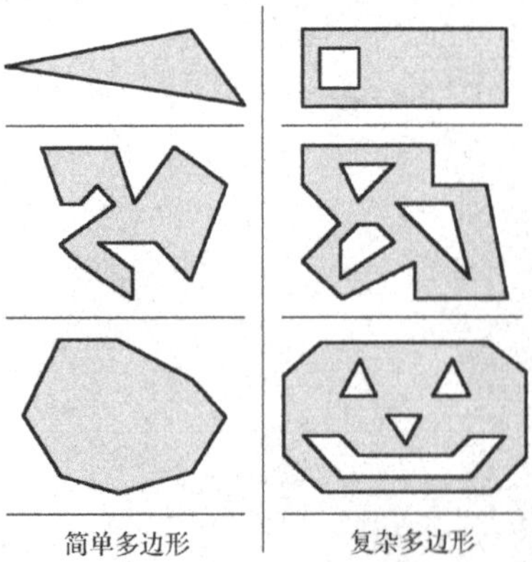


图 5-18　简单多边形(左列)和复杂多边形(右列)

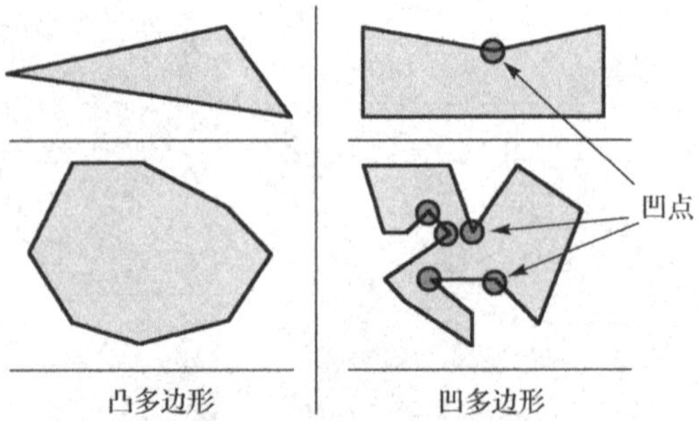


图 5-19　凸多边形(左列)和凹多边形(右列)

### 5.5.2 Processing 中多边形的绘制

由于多边形包括了三角形、四边形和更多边的形状，所以在 Processing 中可以根据不同的需求进行绘制。

三角形的绘制可直接调用 triangle 函数(详见 5.4.2 的内容)，也可调用下文中的通用方法。

四边形的绘制可直接调用 quad 函数，其具体定义为：

```
void quad(x1, y1, x2, y2, x3, y3, x4, y4);
```

其中 float 型参数 x1, y1, x2, y2, x3, y3, x4, y4 描述了四边形四个角点的坐标值。

下面的代码案例完整地描述了 quad 函数的基本用法，其运行结果截图如图 5-20 所示。当然也可以调用后文中的通用方法来绘制四边形。

```
size(480, 120);
quad(158, 55, 199, 14, 392, 66, 351, 107);
triangle(347, 54, 392, 9, 392, 66);
triangle(158, 55, 290, 91, 290, 112);
```

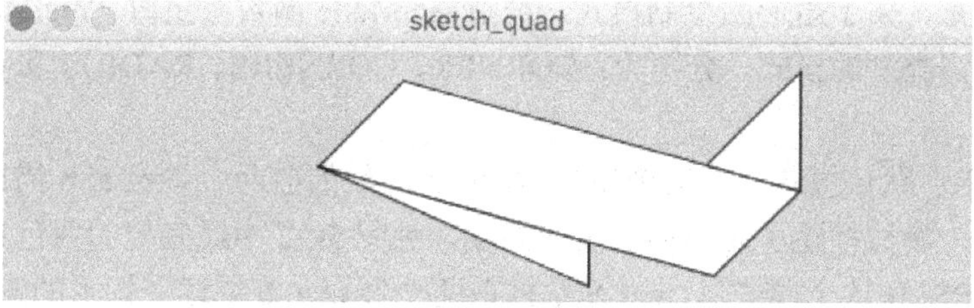


图 5-20 四边形的绘制效果

在绘制四边形时，最常用的其实是一种特殊的四边形——矩形。在 Processing 中，通常直接用 rect 函数进行绘制，其具体定义有如下三种：

```
void rect(a, b, c, d);
void rect(a, b, c, d, r);
void rect(a, b, c, d, tl, tr, br, bl);
```

上述三种定义中的 float 型参数 a, b 描述的是在某种绘制模式下(由 rectMode 函数确定)矩形的位置坐标，float 型参数 c 描绘了矩形的宽度，float 型参数 d 描绘了矩形的高度。第二种定义中的 float 型参数 r，描绘了矩形的圆角半径，如图 5-21 中的中间绿色实例。第三种定义中的 float 型参数 tl, tr, br, bl 分别描述了矩形的左上、右上、左下、右下四个圆角半径，如图 5-21 中最上层红色实例，彩色运行效果图可扫描二维码浏览。下面的代码完整地描述了 rect 函数三种定义的具体实现过程。

```
size(480, 380);
//第一种定义
rect(90, 70, 320, 260);

//第二种定义，矩形有四个等半径圆角
fill(#00EE00);
rect(130, 110, 240, 180, 20);

//第三种定义，矩形的四个圆角不等半径
fill(#EE0000);
rect(170, 150, 160, 120, 8, 20, 30, 60);
```

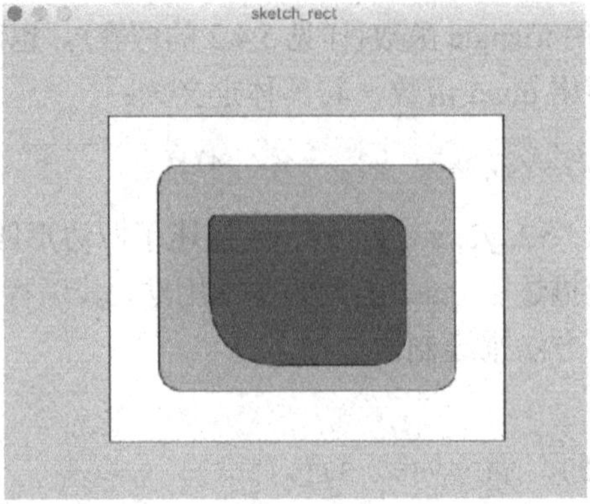


图 5-21　rect 函数的三种定义实现效果

值得注意的是，关于矩形的绘制模式，是由 rectMode 函数决定时。rectMode 函数可通过参数设置 4 种不同类型的模式，分别为：CORNER、CORNERS、RADIUS 和 CENTER，其含义如下。

(1) CORNER：默认模式。在这个模式里，rect 函数的前两个参数 a, b 描述了矩形的左上角坐标，而后两个参数描述了矩形的宽度和高度，见图 5-22 中最底层的白色矩形。

(2) CORNERS：在这个模式里，rect 函数的前两个参数 a, b 描述了矩形的某一个顶点坐标，而后两个参数 c,d 描述了与上述顶点相对的顶点坐标，见图 5-22 中的红色矩形。

(3) RADIUS：在这个模式里，rect 函数的前两个参数 a, b 描述了矩形的中心点坐标，但是后两个参数描述了矩形的宽度和高度的一半，见图 5-22 中的蓝色矩形。

(4) CENTER：在这个模式里，rect 函数的前两个参数 a, b 描述了矩形的中心点坐标，而后两个参数则描述了矩形的宽度和高度，见图 5-22 中最上层的黄色矩形。

下面的代码案例完整地描述了上述的四种绘制模式，其运行效果如图 5-22 所示，彩色运行效果图可扫描二维码浏览。

```
size(400, 400);
//CORNER，默认模式
rectMode(CORNER);
fill(255);
rect(60, 60, 280, 280);
//CORNERS，对角模式
rectMode(CORNERS);
fill(#EE0000);
rect(100, 100, 300, 300);
//RADIUS，半径模式
rectMode(RADIUS);
fill(#1C86EE);
rect(200, 200, 60, 60);
//CENTER，中心点模式
rectMode(CENTER);
fill(#EEEE00);
rect(200, 200, 40, 40);
```

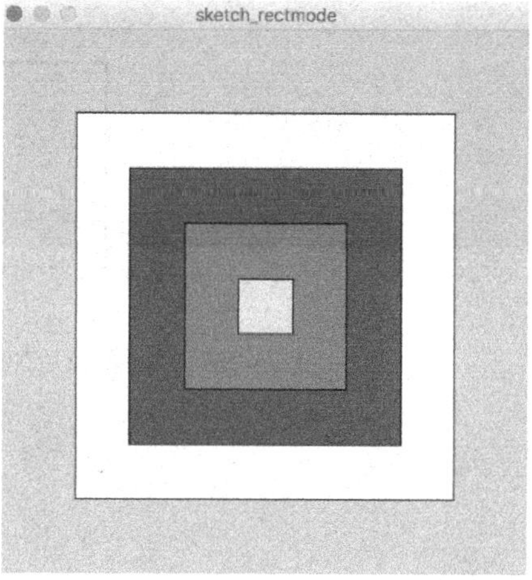


图 5-22　rectMode 的四种模式运行效果图

更通用的绘制多边形的方法，则需组合使用 beginShape、endShape 和 vertex 函数。在使用时，beginShape 函数与 endShape 函数必须成对出现，而且在这两个函数之间必须使用 vertex 函数来表述多边形的各个顶点。beginShap 函数如果不加任何参数，beginShape 函数将绘制不规则多边形（图 5-23、图 5-24、图 5-25）。beginShape 函数还可选择添加参数，即表示为 beginShape(kind)，其中参数 kind 可为 POINTS（图 5-26）、LINES（图 5-27）、TRIANGLES（图 5-28）、TRIANGLE_STRIP（图 5-29）、TRIANGLE_FAN（图 5-30）、QUADS（图 5-31）和 QUAD_STRIP（图 5-32）中的任意一个。而 vertex 函数中参数的定义有很多种，常用的是 vertex(x,y) 和 vertex(x,y,z)，分别描述了 2D 和 3D 空间中顶点的位置，其他参数的定义请参见相关文档（https://www.processing.org/reference/vertex_.html）。图 5-23～图 5-32 分别描述了不同多边形的绘制效果，其左侧分别对应着绘制方法的编码过程。

```
noFill();
beginShape();
vertex(40, 40);
vertex(160, 40);
vertex(160, 160);
vertex(40, 160);
endShape();
```

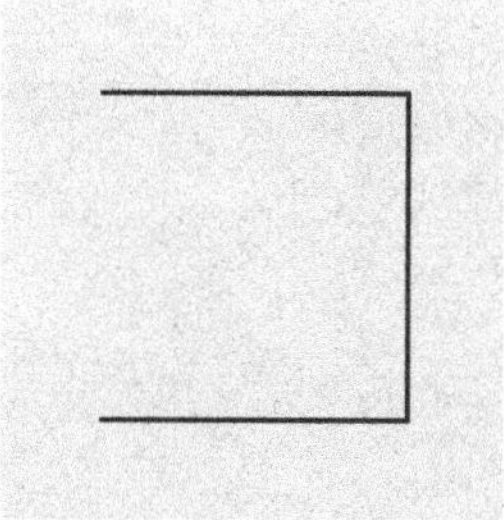

图 5-23　beginShape 和 endShape 函数都不加参数的运行效果

```
noFill();
beginShape();
vertex(40, 40);
vertex(160, 40);
vertex(160, 160);
vertex(40, 160);
endShape(CLOSE);
```

图 5-24　beginShape 不加参数，endShape 函数加 CLOSE 参数的运行效果

```
beginShape();
vertex(40, 40);
vertex(160, 40);
vertex(160, 160);
vertex(40, 160);
endShape(CLOSE);
```

图 5-25　封闭图形后加入颜色填充的运行效果

```
beginShape(POINTS);
strokeWeight(10);
vertex(40, 40);
vertex(160, 40);
vertex(160, 160);
vertex(40, 160);
endShape();
```

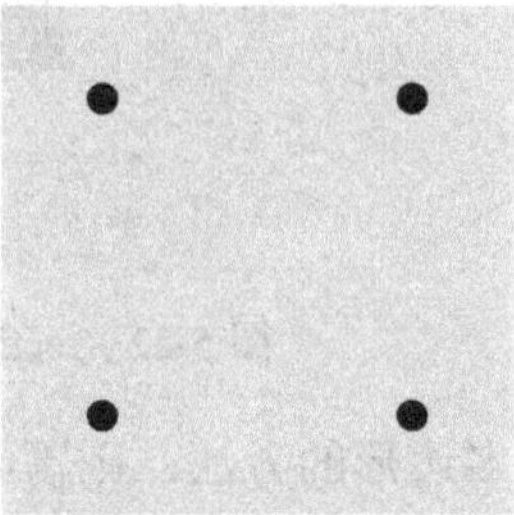

图 5-26　beginShape 加参数 POINTS 的运行效果



```
beginShape(LINES);
vertex(40, 40);
vertex(160, 40);
vertex(160, 160);
vertex(40, 160);
endShape();
```

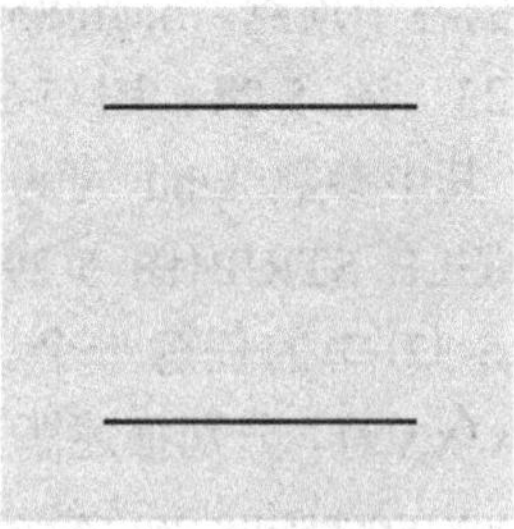

图 5-27　beginShape 加参数 LINES 的运行效果

```
beginShape(TRIANGLES);
vertex(40, 150);
vertex(70, 40);
vertex(100, 150);
vertex(120, 40);
vertex(140, 150);
vertex(160, 40);
endShape();
```

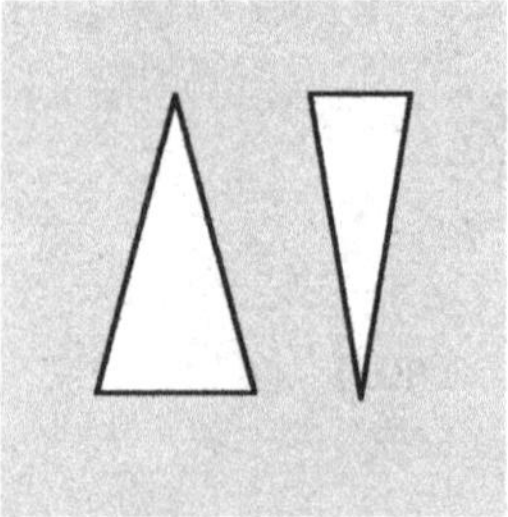

图 5-28　beginShape 加参数 TRIANGLES 的运行效果

```
beginShape(TRIANGLE_STRIP);
vertex(40, 150);
vertex(60, 40);
vertex(80, 150);
vertex(100, 40);
vertex(120, 150);
vertex(140, 40);
vertex(160, 150);
endShape();
```

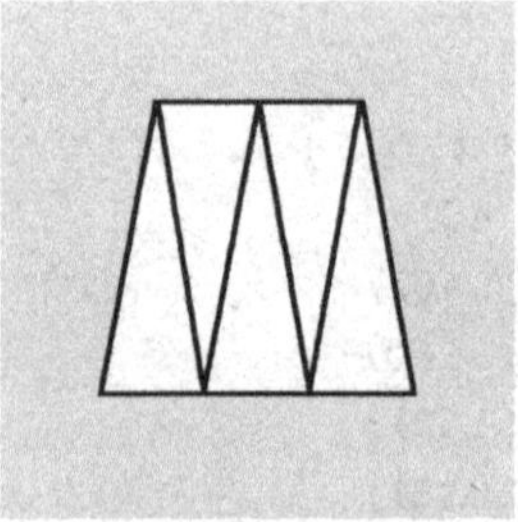

图 5-29　beginShape 加参数 TRIANGLES_STRIP 的运行效果

```
beginShape(TRIANGLE_FAN);
vertex(100, 100);
vertex(100, 30);
vertex(169, 100);
vertex(100, 170);
vertex(29, 100);
vertex(100, 30);
endShape();
```

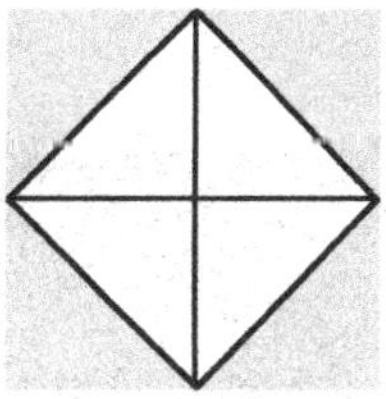

图 5-30　beginShape 加参数 TRIANGLES_FAN 的运行效果

```
beginShape(QUADS);
vertex(50, 40);
vertex(50, 150);
vertex(90, 150);
vertex(90, 40);
vertex(120, 40);
vertex(120, 150);
vertex(160, 150);
vertex(160, 40);
endShape();
```

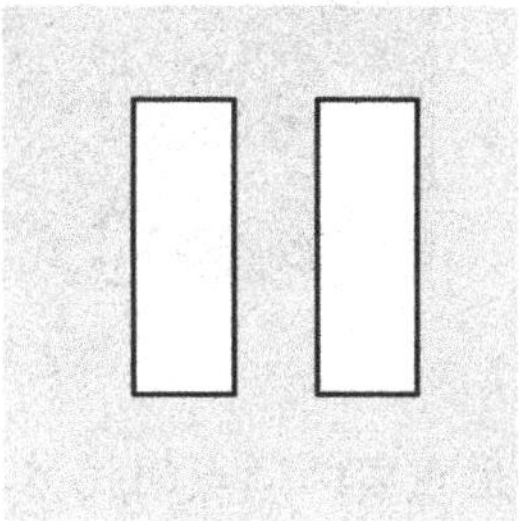

图 5-31　beginShape 加参数 QUADS 的运行效果

```
beginShape(QUAD_STRIP);
vertex(45, 40);
vertex(45, 150);
vertex(85, 40);
vertex(85, 150);
vertex(115, 40);
vertex(115, 150);
vertex(155, 40);
vertex(155, 150);
endShape();
```

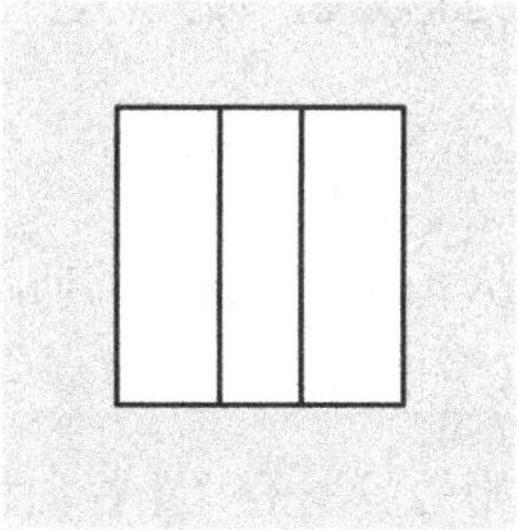

图 5-32　beginShape 加参数 QUAD_STRIP 的运行效果

## 5.6　矩形边界框

### 5.6.1　定义

矩形边界框是常见的用来界定物体边界的几何图元，它可以是轴对齐的或者任意方向的。如果是轴对齐矩形边界框，则必须满足该边界框的边垂直于坐标轴的要求。经常用缩写 AABB(Axially Aligned Bounding Box)来表示轴对齐矩形边界框。

一个 3D 的 AABB 就是一个简单的六面体，每一边都平行于一个坐标平面。尽管 AABB 的长、宽、高可以彼此不同，但是通常用 box 来表示，如图 5-33 所示。

AABB 内的点满足不等式(5-25)：

$$\begin{aligned} x_{\min} &\leqslant x \leqslant x_{\max} \\ y_{\min} &\leqslant y \leqslant y_{\max} \\ z_{\min} &\leqslant z \leqslant z_{\max} \end{aligned} \tag{5-25}$$

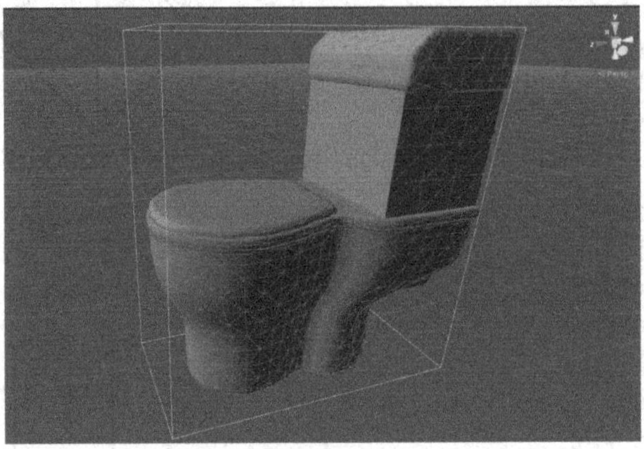

图 5-33 3D 模型的 AABB



AABB 内两个最重要的顶点如式(5-26)所示：

$$\begin{aligned} \boldsymbol{p}_{\max} &= [x_{\max} \quad y_{\max} \quad z_{\max}] \\ \boldsymbol{p}_{\min} &= [x_{\min} \quad y_{\min} \quad z_{\min}] \end{aligned} \tag{5-26}$$

AABB 的中心点记为 $\boldsymbol{c}$，如式(5-27)所示：

$$\boldsymbol{c} = \frac{\boldsymbol{p}_{\min} + \boldsymbol{p}_{\max}}{2} \tag{5-27}$$

尺寸向量 $\boldsymbol{s}$ 是从 $\boldsymbol{p}_{\min}$ 指向 $\boldsymbol{p}_{\max}$ 的向量，包含了矩形边界框的长、宽、高，如式(5-28)所示：

$$\boldsymbol{s} = \boldsymbol{p}_{\max} - \boldsymbol{p}_{\min} \tag{5-28}$$

还可以求出矩形边界框的“半径向量”$\boldsymbol{r}$，它是从中心 $\boldsymbol{c}$ 指向 $\boldsymbol{p}_{\max}$ 的向量，记为式(5-29)：

$$\boldsymbol{r} = \boldsymbol{p}_{\max} - \boldsymbol{c} = \frac{\boldsymbol{s}}{2} \tag{5-29}$$

明确定义一个 AABB，只需要 $\boldsymbol{p}_{\min}$、$\boldsymbol{p}_{\max}$、$\boldsymbol{c}$、$\boldsymbol{s}$、$\boldsymbol{r}$ 这 5 个向量中的任意两个，不过建议使用 $\boldsymbol{p}_{\min}$ 和 $\boldsymbol{p}_{\max}$ 来表示一个边界框。而对于 3D 模型来说，通过遍历所有顶点坐标，计算出顶点的 $\boldsymbol{p}_{\min}$ 和 $\boldsymbol{p}_{\max}$ 从而确定 AABB，是非常容易的。因此很多情况下，AABB 比包围球更适合做包围盒，用于游戏中的碰撞检测等。不仅因为 AABB 的计算在编程上更容易实现，而且它提供了一种更为紧密的包围。

### 5.6.2 box 函数

在 Processing 中，3D 并不是它处理的重点，因此它并没有直接设计并实现矩形边界框。但是可以用 box 函数绘制出想要的立方体，以此来模拟 AABB。box 函数的定义有如下两种：

```
void box(size);
void box(w, h, d);
```

在第一种定义中，float 型参数 size 给出了立方体的边长(如图 5-34 中的左侧立方体)，而第二种定义中，通过不同的 float 型参数 w、h、d 可以定义任意长、宽、高的长方体(如图 5-34 中的右侧长方体)。下面的代码完整地展示了 box 函数的两种不同用法，绘制效果如图 5-34 所示。

```
size(200, 110, P3D);
translate(58, 48, 0);
rotateY(0.5);
noFill();
box(40);//左侧立方体
translate(88, 48, 0);
rotateY(0.5);
noFill();
box(40, 20, 50);//右侧长方体
```

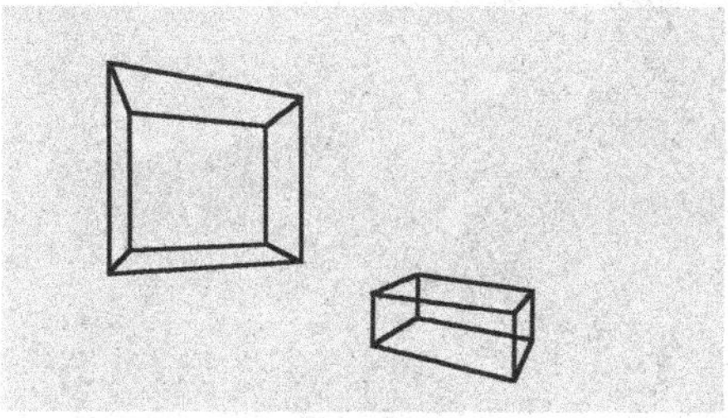

图 5-34　box 函数的应用效果

下面的案例对 box 函数的应用进行了扩展，完整地展示了将 box 函数与鼠标事件结合后进行综合应用的实例，其运行效果如图 5-35 所示。

```
void setup() {
    size(400, 400, P3D);
    noStroke();
}
void draw() {
    lights();
    background(0);
    translate(width/2, height/2, -height);
    float rz = map(mouseY, 0, height, 0, PI);
    float ry = map(mouseX, 0, width, 0, HALF_PI);
    rotateZ(rz);
    rotateY(ry);
    for (int y = -1; y <= 1; y++) {
        for (int x = -1; x <= 1; x++) {
            for (int z = -1; z <= 1; z++) {
                pushMatrix();
                translate(150*x, 150*y, -150*z);
                if(z == 0){//中间三列立方体不填充仅保留线框
                    noFill();
                    stroke(255);
                }
                else {
                    fill(255);
                    noStroke();
```

```
                        }

                        box(25);
                        popMatrix();
                    }
                }
            }
        }
```

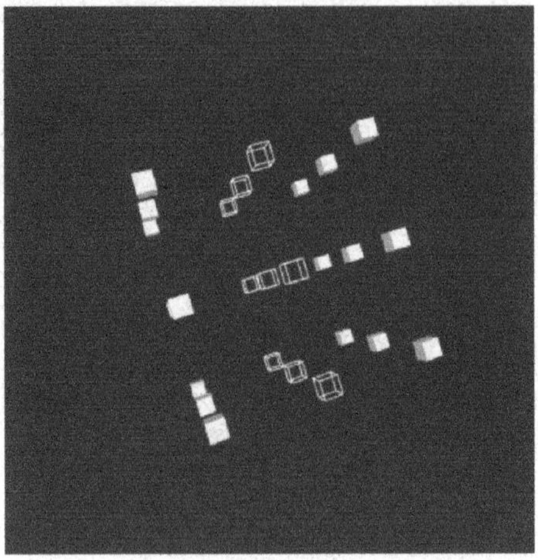

图 5-35　box 函数综合应用实例

## 习题 5

1．下图中为了绘制出这样的形状，使用了哪几个与几何图元相关的 Processing 函数？

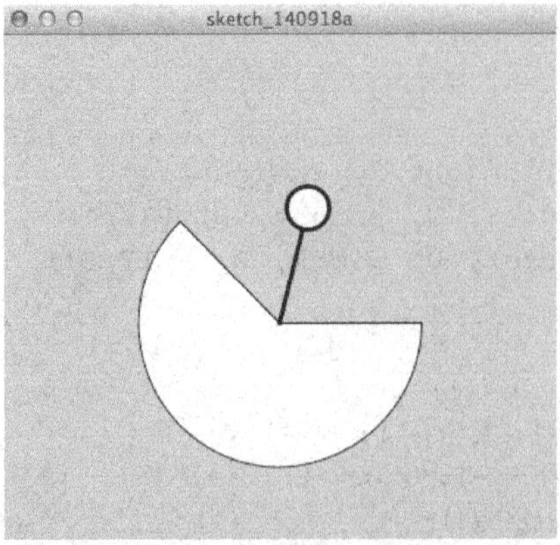


2．游戏中的地面可用平面方程 $x+2y+3z=6$ 表述。现在有一角色出现在点(2, 4, 6)处，请判断这一角色出现在地下还是地上。

3．请判断以下说法是否正确：Processing 绘制时，画笔的粗细是没办法调节的。

4．在游戏场景中，障碍物可用直线来模拟，过点(1, 0)、(0, 2)。如果障碍物沿着它所在直线的标准向量 $\boldsymbol{n}$ 方向运动，它是否会碰到点(1, 2)？

# 第6章

# 几何检测

上一章中介绍了六类基本几何图元的定义及其性质，并且描述了它们在 Processing 中对应的函数及相关的模拟。本章将在上一章几何图元的基础上进一步拓展，讨论几何检测中的距离检测和相交性检测，具体内容包括了：

- 6.1 节～6.3 节，深入讨论了距离检测，主要是指从某个给定点到几何图元上的最近点检测，包含了直线上的最近点检测、圆或球上的最近点检测及平面上的最近点检测；
- 6.4 节～6.8 节，围绕着几何图元间的相交性检测展开讨论，包含了直线的两两相交、直线与圆或球的两两相交、直线与平面的两两相交、圆或球的两两相交及球与平面的两两相交。

值得注意的是，在本章中，将讨论的是多个图元之间的运算，本书不仅给出了这些运算的相关定义，并且在 Processing 中进行了模拟。

## 6.1 直线上的最近点

如何计算某一直线上，离给定某一点最近的一点？这首先需要判断直线的形状。下文将直线上最近点的检测分为两种情况进行分析。



### 6.1.1 2D 直线上的最近点

(1)原理

在本节中，假设 2D 直线为 $L$，$L$ 由所有满足 $\boldsymbol{p}\cdot\boldsymbol{n}=d$ 的点 $\boldsymbol{p}$ 组成，其中 $\boldsymbol{n}$ 为单位向量。对于给定一点 $\boldsymbol{q}$，要找到直线上离该点距离最近的点 $\boldsymbol{q}'$，点 $\boldsymbol{q}'$实质上是点 $\boldsymbol{q}$ 投影到直线 $L$ 上的结果，如图 6-1 所示。

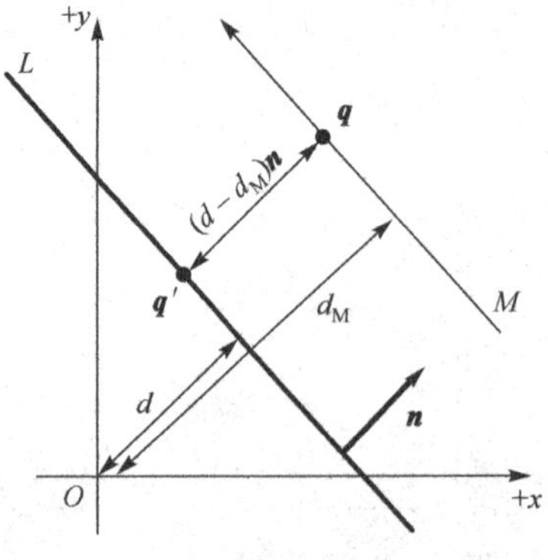


图 6-1 2D 直线上的最近点求解

求解最近点 $\boldsymbol{q}'$的步骤如下：

第一步，经过点 $\boldsymbol{q}$，做一条平行于直线 $L$ 的辅助直线 $M$；

第二步，将直线 $M$ 的单位法向量和 $d$ 值分别记为 $\boldsymbol{n}_{\mathrm{M}}$ 和 $d_{\mathrm{M}}$，即直线 $M$ 的隐式表达式为 $\boldsymbol{p}'\cdot\boldsymbol{n}_{\mathrm{M}}=d_{\mathrm{M}}$，$\boldsymbol{p}'$为 $M$ 上的任意点；

第三步，因为 $L$ 和 $M$ 平行，所以这两条直线的单位法向量是一致的，即 $\boldsymbol{n}_{\mathrm{M}}=\boldsymbol{n}$，即 $M$ 的隐式表达式等价于 $\boldsymbol{p}'\cdot\boldsymbol{n}=d_{\mathrm{M}}$；

第四步，因为点 $\boldsymbol{q}$ 在直线 $M$ 上，所以 $\boldsymbol{q}\cdot\boldsymbol{n}=d_{\mathrm{M}}$；

第五步，由图 6-1 所知，$M$ 到 $L$ 的有符号距离为 $d-d_M$，代入第四步中的等式可得，$d-d_M=d-\boldsymbol{q}\cdot\boldsymbol{n}$。这个距离也就是点 $\boldsymbol{q}$ 和点 $\boldsymbol{q}'$之间在法向 $\boldsymbol{n}$ 上的距离，即 $\boldsymbol{q}'-\boldsymbol{q}=(d-\boldsymbol{q}\cdot\boldsymbol{n})\boldsymbol{n}$。

最后由此等式，推导出已知点 $\boldsymbol{q}$ 求解 2D 直线上最近点 $\boldsymbol{q}'$如式(6-1)所示：

$$\boldsymbol{q}'=\boldsymbol{q}+(d-\boldsymbol{q}\cdot\boldsymbol{n})\boldsymbol{n} \tag{6-1}$$

(2)模拟

在 5.1.3 节代码案例中，已通过已知两点，计算并模拟了直线的“标准向量+距离”表达。下述代码将结合原理方法，完整地模拟直线上最近点的求解，其运行效果如图 6-2 所示，彩色运行效果图可扫描二维码浏览。

```
PVector p1, p2, n;
float d = 0;

void setup(){
    size(300, 300);
    p1 = new PVector(40, 30);
    p2 = new PVector(250, 270);

    //求解n和d
    PVector vec = PVector.sub(p1, p2);
    vec.normalize();
    n = new PVector(-vec.y, vec.x);
    d = n.dot(p1);
}

void draw(){
    background(#CCCCCC);

    //绘制线段及两个端点
    stroke(#000000);
    strokeWeight(2);
    line(p1.x, p1.y, p2.x, p2.y);
    strokeWeight(10);
    stroke(#FF4040);
    point(p1.x, p1.y);
    point(p2.x, p2.y);


    //用当前鼠标的位置点作为已知点q(黄色标注)
    PVector q = new PVector(mouseX, mouseY);
    strokeWeight(8);
    stroke(#EEEE00);
    point(q.x, q.y);

    //q'=q+(d-qn)n
    if(mousePressed){//当鼠标单击时求解直线上最近点
        float tmp = d - q.dot(n);
```

```
        PVector nearestPnt = new PVector(n.x, n.y);
        nearestPnt.mult(tmp);
        nearestPnt.add(q);
        stroke(#00CD00);
        point(nearestPnt.x, nearestPnt.y);
        stroke(#0000EE);
        strokeWeight(2);
        line(q.x, q.y, nearestPnt.x, nearestPnt.y);//绘制两点的距离
    }
}
```

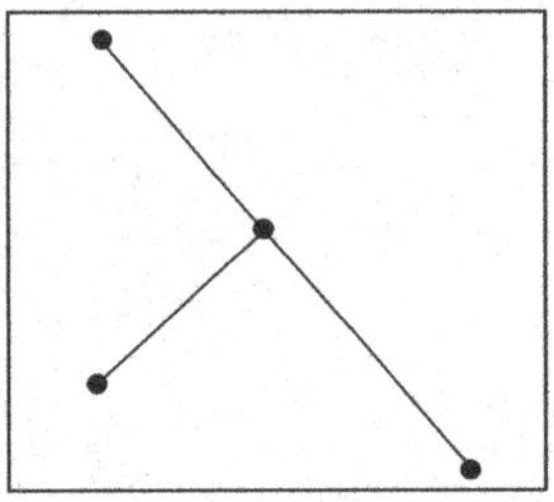

图 6-2　上述代码的运行效果图



### 6.1.2　射线上的最近点

(1) 原理

在 2D 或者 3D 空间中表述射线时，经常使用向量标记法，将射线 $R$ 记为 $\boldsymbol{p}(t)=\boldsymbol{p}_0+t\boldsymbol{d}$，其中 $\boldsymbol{p}_0$ 是射线的起点，单位向量 $\boldsymbol{d}$ 指明了射线的方向，如果将射线的长度设为 $l$，参数 $t\in[0,l]$，$\boldsymbol{p}(t)$ 表述的是射线上任意一点。

对于某一个已知点 $\boldsymbol{q}$，要求其在射线上的最近点，其实可通过射线上的任一点与已知点 $\boldsymbol{q}$ 构建的向量在射线的方向向量上的投影来求解。如图 6-3 所示，首先做从点 $\boldsymbol{p}_0$ 指向点 $\boldsymbol{q}$ 的向量 $\boldsymbol{v}$，$\boldsymbol{v}=\boldsymbol{q}-\boldsymbol{p}_0$；向量 $\boldsymbol{v}$ 投影到代表射线方向的单位向量 $\boldsymbol{d}$ 后，得到投影长度记为 $t$，根据向量点乘的特点可知 $t=\boldsymbol{v}\cdot\boldsymbol{d}$，因此从点 $\boldsymbol{p}_0$ 出发沿着向量 $\boldsymbol{d}$ 经过长度 $t$ 即可求得点 $\boldsymbol{q}$ 在射线上的投影点为 $\boldsymbol{q}'$。由上述内容可推知，点 $\boldsymbol{q}$ 在射线上的最近点 $\boldsymbol{q}'$ 为式(6-2)：

$$\boldsymbol{q}'=\boldsymbol{p}_0+t\boldsymbol{d}=\boldsymbol{p}_0+(\boldsymbol{v}\cdot\boldsymbol{d})\boldsymbol{d}=\boldsymbol{p}_0+((\boldsymbol{q}-\boldsymbol{p}_0)\cdot\boldsymbol{d})\boldsymbol{d} \qquad (6\text{-}2)$$

上述公式实际上求得的是点 $\boldsymbol{q}$ 到包含了射线 $R$ 的直线上的最近点。所以还需要进一步考虑求解出来的 $t$ 的取值范围，如果 $t<0$ 或者 $t>l$（假设 $l$ 为射线的长度），那么求解出来的最近点 $\boldsymbol{q}'$ 并不在射线范围内。在这种情况下，距离点 $\boldsymbol{q}$ 最近的点是射线的起点（$t<0$）或者终点（$t>$射线长度）。

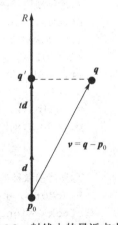

图 6-3　射线上的最近点求解

(2) 模拟

结合上节内容中的原理和公式，下述的代码将在 Processing 平台上模拟已知点在射线上的最近点，其运行效果如图 6-4 所示，彩色运行效果图可扫描二维码浏览。

```
PVector p0, d, q;
float t=0;
```

```
void setup(){
    size(300, 300);
    q = new PVector(150, 150);              //设置已知点
    p0 = new PVector(10,10);                //设置射线起点
}

void draw(){
    background(#CCCCCC);

    //将屏幕光标的位置作为射线的终点
    PVector end = new PVector(mouseX, mouseY);

    stroke(#000000);
    strokeWeight(2);
    line(p0.x, p0.y, end.x, end.y);         //绘制射线
    strokeWeight(10);
    stroke(#FF4040);
    point(p0.x, p0.y);                      //绘制射线的端点(红色)
    point(end.x, end.y);                    //绘制射线的端点(红色)
    stroke(#EEEE00);
    point(q.x, q.y);                        //绘制已知点(黄色)


    //计算向量 v 和 d
    d = PVector.sub(end, p0);
    float l = d.mag();
    d.normalize();
    PVector v = PVector.sub(q, p0);
    t = v.dot(d);                           //计算投影长度 t
    d.mult(t);

    //判断投影长度是否在射线长度范围内
    if(t<0 || t>l){
        if(t<0) {                           //投影点在范围外，但是离起点近，最近是起点
            d.set(p0.x, p0.y);
        }
        if(t>l) {                           //投影点在范围外，但是离终点近，最近是终点
            d.set(end.x, end.y);
        }
    }else{
        //q'=p0+((q-p0)d)d，投影点在范围内，按照公式计算
        d.add(p0);
    }

    stroke(#00CD00);
    point(d.x, d.y);                        //绘制投影点(绿色)
```

```
    stroke(#0000EE);
    strokeWeight(2);
    line(q.x, q.y, d.x, d.y);              //绘制投影点和已知点的连线
}
```

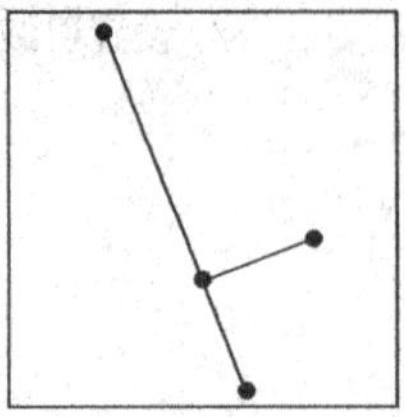

图 6-4　上述代码的运行效果图

## 6.2　圆或球上的最近点

### 6.2.1　原理



如果将圆或者球用向量的隐式表达式进行定义，从已知的某一点上，求解其在圆或者球的最近点，在原理上是一致的。所以下文中，将以 2D 为例，探讨已知点在圆上的最近点求解。如图 6-5 所示，这里假设圆的圆心为 $\boldsymbol{c}$，半径为 $r$，从已知点 $\boldsymbol{q}$ 出发，在该圆上找一个离点 $\boldsymbol{q}$ 最近的点 $\boldsymbol{q}'$。

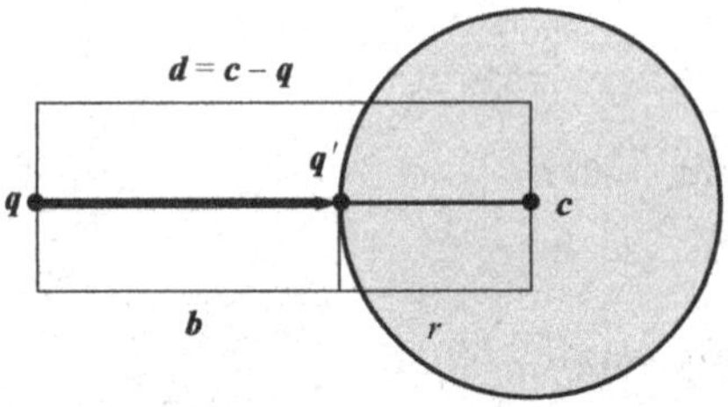


图 6-5 圆上的最近点求解

如图 6-5 所示，假设 $\boldsymbol{d}$ 为从点 $\boldsymbol{q}$ 指向圆心 $\boldsymbol{c}$ 的向量，从 $\boldsymbol{q}$ 点出发沿着向量 $\boldsymbol{d}$ 做射线与圆的交点记为 $\boldsymbol{q}'$，该点即为圆上离 $\boldsymbol{q}$ 点最近的点。假设 $\boldsymbol{b}$ 为从 $\boldsymbol{q}$ 点指向 $\boldsymbol{q}'$点的向量，向量 $\boldsymbol{b}$ 和向量 $\boldsymbol{d}$ 是同向的，这两个向量的横长之间只是差了圆的半径长度，由此可得式(6-3)：

$$\|\boldsymbol{b}\| = \|\boldsymbol{d}\| - r \quad \Rightarrow \quad \boldsymbol{b} = \frac{\|\boldsymbol{d}\| - r}{\|\boldsymbol{d}\|}\boldsymbol{d} \tag{6-3}$$

又因为 $\boldsymbol{q}' = \boldsymbol{d} + \boldsymbol{q}$，带入式(6-3)，最后可得式(6-4)，求出最近点 $\boldsymbol{q}'$：

$$\boldsymbol{q}' = \frac{\|\boldsymbol{d}\| - r}{\|\boldsymbol{d}\|}\boldsymbol{d} + \boldsymbol{q} \tag{6-4}$$

### 6.2.2　模拟

结合上节内容中的原理和公式，下述代码将在 Processing 平台上完整地模拟已知点在圆上的最近点。在效果图 6-6 中，右下角的灰色点为鼠标单击时的坐标位置，作为已知点，圆边界上显示为较浅色的点则是离该点最近的点。

```
float radius;
PVector c, closestPnt;

void setup() {
    size(400,400);
    smooth();

    //初始化圆心位置，在屏幕的中心点
    c = new PVector(width/2, height/2);
    radius = 100;                                   //圆的半径
}

void draw() {
    background(204);

    fill(102);
    ellipse(c.x, c.y, 2*radius, 2*radius);         //绘制圆

    if(mousePressed == true) {
        float x=mouseX;
        float y=mouseY;
    ellipse(x, y, 10, 10);

        //把鼠标单击位置作为已知点求最近点
        closestPntOnCircle(x,y);
        fill(255, 38, 0);
        ellipse(closestPnt.x, closestPnt.y, 10, 10);
    }
}

//结合公式计算最近点
void closestPntOnCircle(float qx, float qy) {
    PVector q = new PVector(qx, qy);
    PVector d = new PVector(c.x-q.x, c.y-q.y);
    float dMag= d.mag();
    float tp= (dMag-radius)/dMag;
    d.mult(tp);
    closestPnt = PVector.add(q,d);
}
```

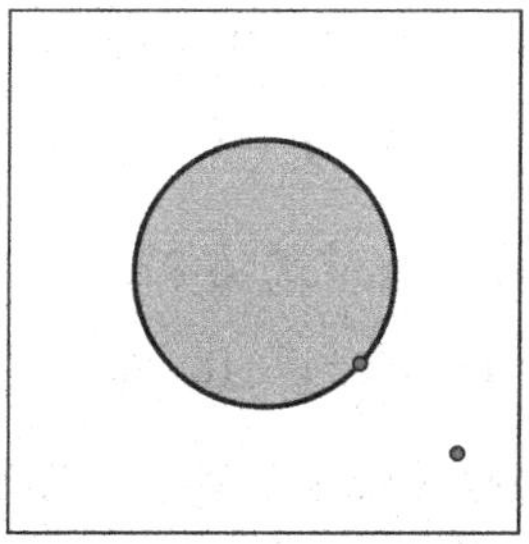

图 6-6　上述代码的运行效果图

# 6.3 平面上的最近点

## 6.3.1 原理

在 3D 空间中，从某一点求解在平面 $pl$ 上的最近点，从本质上来说与在 2D 空间中，由给定点在已知直线上找最近点是非常类似的。

这里用“标准向量+距离”来隐式定义平面 $pl$，即平面 $pl$ 是满足 $\boldsymbol{p}\cdot\boldsymbol{n}=d$ 的点的集合，其中 $\boldsymbol{n}$ 为平面的单位法向量，$\boldsymbol{p}$ 是平面上的任一点。

对于已知点 $\boldsymbol{q}$，在平面 $pl$ 上求解最近点，其实就是将点 $\boldsymbol{q}$ 进行投影，在平面 $pl$ 上找到该投影点 $\boldsymbol{q}'$，$\boldsymbol{q}'$就是 $pl$ 上离点 $\boldsymbol{q}$ 最近的点，而向量 $\boldsymbol{q'q}$ 的模长 $\|\boldsymbol{q'q}\|$ 则是平面上任一点到点 $\boldsymbol{q}$ 最近的距离，如图 6-7 所示。



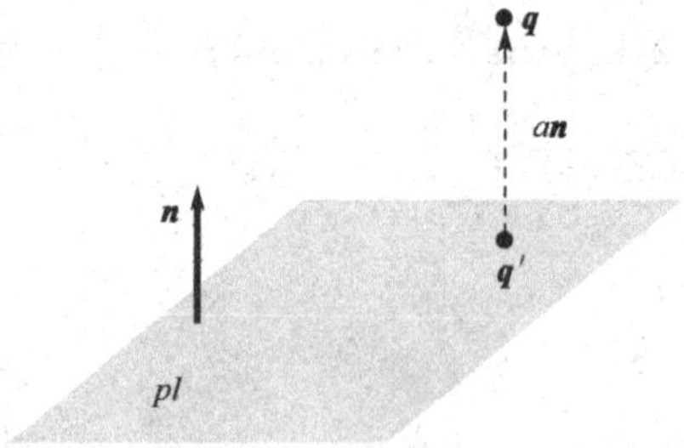


图 6-7　平面和已知点之间的最近距离及最近点

假设向量 $\boldsymbol{q'q}$ 的模长 $\|\boldsymbol{q'q}\|$ 为 $a$，由最短距离的概念可知，向量 $\boldsymbol{q'q}$ 必然垂直于平面 $pl$，换言之，点 $\boldsymbol{q}'$沿着向量 $\boldsymbol{n}$ 移动距离 $a$ 就可得到点 $\boldsymbol{q}$，因此可记为式(6-5)：

$$\boldsymbol{q}-\boldsymbol{q}'=a\boldsymbol{n} \Rightarrow \boldsymbol{q}=\boldsymbol{q}'+a\boldsymbol{n} \tag{6-5}$$

又因为点 $\boldsymbol{q}'$在平面 $pl$ 上，必满足平面的定义，即 $\boldsymbol{q}'\cdot\boldsymbol{n}=d$ 。由此，可将式(6-5)的左右两端都点乘向量 $\boldsymbol{n}$，带入 $\boldsymbol{q}'\cdot\boldsymbol{n}=d$ 进行计算后得到式(6-6)：

$$\begin{aligned}\boldsymbol{q}\cdot\boldsymbol{n} &=(\boldsymbol{q}'+a\boldsymbol{n})\cdot\boldsymbol{n} \Rightarrow \\ \boldsymbol{q}\cdot\boldsymbol{n} &=\boldsymbol{q}'\cdot\boldsymbol{n}+a\boldsymbol{n}\cdot\boldsymbol{n} \Rightarrow \\ \boldsymbol{q}\cdot\boldsymbol{n} &=d+a\boldsymbol{n}\cdot\boldsymbol{n}\end{aligned} \tag{6-6}$$

由于单位向量 $\boldsymbol{n}$ 与自己的点乘结果为 1，所以可将式(6-6)进一步转换为式(6-7)计算求得最短距离 $a$：

$$\begin{aligned}\boldsymbol{q}\cdot\boldsymbol{n} &=d+a \Rightarrow \\ a &=\boldsymbol{q}\cdot\boldsymbol{n}-d\end{aligned} \tag{6-7}$$

将最短距离 $a$ 带入到式(6-5)，最后通过式(6-8)计算得到点 $\boldsymbol{q}'$：

$$\boldsymbol{q}'=\boldsymbol{q}-a\boldsymbol{n}=\boldsymbol{q}+(d-\boldsymbol{q}\cdot\boldsymbol{n})\cdot\boldsymbol{n} \tag{6-8}$$

值得注意的是式(6-8)的计算过程，和 6.1.1 节中在 2D 空间里求离隐式定义的直线最近点是一致的。

**【例 6-1】** 假设本游戏场景中的地面所处的平面由满足下列等式的点组成：

$$\boldsymbol{p}\cdot\begin{bmatrix}0.4838\\0.8602\\-0.1613\end{bmatrix}=42$$

人物角色处于点(3,6,9)的位置。现在需要设计在平面上弹出一个 NPC 角色，该 NPC 角色处于平面上离人物角色最近处。请问该角色的位置是多少？

解答：

把题中的平面和人物角色位置带入式(6-8)得：

$$\boldsymbol{q}'=\boldsymbol{q}+(d-\boldsymbol{q}\cdot\boldsymbol{n})\cdot\boldsymbol{n}=\begin{bmatrix}3\\6\\9\end{bmatrix}+\left(42-\begin{bmatrix}3\\6\\9\end{bmatrix}\begin{bmatrix}0.4838\\0.8602\\-0.1613\end{bmatrix}\right)\begin{bmatrix}0.4838\\0.8602\\-0.1613\end{bmatrix}$$

$$=\begin{bmatrix}3\\6\\9\end{bmatrix}+36.8211\begin{bmatrix}0.4838\\0.8602\\-0.1613\end{bmatrix}\approx\begin{bmatrix}20.8142\\37.6735\\3.0608\end{bmatrix}$$



### 6.3.2 模拟

结合上节内容中的原理和公式，下述代码将在 Processing 平台上模拟已知点在平面上的最近点。关于平面的绘制，参考 5.3.2 中的内容。在下述代码中，列举了计算最近点的主要计算过程，图 6-8 为实现效果图，其中平面外的深色点为已知点，平面上的白色点为求解出的最近点。本案例的完整代码可从本书配套的教学资源包中获取(读者可登录华信教育资源网 http://www.hxedu.com.cn 注册并免费下载)。

```
void closestPntOnThePlane(float qx, float qy, float qz) {
    //平面上过两个点 p1,p2 绘制的向量
    PVector E = PVector.sub(p2, p1);

    //平面上过两个点 p1,p3 绘制的向量
    PVector F = PVector.sub(p3, p1);

    // 通过向量 E，F 的叉乘，计算得到平面的单位法向
    PVector N = E.cross(F);
    N.normalize();

    //计算出平面定义中的 d 值
    float d = p1.dot(N);

    //根据式(6-8)计算出最近点
    PVector q = new PVector(qx, qy, qz);
    float tp = d-q.dot(N);
    N.mult(tp);
    q.add(N);
```

```
        sx = q.x;
        sy = q.y;
        sz = q.z;
    }
```

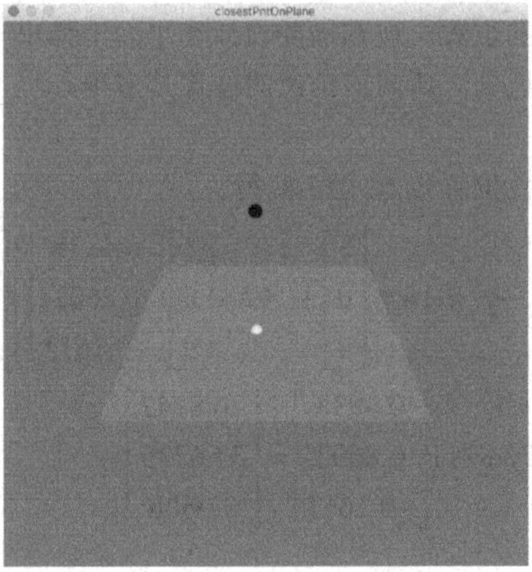


图 6-8　上述代码的运行效果图



## 6.4　直线的两两相交

在相交性检测中，直线的两两相交是非常常见的。为了能高效地进行直线的相交检测，下文中将直线相交分为两种情况，第一种是 2D 中两条直线的相交，第二种是 3D 中两条射线的相交。

### 6.4.1　2D 中两条直线的相交检测

在 2D 中，如果直线是用一般方程式定义的，那么通过解线性方程组就能求得相交点坐标。如式(6-9)所示，解线性方程组后得到交点坐标值：

$$\begin{cases} a_1x+b_1y=c_1 \\ a_2x+b_2y=c_2 \end{cases}$$
$$=>\tag{6-9}$$
$$\begin{cases} x=\dfrac{b_2c_1-b_1c_2}{b_2a_1-a_2b_1} \\ y=\dfrac{a_1c_2-a_2c_1}{b_2a_1-a_2b_1} \end{cases}$$

在求解交点的过程中，需要注意的是，上述方程组的解存在着 3 种可能性：

- 只有一个解：分母非零，即 $b_2a_1-a_2b_1\neq0$；
- 无解：两条直线平行，分母为零，即 $b_2a_1-a_2b_1=0$ 且 $c_2a_1-a_2c_1\neq0$；
- 无穷解：两条直线重合，分母为零，即 $b_2a_1-a_2b_1=0$ 且 $c_2a_1-a_2c_1=0$。

### 6.4.2 3D 中两条射线的相交检测

假设在 3D 中的两条射线 $\boldsymbol{r}_1$ 和 $\boldsymbol{r}_2$ 是以向量和参数进行隐式定义的，其中点 $\boldsymbol{p}_1$ 和 $\boldsymbol{p}_2$ 是这两条射线的起点，向量 $\boldsymbol{d}_1$ 和 $\boldsymbol{d}_2$ 是这两条射线的方向，如式(6 10)所示：

$$\begin{cases} \boldsymbol{r}_1(t_1) = \boldsymbol{p}_1 + t_1\boldsymbol{d}_1 \\ \boldsymbol{r}_2(t_2) = \boldsymbol{p}_2 + t_2\boldsymbol{d}_2 \end{cases} \tag{6-10}$$

将式(6-10)中的方程组进行联立，求解交点的过程如式(6-11)所示：

$$\begin{gathered} \boldsymbol{r}_1(t_1) = \boldsymbol{r}_2(t_2) \\ \boldsymbol{p}_1 + t_1\boldsymbol{d}_1 = \boldsymbol{p}_2 + t_2\boldsymbol{d}_2 \\ t_1\boldsymbol{d}_1 = \boldsymbol{p}_2 + t_2\boldsymbol{d}_2 - \boldsymbol{p}_1 \\ (t_1\boldsymbol{d}_1)\times\boldsymbol{d}_2 = (\boldsymbol{p}_2 + t_2\boldsymbol{d}_2 - \boldsymbol{p}_1)\times\boldsymbol{d}_2 \\ t_1(\boldsymbol{d}_1\times\boldsymbol{d}_2) = (\boldsymbol{p}_2 - \boldsymbol{p}_1)\times\boldsymbol{d}_2 + t_2(\boldsymbol{d}_2\times\boldsymbol{d}_2) \\ t_1(\boldsymbol{d}_1\times\boldsymbol{d}_2) = (\boldsymbol{p}_2 - \boldsymbol{p}_1)\times\boldsymbol{d}_2 + t_2 0 \\ t_1(\boldsymbol{d}_1\times\boldsymbol{d}_2) = (\boldsymbol{p}_2 - \boldsymbol{p}_1)\times\boldsymbol{d}_2 \\ t_1(\boldsymbol{d}_1\times\boldsymbol{d}_2)\cdot(\boldsymbol{d}_1\times\boldsymbol{d}_2) = ((\boldsymbol{p}_2 - \boldsymbol{p}_1)\times\boldsymbol{d}_2)\cdot(\boldsymbol{d}_1\times\boldsymbol{d}_2) \\ t_1 = \frac{((\boldsymbol{p}_2 - \boldsymbol{p}_1)\times\boldsymbol{d}_2)\cdot(\boldsymbol{d}_1\times\boldsymbol{d}_2)}{\|(\boldsymbol{d}_1\times\boldsymbol{d}_2)\|^2} \end{gathered} \tag{6-11}$$

同理，可推得式(6-12)：

$$t_2 = \frac{((\boldsymbol{p}_2 - \boldsymbol{p}_1)\times\boldsymbol{d}_1)\cdot(\boldsymbol{d}_1\times\boldsymbol{d}_2)}{\|\boldsymbol{d}_1\times\boldsymbol{d}_2\|^2} \tag{6-12}$$

如果这两条射线在同一平面内，一旦求得 $t_1$ 或 $t_2$ 中的一个参数，只需将其带入到相应的射线定义中，即可求得交点。以 $t_1$ 为例，将 $t_1$ 代入射线 $\boldsymbol{r}_1$ 的定义，即公式 6-10 中，求得交点 $\boldsymbol{q}$ 如式(6-13)所示：

$$\boldsymbol{q} = \boldsymbol{p}_1 + \frac{((\boldsymbol{p}_2 - \boldsymbol{p}_1)\times\boldsymbol{d}_2)\cdot(\boldsymbol{d}_1\times\boldsymbol{d}_2)}{\|\boldsymbol{d}_1\times\boldsymbol{d}_2\|^2}\boldsymbol{d}_1 \tag{6-13}$$

在求交点的过程中，需要注意方程组的解存在四种可能性：

- 只有一个解：分母非零，即 $\boldsymbol{d}_1\times\boldsymbol{d}_2 \neq 0$ 交点的求解如式(6-13)所示；
- 无解：两条射线平行，分母为零，即 $\boldsymbol{d}_1\times\boldsymbol{d}_2 = 0$；
- 无穷解：两条射线重合，分母为零，即 $\boldsymbol{d}_1\times\boldsymbol{d}_2 = 0$；
- 两条射线不共面。

在第二、三种情况下，两条射线平行或者重合，即向量 $\boldsymbol{d}_1$ 和 $\boldsymbol{d}_2$ 的叉乘为 0。

在第四种情况下，即两条射线不同面，那么求解出 $t_1$ 和 $t_2$ 之后，将两者带回到射线定义式(6-10)中，得到点 $\boldsymbol{q}$(如式(6-13)所示)和点 $\boldsymbol{q}'$如公式(6-14)所示：

$$\boldsymbol{q}' = \boldsymbol{p}_2 + \frac{((\boldsymbol{p}_2 - \boldsymbol{p}_1)\times\boldsymbol{d}_1)\ \cdot\ (\boldsymbol{d}_1\times\boldsymbol{d}_2)}{\|\boldsymbol{d}_1\times\boldsymbol{d}_2\|^2}\boldsymbol{d}_2 \tag{6-14}$$

点 $q$ 和点 $q'$ 是两条射线距离最近的点。对这两点的距离 $\|q'q\|$ 进行检测，如果在某个偏差值之内，就可认为这两条射线是相交的。

### 6.4.3 模拟

结合上节内容中的原理和公式，下述代码将在 Processing 平台上模拟 2D 线段的两两相交。在下述代码中，列举了计算相交点的主要计算过程，图 6-9 为实现效果图，其中左侧图描绘了相交前的两条线段，右侧图描绘了两条线段相交后的交点。本案例的完整代码可从本书配套的教学资源包中获取。



```
//检测两条线段的相交
//x1,y1,x2,y2----第一条线段的两个端点
//x3,y3,x4,y4----第二条线段的两个端点
//xPnt----如果相交的话输出端点
boolean lineLineIntersect(float x1, float y1, float x2, float y2, float x3,
        float y3, float x4, float y4 ) {
    boolean over = false;
    float a1 = y2 - y1;
    float b1 = x1 - x2;
    float c1 = a1*x1 + b1*y1;

    float a2 = y4 - y3;
    float b2 = x3 - x4;
    float c2 = a2*x3 + b2*y3;

    float det = a1*b2 - a2*b1;
    if(det <= epson){
        // 两线段平行
    }
    else {
        float x = (b2*c1 - b1*c2)/det;
        float y = (a1*c2 - a2*c1)/det;
        if(x > min(x1, x2) && x < max(x1, x2) &&
            x > min(x3, x4) && x < max(x3, x4) &&
            y > min(y1, y2) && y < max(y1, y2) &&
            y > min(y3, y4) && y < max(y3, y4)){
            //检测交点是否在线段有效范围内
            over = true;
            xPnt.x = x;
            xPnt.y = y;
        }
    }
    return over;
}
```

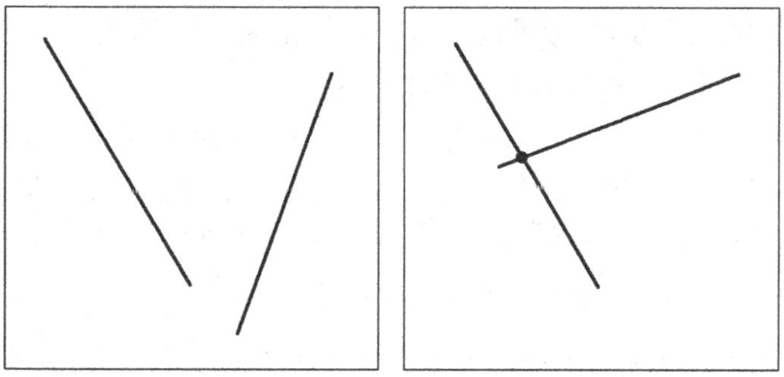

图 6-9　上述代码的运行效果图(左侧为相交前的效果，右侧为相交后的效果)

## 6.5　直线与圆或球的相交

### 6.5.1　原理

直线与圆或者球的相交检测是非常类似的，所以下文将以 2D 为例，探讨直线与圆的相交性检测。由于直线可看成是由两条同一起点、方向相反的射线组成的，因此在下文中首先讨论的是射线与圆的相交性检测。

如图 6-10 所示，假设圆的圆心为 $\boldsymbol{c}$，半径为 $r$，射线的起点为点 $\boldsymbol{p}_0$，射线的方向为单位向量 $\boldsymbol{d}$，射线用向量及参数式描述，即 $\boldsymbol{p}(t)=\boldsymbol{p}_0+t\boldsymbol{d}$，其中 $t$ 的变化范围为 0 到射线的长度。

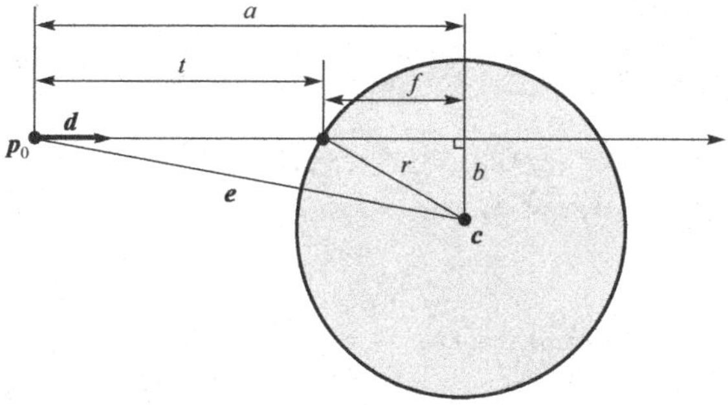


图 6-10　射线与圆相交

在图 6-10 中，只要对射线与圆的交点处参数 $t$ 值进行分析，就可完成射线与圆的相交性检测。假设向量 $\boldsymbol{e}$ 从点 $\boldsymbol{p}_0$ 指向圆心 $\boldsymbol{c}$，因此 $\boldsymbol{e}=\boldsymbol{c}-\boldsymbol{p}_0$。根据向量点乘的原理，向量 $\boldsymbol{e}$ 投影到单位向量 $\boldsymbol{d}$ 上得到的长度为 $a$，$a=\boldsymbol{e}\cdot\boldsymbol{d}$。又根据勾股定理，得下列方程组，其中 $e$ 为向量 $\boldsymbol{e}$ 的长度，根据向量的定义 $e^2=\boldsymbol{e}\cdot\boldsymbol{e}$ 得到式(6-15)：

$$\begin{cases}b^2+f^2=r^2\\a^2+b^2=e^2\end{cases} \quad => \quad a^2+r^2-f^2=e^2 \quad => \quad f=\sqrt{a^2+r^2-e^2} \tag{6-15}$$

从图 6-10 可知，$a=t+f$，带入式(6-15)中得到式(6-16)：

$$t=a-f=a-\sqrt{a^2+r^2-e^2}=\boldsymbol{e}\cdot\boldsymbol{d}-\sqrt{(\boldsymbol{e}\cdot\boldsymbol{d})^2+r^2-\boldsymbol{e}\cdot\boldsymbol{e}} \tag{6-16}$$

值得注意的是，如果式(6-16)根号内 $(\boldsymbol{e}\cdot\boldsymbol{d})^2+r^2-\boldsymbol{e}\cdot\boldsymbol{e}<0$，那么不存在任意解，即射线与圆不相交。而如果 $e^2<r^2$，则意味着起点在圆的内部。

对于直线而言，可将其视为由两条同起点、方向相反的射线组成。因此直线与圆的相交，需要使用两次式(6-16)，一次使用方向 $\boldsymbol{d}$，另一次使用方向 $-\boldsymbol{d}$，其他参数不变。

如果直线是用“标准向量+距离”的形式定义的，即 $\boldsymbol{p}\cdot\boldsymbol{n}=d$，其中 $\boldsymbol{n}=[n_x \quad n_y]$，$\boldsymbol{p}_0$ 取直线上任意一点，则式(6-16)中需要用到的向量 $\boldsymbol{d}$ 可记为 $\boldsymbol{d}=\begin{bmatrix}-n_y & n_x\end{bmatrix}$。

如果直线是过两点 $(x_1,y_1)$ 和 $(x_2,y_2)$ 定义的，向量 $\boldsymbol{d}$ 的定义更简单，将向量 $\begin{bmatrix}x_2-x_1 & y_2-y_1\end{bmatrix}$ 进行单位化后即可得到。而 $\boldsymbol{p}_0$ 取上述两点中的任意一点皆可。

### 6.5.2 模拟

结合上节内容中的原理和公式，下述代码将在 Processing 平台上模拟 2D 线段和圆的相交性检测。在下述代码中，列举了计算相交点的主要计算过程，图 6-11 为实现效果图，其中左侧图描绘了相交前的线段和圆，右侧图描绘了相交后的交点。本案例的完整代码可从本书配套的教学资源包中获取。



```
//检测圆与线段的相交性
//x1,y1,x2,y2----线段的两个端点
//cx,cy----圆心坐标
//cr----圆半径
boolean circleLineIntersect(float x1, float y1, float x2, float y2, float cx,
        float cy, float cr ) {

    boolean isX = false;                            //记录是否相交

    PVector d = new PVector(x2-x1, y2-y1);
    float rayLength = d.mag();
    d.normalize();                                  //求解向量 d

    PVector e = new PVector(cx-x1, cy-y1);          //求解向量 e
    float eLength = e.mag();                        //向量 e 的模长

    float a = d.dot(e);                             //求解 a 长度
    float tp = cr*cr-eLength*eLength+a*a;           //根号内的值
    if( tp < 0)
        isX = false;                                //不相交
    else
    {
        float t = a - sqrt(tp);
        if(t >= 0 && t<=rayLength) {
            //检测交点是否在线段的有效范围内
            isX = true;
            float tpX = x1+t*d.x;                   //求出交点
            float tpY = y1+t*d.y;
            xPoint.set(tpX, tpY, 0);
```

```
            }
        }

        return isX;
}
```

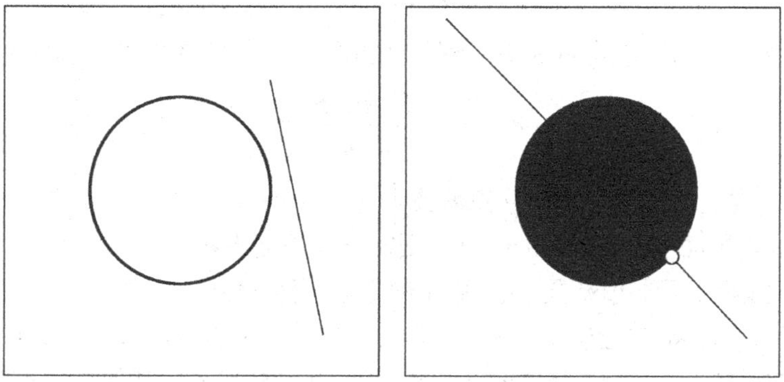

图 6-11 上述代码的运行效果图(左侧为相交前的效果，右侧为相交后的效果)

## 6.6 直线与平面的相交

### 6.6.1 原理

由于直线可看成是由两条同一起点、方向相反的射线组成的，所以下文中先以射线为例，讨论其与平面的相交性检测。

射线的起点为点 $\boldsymbol{p}_0$，射线的方向为单位向量 $\boldsymbol{d}$，射线用向量及参数进行隐式定义，即 $\boldsymbol{p}(t)=\boldsymbol{p}_0+t\boldsymbol{d}$，其中 $t$ 的变化范围为 0 到 $l$(假设 $l$ 是射线的长度)。

平面用“标准向量+距离”的标准定义，即对于平面上的所有点满足 $\boldsymbol{p}\cdot\boldsymbol{n}=d$，单位向量 $\boldsymbol{n}$ 为平面法向量，如图 6-12 所示。

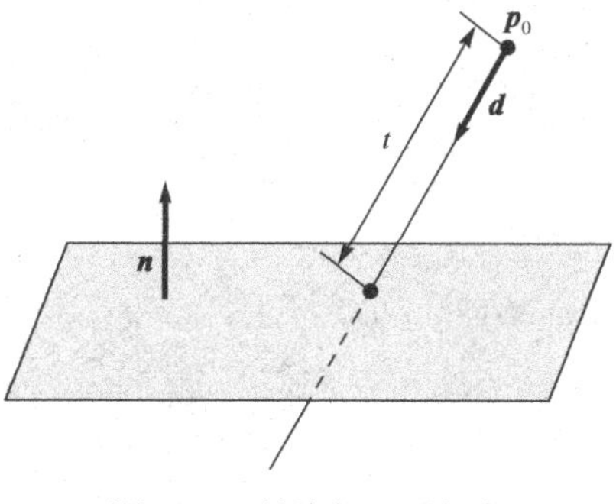


图 6-12 射线与平面相交

假设射线与平面相交于点 $\boldsymbol{q}$，$\boldsymbol{q}=\boldsymbol{p}_0+t\boldsymbol{d}$，因其在平面上所以满足平面定义，由此得到式(6-17)：

$$
\begin{aligned}
&(\boldsymbol{p}_0 + t\boldsymbol{d})\cdot\boldsymbol{n} = d => \\
&\boldsymbol{p}_0\cdot\boldsymbol{n} + t\boldsymbol{d}\cdot\boldsymbol{n} = d => \\
&t\boldsymbol{d}\cdot\boldsymbol{n} = d - \boldsymbol{p}_0\cdot\boldsymbol{n} => \\
&t = \frac{d - \boldsymbol{p}_0\cdot\boldsymbol{n}}{\boldsymbol{d}\cdot\boldsymbol{n}}
\end{aligned}
\tag{6-17}
$$

已经求出参数 $t$ 之后，就可将其带回到射线方程中去，最终的交点 $\boldsymbol{q}$ 如式(6-18)所示：

$$
\boldsymbol{q} = \boldsymbol{p}_0 + \frac{d - \boldsymbol{p}_0\cdot\boldsymbol{n}}{\boldsymbol{d}\cdot\boldsymbol{n}}\cdot\boldsymbol{d} \tag{6-18}
$$

在求解参数 $t$ 的过程中，还需要注意两点：

- 如果射线与平面平行，即 $\boldsymbol{d}\cdot\boldsymbol{n}=0$，则射线与平面不相交；
- 如果参数 $t$ 超出了取值范围，也说明射线与平面不相交。

对于直线而言，可将其视为由两条同起点、方向相反的射线组成。因此直线与圆的相交，需要使用两次式(6-17)，一次使用方向 $\boldsymbol{d}$，另一次使用方向 $-\boldsymbol{d}$，其他参数不变。至于直线的表达方式转换，请参见 6.5.1 最后部分的内容讲解。



### 6.6.2 模拟

结合上节内容中的原理和公式，下述代码将在 Processing 平台上模拟线段和平面的相交性检测。在下述代码中，列举了计算相交点的主要计算过程，图 6-13 为实现效果图，其中描绘了线段与平面相交后的交点。本案例的完整代码可从本书配套的教学资源包中获取。

```
//检测平面与线段的相交性
//输入参数为线段的两个端点
void intersect(float px, float py, float pz, float qx, float qy, float qz) {
    PVector p0 = new PVector(px, py, pz);//射线起始点
    PVector Q = new PVector(qx, qy, qz);

    //已知平面上的三个点 p1,p2,p3，求出平面单位法向量 N
    PVector E = PVector.sub(p2, p1);
    PVector F = PVector.sub(p3, p1);
    PVector N = E.cross(F);
    N.normalize();

    //求得射线方向 d
    PVector d = PVector.sub(Q, p0);
    d.normalize();

    // 求解出 d*n
    float m = d.dot(N);

    //判断是否相交或者超出范围
    if (m < 0) {
    // 求解出平面定义中的 d 值
    float plane_d = p1.dot(N);
```

```
        float t = plane_d - p0.dot(N);
        t = t/m;//求出交点参数t值
        //由t值求出交点坐标，如公式6-18
        sx = p0.x+t*d.x;
        sy = p0.y+t*d.y;
        sz = p0.z+t*d.z;
    }
}
```

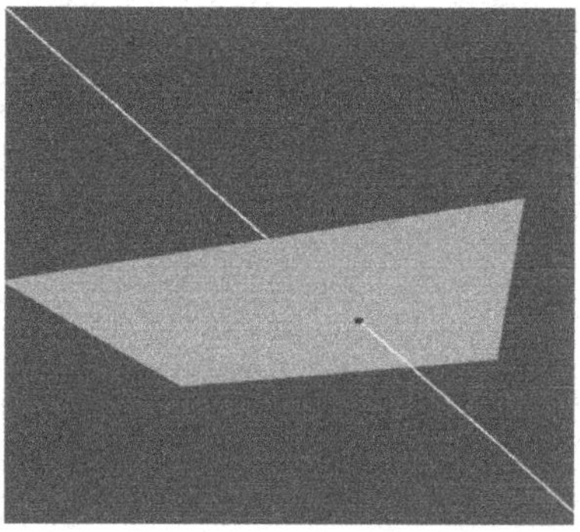

图 6-13 上述代码的运行效果图

## 6.7 圆或球的两两相交

### 6.7.1 原理

两个圆或者球的相交性检测是非常类似的，因此下文中将以圆的两两相交为例，球的两两相交也是适用的。

在游戏中，圆与圆的相交性检测是非常重要的，尤其是在碰撞检测中有着非常广泛的应用。由于圆与圆的静态相交性检测很容易且便于实现，而在游戏的每一帧中两个圆的位置被认为是静态不变的，所以下文中将主要介绍的是静态圆的两两相交性检测。

如图 6-14 所示，这里假设两个圆的圆心分别为 $\boldsymbol{c}_1$ 和 $\boldsymbol{c}_2$，半径分别为 $r_1$ 和 $r_2$，用向量 $\boldsymbol{d}$（$\boldsymbol{d}=\boldsymbol{c}_1-\boldsymbol{c}_2$）记录两个圆心之间的位移，只要通过式(6-19)就能判断这两个圆是否相交：

$$\|\boldsymbol{d}\| \leqslant r_1 + r_2 \tag{6-19}$$

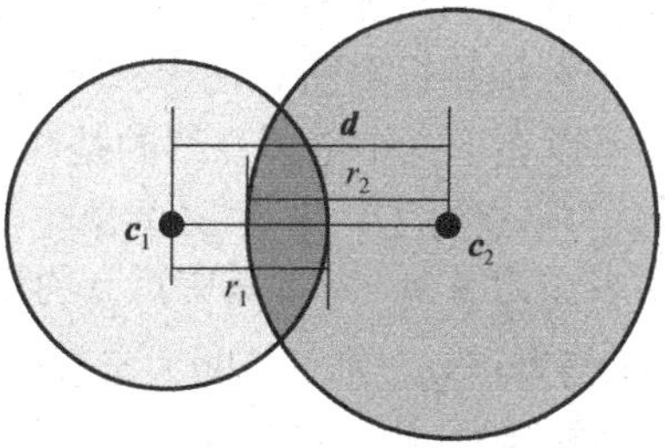


图 6-14 静态圆的两两相交

### 6.7.2 模拟

结合上节内容中的原理和公式，下述代码将在 Processing 平台上模拟圆和圆的相交性检测。在下述代码中，列举了计算相交点的主要计算过程，图 6-15 为实现效果图，其中左侧图描绘了相交前的两个圆，右侧图描绘了检测到相交的两个圆。本案例的完整代码可从本书配套的教学资源包中获取。

```
//检测两圆是否相交
//输入参数为两个圆各自的圆心和半径
boolean intersect(PVector loc1, PVector loc2, float r1, float r2) {
    float d = PVector.dist(loc1, loc2);
    float sumR = r1 + r2;
    if(d <= sumR){
        return true;
    }else {
        return flase;
    }
}
```



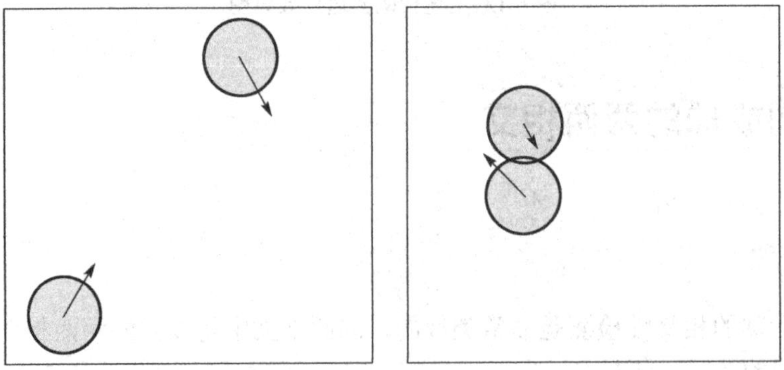

图 6-15　上述代码的运行效果图(左侧为相交前的效果，右侧为相交时的效果)

## 6.8 球与平面的相交

### 6.8.1 原理

在游戏中，球与平面的相交性检测也是非常重要的，尤其是在碰撞检测中有着非常广泛的应用。由于球与平面的静态相交性检测很容易且便于实现，而且在游戏的每一帧中球与平面的位置被认为是静态不变的，所以在下文中主要介绍的是球与平面的静态相交性检测。

如图 6-16 所示，假设坐标系的原点为 $O$，平面 $pl$ 的单位法向为 $\boldsymbol{n}$，原点 $O$ 到平面 $pl$ 的距离为 $d$，因此平面 $pl$ 的定义可表述为 $\boldsymbol{p}\cdot\boldsymbol{n}=d$，其中点 $\boldsymbol{p}$ 为平面 $pl$ 上的任意点。球心为 $\boldsymbol{c}$，球心 $\boldsymbol{c}$ 沿着法向 $\boldsymbol{n}$ 投影到平面 $pl$ 记为点 $\boldsymbol{q}$。为了帮助大家理解如何判断球与平面是否相交，在图 6-16 中，用虚线表示增加的辅助线。从原点指向球心 $\boldsymbol{c}$ 的向量，投影到平面法向 $\boldsymbol{n}$ 上的长度为向量 $\overrightarrow{\boldsymbol{cq}}$ 的长度与 $d$ 的长度之和，如式(6-20)所示：

$$c \cdot n = d + \left\| \overrightarrow{cq} \right\| \quad => \quad \left\| \overrightarrow{cq} \right\| = c \cdot n - d \tag{6-20}$$

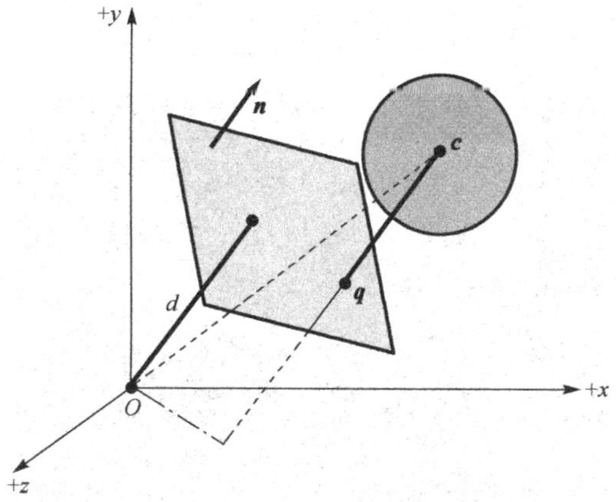


图 6-16 平面与球相交



假如将平面 *pl* 旋转到和 *xoz* 平面重合，可以从另一角度来判断球和平面是否相交。如图 6-17(a)中所示，如果$\left\| \overrightarrow{cq} \right\| < r$，即意味着球与平面是相交的。而在图 6-17(b)中球在平面的正上方，在图 6-17(c)中球在平面的背面，此时球与平面不相交。

综上所述，如要判断球与平面相交，只需满足式(6-21)即可：

$$c \cdot n - d < r \tag{6-21}$$

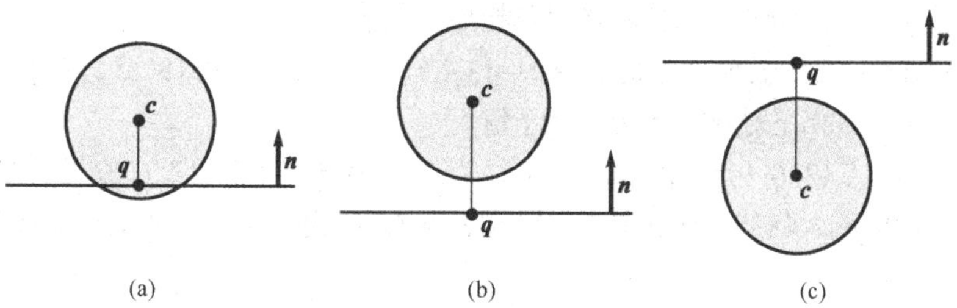


图 6-17 球与平面的相交检测

## 6.8.2 模拟

结合上节内容中的原理和公式，下述代码将在 Processing 平台上模拟球和平面的相交性检测。在下述代码中，列举了相交点的主要计算过程，图 6-18 为实现效果图，其描绘了球与包围盒的六个面进行的相交性检测。本案例的完整代码可从本书配套的教学资源包中获取。

```
//检测球和平面是否相交
//center--球的圆心
//r--球的半径
//planeNormal--平面法向
//d--平面距离
boolean intersect(PVector center, float r, PVector planeNormal, float d) {
    float tp = center.dot(planeNormal) - d;
    if(tp<=r && tp>=-r){
      return true;
```

```
    }

    return false;
    }
```

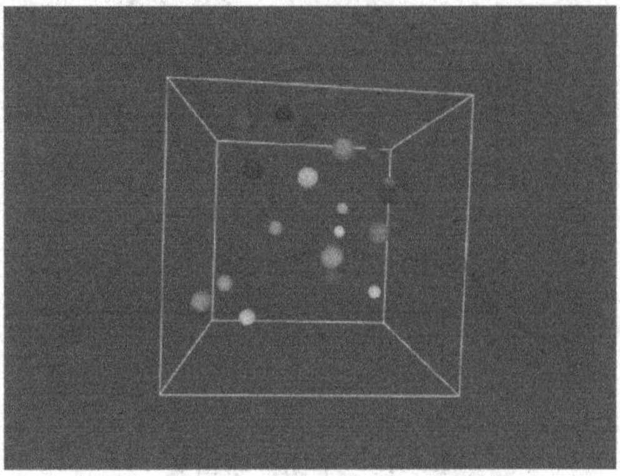

图 6-18　上述代码的运行效果图



## 习题 6

1．假如一个物体的当前位置为(300, 100)，它沿着斜率为 1/2 的直线向左下方运动。一堵墙被放置在直线 $y=-4x+400$ 处。求物体和墙相撞的位置。

2．考虑在 3D 中的参数形式的射线 $\boldsymbol{p}(t)=[3,4,5]+t[0.2673,\ 0.8018,\ 0.5345]$，$t$ 由 0 变化到 50。计算出点(18, 7, 32)在射线上最近点的 $t$ 值。

3．考虑球心在点(2, 6, 9)的单位球 $h$(半径为 1)，找出点(3, −17, 6)在球上的最近点。

4．考虑平面由 $\boldsymbol{p}\cdot[0.4838\quad 0.8602\quad -0.1613]=42$ 所定义，找出点(3, 6, 9)在平面上的最近点。

5．下列两条直线有多少个共同点？

$$3x+4y=10$$
$$4x+y=-20$$

6．找出由 $\boldsymbol{r}(t)=[-10.1275, -9.6922, -9.7103]+t[0.5179, 0.6330, 0.5754]$定义的射线与中心在原点、半径为 10 的球的交点。

# 第7章

# 线性运动

在游戏中，画面一帧一帧地更新，在玩家眼中，物体的运动就是通过一帧一帧的画面来展现的。那么事实上，游戏中物体的运动是怎么实现的呢？本书后续要介绍的 5 章内容将讨论如何利用可编程的思维重新理解基础物理学知识，实现并模拟物体的运动。值得注意的是，由于在游戏中涉及的物体绝大部分都是刚体，所以在后续章节中讨论并实现的是刚体运动。

本章的内容需要读者深入了解在牛顿力学作用下刚体线性运动的基本原理及其模拟，主要包括了以下几方面内容：

- 7.1 节，主要介绍了速度的定义及应用，包含了平均速度和瞬时速度；
- 7.2 节，主要描述了加速度的定义及应用，包含了平均加速度和瞬时加速度；
- 7.3 节，详细分析了运动方程，给出了相关定义及应用，并且深入讨论了在 Processing 中的运动实现；
- 7.4 节，主要分析了抛物运动的原理并且给出了详细的模拟过程。

需要大家注意的是，从本章开始，为了能更清晰地表述定义，在使用向量对物理概念进行描述时，是采用黑体并倾斜来标注向量的，但是对黑体的大小写并没有特殊区别。这点和前面几章中用大写黑体并倾斜描述矩阵、小写黑体并倾斜描述向量的用法略有不同。



## 7.1 速度

物体一旦开始运动，就会有速度。速度是向量，其大小表示速率。换而言之，速度是有方向的速率。速度与速率的关系，就如向量和标量之间的关系一样。

匀速运动的位移公式可用式(7-1)表示：

$$\Delta \boldsymbol{D} = t \cdot \boldsymbol{v} \tag{7-1}$$

其中 $\Delta \boldsymbol{D}$ 代表了物体的位移，$\boldsymbol{v}$ 代表了物体运动的速度，$t$ 代表了物体运动的时间。

有些游戏为了减少网络上传输的数据量，利用相对上次位移值的一个变化值来确定当前物体的位移，这对网络游戏非常合适。根据物体在游戏中的绝对位置，服务器发给它一个相对位移，然后就可以在本地计算最终的位移值并移动，随后只要将该新值通知给服务器即可。这种方法减轻了服务器的计算负担和传送的数据量。根据原始位移值计算经过一段时间后的新位移，如式(7-2)所示：

$$\boldsymbol{D}_{\mathrm{f}} = \boldsymbol{D}_{\mathrm{i}} + t \cdot \boldsymbol{v} \tag{7-2}$$

其中 $\boldsymbol{D}_{\mathrm{i}}$ 代表了物体的原始位置，$\boldsymbol{D}_{\mathrm{f}}$ 代表了经过时间 $t$ 后的新位置。在两帧之间，通常将 $t$ 设为一帧的时间长。

**【例 7-1】** 假设游戏中的角色跳上了一辆汽车，该车的速度恒定是 150px/s，设汽车在某一帧中的位置是 50px，那么下一帧汽车的位置是在哪里？假设一帧为 1/30s。

解答：$\boldsymbol{D}_{\mathrm{f}} = \boldsymbol{D}_{\mathrm{i}} + t \cdot \boldsymbol{v} = 50 + 150t = 50 + 150/30 = 55\mathrm{px}$

需要注意的是，一维空间中的匀速运动，速度只需要考虑正、负两个方向。但是物体在 2D 和 3D 空间中的运动，则需要用向量来表示运动的速度。

在物体的运动中，除了匀速运动之外，还有两个非常重要的概念与速度相关：平均速度和瞬时速度，下面将主要介绍这两个概念。

### 7.1.1 平均速度

假设游戏中向空中抛出一只愤怒的小鸟，随着时间的增加，记录小鸟的高度，如图 7-1 所示。将其高度的变化与时间的关系用图 7-2 中的曲线进行标记。

| 时间 | 高度 |
|---|---|
| 0 | 6 |
| 1 | 90 |
| 2 | 142 |
| 3 | 162 |
| 4 | 150 |
| 5 | 106 |
| 6 | 30 |

图 7-1　愤怒的小鸟的高度随着时间变化

从图 7-2 中可以看到，高度可表示为与时间相关的函数，随着时间的变化，高度一直在变化。那么什么是平均速度呢？

正如图 7-3 所示，平均速度表示了位移与时间的比值，它可用两个时间点之间线段的斜率进行描述。

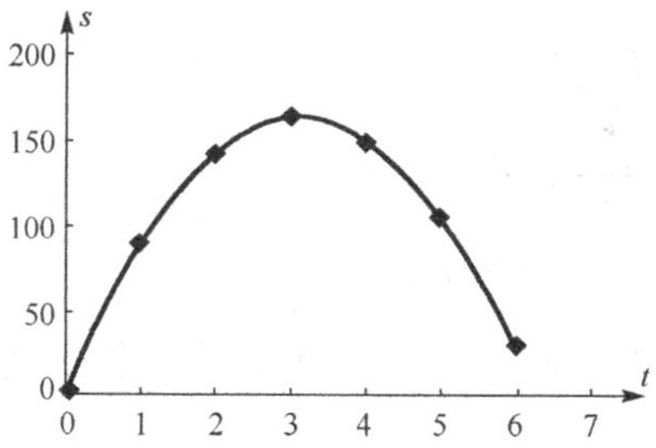


图 7-2　小鸟高度与时间的变化曲线

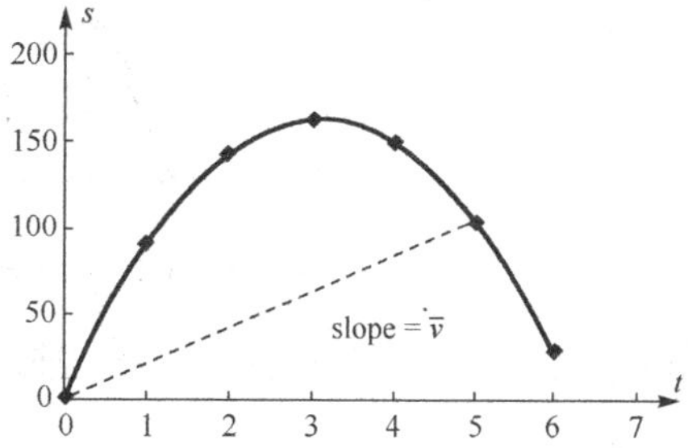


图 7-3　平均速度可用斜率来表示

在一维空间中，运动的方向是有限制的。但是在 2D 或者 3D 空间中，需要用位移向量（见图 7-4）来描述物体位置的变化，然后再求解出平均速度。

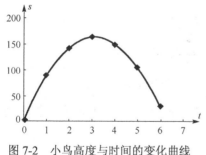

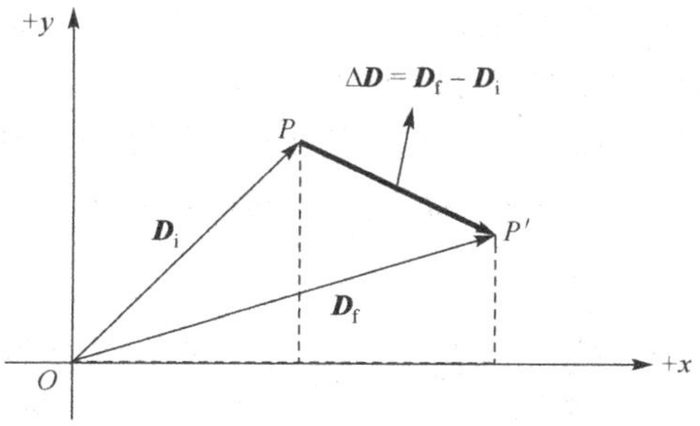


图 7-4　物体的位移向量

将平均速度记为 $\bar{\boldsymbol{v}}$，位移记为 $\Delta\boldsymbol{D}$，所需的时间记为 $\Delta t$，则如式（7-3）所示：

$$\bar{\boldsymbol{v}}=\frac{\Delta \boldsymbol{D}}{\Delta t}=\frac{\boldsymbol{D}_{\mathrm{f}}-\boldsymbol{D}_{\mathrm{i}}}{\Delta t} \tag{7-3}$$

应该注意，平均速率和平均速度的区别。平均速率是指物体运动时经过的路程与运动时间的比值，这是一个标量。

**【例 7-2】** 假如在游戏中，物体在 5s 内从 $P(150,0,250)$ 移动到 $P'(400,250,-300)$，它的平均速度是多少？

解答：
$$\bar{\boldsymbol{v}}=\frac{\Delta \boldsymbol{D}}{\Delta t}=\frac{\boldsymbol{D}_{\mathrm{f}}-\boldsymbol{D}_{\mathrm{i}}}{\Delta t}=\frac{\begin{bmatrix}250 & 250 & -500\end{bmatrix}}{5}=\begin{bmatrix}50 & 50 & -100\end{bmatrix}$$

### 7.1.2 瞬时速度

正如图 7-3 所示，平均速度可以用斜率来描述。通过这样的表述，可以计算任意时间间隔的平均速度。如果时间间隔越来越小，直到描述时间间隔的线段无限接近一个点时，如图 7-5 所示，虚线越来越接近实线。该实线即为该时间点上的切线，该实线的斜率描述的正是该时间点上的瞬时速度。也就是说，随着时间间隔越来越小，平均速度越来越趋近于某一个值，该值即为瞬时速度。



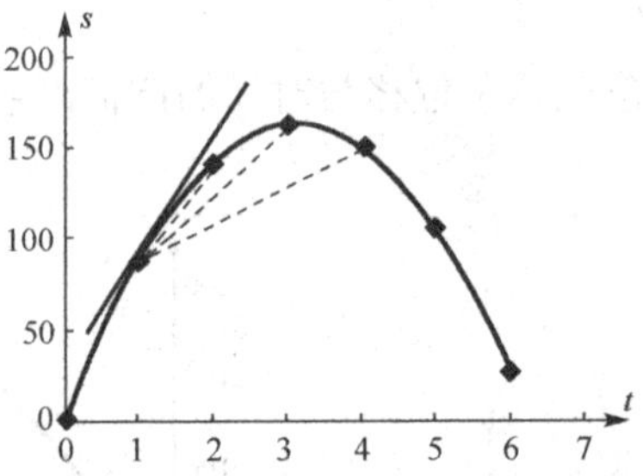


图 7-5 时间间隔无限接近某个时间点时的速度

用极限来描述平均速度趋近于瞬时速度，如式(7-4)所示，其中 $f(t)$ 表示 $t$ 时刻位置关于时间的函数：

$$v(t)=\lim_{\Delta t \to 0}\frac{f(t+\Delta t)-f(t)}{\Delta t}=f'(t) \tag{7-4}$$

对于游戏开发人员来说，游戏大多是基于帧更新并显示的，而且大部分采用 30fps 的帧速，也就是说，要想计算两帧之间的平均速度，时间间隔是 1/30s。由于该数值很小，因此平均速度很接近于瞬时速度，可将平均速度作为瞬时速度来看。

**【例 7-3】** 如果编一个像“Half Life”这样的游戏，玩家向空中扔一个手榴弹，它的高度就是关于时间的函数，$y=f(t)=t^2+5$，计算 $t=3$ 的瞬时速度。

解答：

$$v(t)=\lim_{\Delta t \to 0}\frac{f(3+\Delta t)-f(3)}{\Delta t}=f'(t)=\lim_{\Delta t \to 0}\frac{[(3+\Delta t)^2+5]-(3^2+5)}{\Delta t}$$
$$=\lim_{\Delta t \to 0}\frac{6\Delta t+(\Delta t)^2}{\Delta t}=\lim_{\Delta t \to 0}\frac{6+\Delta t}{1}=6$$

如果直接从式(7-4)来进行求解，可得 $v(t)=f'(t)=2t=6$。

# 7.2 加速度

加速度是用来衡量速率的变化快慢程度的术语。物体加速越快，加速度越大；物体速度保持不变，那么加速度等于 0。加速度可定义为式(7-5)，其中 f 和 i 代表的是物体运动的某两个瞬间：

$$\boldsymbol{a}=\frac{\Delta \boldsymbol{v}}{\Delta t}=\frac{\boldsymbol{v}_{\mathrm{f}}-\boldsymbol{v}_{\mathrm{i}}}{\Delta t}=\frac{\boldsymbol{v}_{\mathrm{f}}-\boldsymbol{v}_{\mathrm{i}}}{t_{\mathrm{f}}-t_{\mathrm{i}}} \tag{7-5}$$

**【例 7-4】** 假设一辆汽车撞上护栏而被迫刹车，在 3s 内速度由 50km/h 变为 10km/h，那么加速度是多少 $m/s^2$？

解答：

$$a=\frac{\Delta v}{\Delta t}=\frac{v_{\mathrm{f}}-v_{\mathrm{i}}}{\Delta t}=\frac{10\mathrm{km/h}-50\mathrm{km/h}}{3\mathrm{s}}=\frac{-40\mathrm{km/h}}{3\mathrm{s}}\approx\frac{-11.11\mathrm{m/s}}{3\mathrm{s}}\approx-3.7\mathrm{m/s}^2$$

### 7.2.1 平均加速度

赛车游戏中经常涉及加速度的应用，图 7-6 记录了从静止到踩油门加速的“速度-时间”关系。

| 时间(s) | 速度(m/s) |
|---|---|
| 0 | 6 |
| 1 | 3 |
| 2 | 12 |
| 3 | 27 |
| 4 | 48 |
| 5 | 75 |
| 6 | 108 |

图 7-6 赛车游戏及其“速度-时间”关系

可以将加速度理解为速度 $\boldsymbol{v}$ 关于时间 $t$ 的函数，并用描点法画出图 7-6 中表述的“速度-时间”变化曲线，如图 7-7 所示。

结合图 7-7 中“速度-时间”的变化曲线，与平均速度的求解类似，平均加速度可以表示为两点之间线段的斜率，如图 7-8 所示。

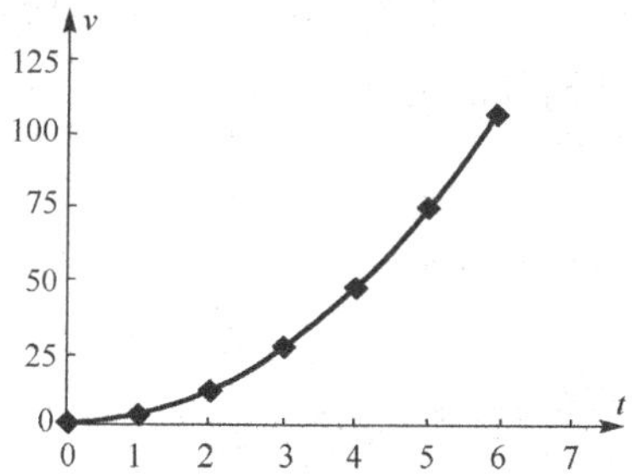


图 7-7 “速度-时间”变化曲线

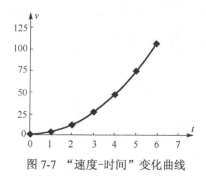

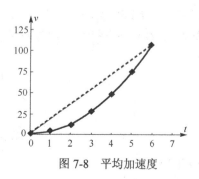

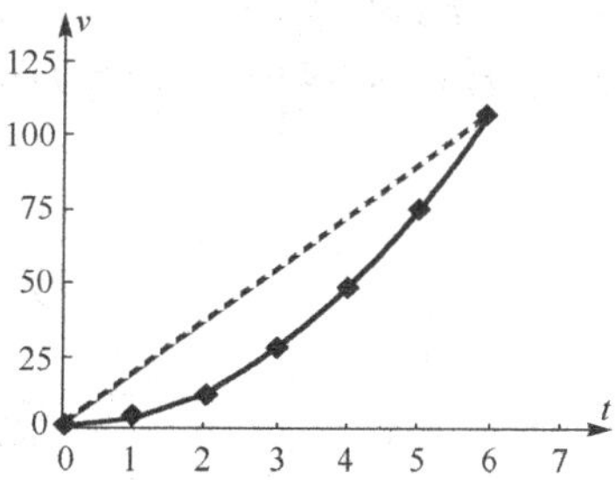


图 7-8 平均加速度

如果在数学上将速度 $\boldsymbol{v}$ 的大小定义为 $v=f(t)$，那么平均加速度 $\bar{a}$ 的大小可定义为式(7-6)：

$$\bar{a}=\frac{\Delta v}{\Delta t}=\frac{f(t_2)-f(t_1)}{t_2-t_1} \tag{7-6}$$

### 7.2.2 瞬时加速度

当时间间隔越来越小，接近于一点或者时间接近一瞬间，平均加速度趋近于某一数值，这个值就是瞬时加速度，如图 7-9 所示。

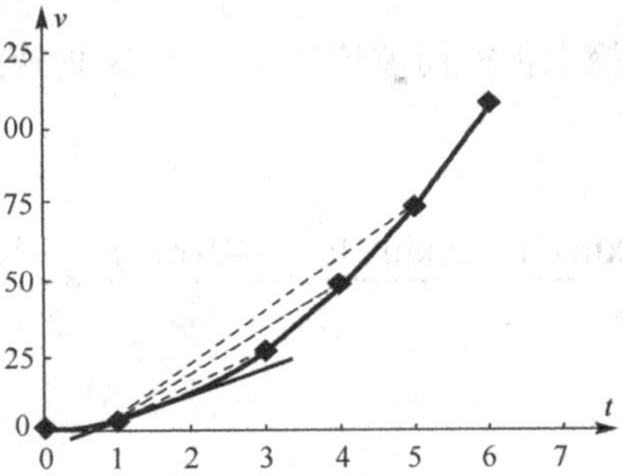




图 7-9 时间间隔无限接近某个时间点时的加速度

就如瞬时速度的求解一样，同样借助极限的概念可求解瞬时加速度的大小，如式(7-7)所示，其中 $v(t)$ 表示 $t$ 时速度关于时间的函数。

$$a(t)=\lim_{\Delta t\to 0}\frac{v(t+\Delta t)-v(t)}{\Delta t}=v'(t) \tag{7-7}$$

**【例 7-5】** 假设在“Half Life”游戏中，玩家向空中扔一个手榴弹，它的“速度-时间”的函数为 $v(t)=-9.8t+25$，计算 $t=3$ 时手榴弹的瞬时加速度 $a$。

解答：

$$a=\lim_{\Delta t\to 0}\frac{v(3+\Delta t)-v(3)}{\Delta t}=\lim_{\Delta t\to 0}\frac{-9.8(3+\Delta t)+25-(-9.8\times 3+25)}{\Delta t}=\lim_{\Delta t\to 0}\frac{-9.8}{1}=-9.8$$

正如式(7-7)所示，加速度 $a(t)$是速度函数 $v(t)$ 的导数，即 $a(t)=v'(t)$，而速度 $v$ 是位移函数 $f(t)$ 的导数，即 $v=f'(t)$，因此加速度可视为位移函数的二阶导数，即导数的导数，如式(7-8)所示：

$$a(t)=v'(t)=f''(t) \tag{7-8}$$

根据式(7-7)和式(7-8)可知，如果已知速度或者位移的数学表达式，即可求解出加速度。

**【例 7-6】** 假设在“Half Life”游戏中，玩家向空中扔一个手榴弹，它的“位移-时间”的函数为 $y=f(t)=10t-4.9t^2$，计算 $t=2$ 时手榴弹的瞬时加速度。

解答：

$$f'(t)=\lim_{\Delta t\to 0}\frac{f(t+\Delta t)-f(t)}{\Delta t}=10-9.8t$$

$$f''(t)=\lim_{\Delta t\to 0}\frac{f'(t+\Delta t)-f'(t)}{\Delta t}=-9.8$$

所以 $a=f''(t)=-9.8$。

## 7.3 运动方程

前两节已经详细描述了速度和加速度，以及与它们相关的运动方程。值得注意的是，这些运动方程有效的前提是加速度恒定。尤其是特殊的匀速运动，加速度为 0。

自然界中的大部分物体都是在恒定的加速度下运动的，即使遇到变加速度运动，也可将运动过程分成若干个较小的时间间隔，在这些较小的时间间隔中，认为物体运动的加速度是恒定的。在游戏开发中，这样的分段处理在编程中较容易实现，因为游戏画面的更新本身是基于帧的，在一帧这样小的时间间隔内，默认为物体运动的加速度是恒定的。

下文结合加速度恒定的特点，罗列了一系列运动方程，它们对于理解游戏编程中的运动原理非常重要。

### 7.3.1 运动方程定义

对式(7-5)进行简单的变换，左右两边同时乘以$\Delta t$，再移动初速度$\boldsymbol{v}_i$的位置，得到式(7-9)，记为运动方程 1，描述了物体运动的末速度$\boldsymbol{v}_f$等于初速度$\boldsymbol{v}_i$加上加速度$\boldsymbol{a}$与运动时间$\Delta t$的乘积：

$$\boldsymbol{v}_f = \boldsymbol{v}_i + \boldsymbol{a}\Delta t \tag{7-9}$$

如果这里只讨论匀加速运动，速度在给定时间内匀速地增加或者减小，那么在这个给定的时间间隔内物体运动的平均速度$\bar{\boldsymbol{v}}$可理解为初速度$\boldsymbol{v}_i$和末速度$\boldsymbol{v}_f$的平均值，如式(7-10)所示，记为运动方程 2：

$$\bar{\boldsymbol{v}} = \frac{\boldsymbol{v}_f + \boldsymbol{v}_i}{2} \tag{7-10}$$

又因为平均速度等于位移除以时间，即$\bar{\boldsymbol{v}} = \Delta\boldsymbol{D}/\Delta t$，将其带入式(7-10)，可得关于位移的运动式(7-11)，记为运动方程 3：

$$\frac{\Delta\boldsymbol{D}}{\Delta t} = \frac{\boldsymbol{v}_f + \boldsymbol{v}_i}{2} \\ \Rightarrow \\ \Delta\boldsymbol{D} = \frac{1}{2}(\boldsymbol{v}_f + \boldsymbol{v}_i)\Delta t \tag{7-11}$$

将式(7-9)代入到式(7-11)中，得到式(7-12)，记为运动方程 4：

$$\Delta\boldsymbol{D} = \frac{1}{2}(\boldsymbol{v}_f + \boldsymbol{v}_i)\Delta t = \frac{1}{2}(\boldsymbol{v}_i + \boldsymbol{a}\Delta t + \boldsymbol{v}_i)\Delta t \\ \Rightarrow \\ \Delta\boldsymbol{D} = \boldsymbol{v}_i\Delta t + \frac{1}{2}\boldsymbol{a}(\Delta t)^2 \tag{7-12}$$

如果需要在运动方程中使用位置向量$\boldsymbol{p}$，并将物体初始位置记为$\boldsymbol{p}_i$，经过时间$\Delta t$后物体的运动位置记为$\boldsymbol{p}_f$，于是位置的变换可用式(7-13)来表述：

$$\boldsymbol{p}_f = \boldsymbol{p}_i + \Delta\boldsymbol{D} \tag{7-13}$$

运动方程 4 如果用位置向量来表示的话，可转为式(7-14)，将其记为运动方程 5：

$$\boldsymbol{p}_f = \boldsymbol{p}_i + \boldsymbol{v}_i\Delta t + \frac{1}{2}\boldsymbol{a}(\Delta t)^2 \tag{7-14}$$

这里将上述 5 个运动方程用表 7-1 来进行汇总描述。

**表 7-1　运动方程列表**

| | |
|---|---|
| 运动方程 1 | $\boldsymbol{v}_f = \boldsymbol{v}_i + \boldsymbol{a}\Delta t$ |
| 运动方程 2 | $\overline{\boldsymbol{v}} = \frac{\boldsymbol{v}_f + \boldsymbol{v}_i}{2}$ |
| 运动方程 3 | $\Delta\boldsymbol{D} = \frac{1}{2}(\boldsymbol{v}_f + \boldsymbol{v}_i)\Delta t$ |
| 运动方程 4 | $\Delta\boldsymbol{D} = \boldsymbol{v}_i\Delta t + \frac{1}{2}\boldsymbol{a}(\Delta t)^2$ |
| 运动方程 5 | $\boldsymbol{p}_f = \boldsymbol{p}_i + \boldsymbol{v}_i\Delta t + \frac{1}{2}\boldsymbol{a}(\Delta t)^2$ |



上述的 5 个运动方程可通用于描述 1D 空间、2D 空间和 3D 空间中的运动，它们也可以用编程实现。

**【例 7-7】** 假设一辆汽车撞上护栏而被迫刹车，此时汽车速度是 80km/h，已知护栏会使汽车以$-6.5\text{m/s}^2$的加速度进行减速，那么经过多长时间汽车会停下？

解答：

第一步，将已知条件和需要进行求解的内容列为表 7-2。

第二步，将已知条件的单位转为相同的，如表 7-3 所示。

**表 7-2　已知条件表**

| 已知条件 | 待求值 |
|---|---|
| $v_i = 80\text{km/h}$ | $\Delta t = ?$ |
| $v_f = 0\text{km/h}$ | |
| $a = -6.5\text{m/s}^2$ | |

**表 7-3　已知条件单位一致化**

| 已知条件 | 待求值 |
|---|---|
| $v_i = 80 \times \frac{1000}{3600} \approx 22.22\text{m/s}$ | $\Delta t = ?$ |
| $v_f = 0\text{m/s}$ | |
| $\boldsymbol{a} = -6.5\text{m/s}^2$ | |

第三步，结合运动方程 1，得到：

$$0 = 22.22 + (-6.5)\Delta t \quad => \quad \Delta t \approx 3.42\text{s}$$

**【例 7-8】** 假设一辆汽车撞上护栏而被迫刹车，此时汽车速度是 80km/h，已知护栏会使汽车以$-6.5\text{m/s}^2$的加速度进行减速，假设离你 10m 处有这样一辆车，那么该车能否及时停下而不撞上你？

解答：

第一步，将已知条件和需要进行求解的内容列为表 7-4。

第二步，将已知条件的单位转为相同的，如表 7-5 所示。

表 7-4　已知条件表

| 已知条件 | 待求值 |
|---|---|
| $v_i = 80\text{km/h}$ | $\Delta D = ?$ |
| $v_f = 0\text{km/h}$ | |
| $a = -6.5\text{m/s}^2$ | |

表 7-5　已知条件单位一致化

| 已知条件 | 待求值 |
|---|---|
| $v_i = 80 \times \frac{1000}{3600} \approx 22.22\text{m/s}$ | $\Delta D = ?$ |
| $v_f = 0\text{m/s}$ | |
| $a = -6.5\text{m/s}^2$ | |

第三步，在上一个案例中，计算出从刹车到停车需要的时间为 3.42s：

$$0 = 22.22 + (-6.5)\Delta t \quad => \quad \Delta t \approx 3.42\text{s}$$

结合运动方程 4，得到停车时汽车移动的位移为：

$$\Delta D = v_i \Delta t + \frac{1}{2}a(\Delta t)^2 = 22.22 \times 3.42 + \frac{1}{2}(-6.5)(3.42)^2 \approx 75.99 - 38.01 \approx 37.98 > 10$$

所以汽车会撞到人。

**【例 7-9】** 假如在赛车游戏中赛车需要进行飞跃，赛车的当前运动速度为方向 53°，10m/s，加速度为方向 30°，$5\text{m/s}^2$@30°，那么 3s 后赛车的速度是多少？

解答：

第一步，将已知条件和需要进行求解的内容列为表 7-6。

第二步，结合运动方程 1，得到 3s 后汽车的速度为：

$$\boldsymbol{v}_f = \boldsymbol{v}_i + \boldsymbol{a}\Delta t = [6 \quad 8] + 3 \times [4.3 \quad 2.5] = [18.9 \quad 15.5]$$

**【例 7-10】** 假如在游戏中一辆车正等待出发，加速度为[3 0 -2]，5s 后的位移是多少？

解答：

第一步，将已知条件和需要进行求解的内容列为表 7-7：

表 7-6　已知条件表

| 已知条件 | 待求值 |
|---|---|
| $\boldsymbol{v}_i = 10\text{m/s}@53° = [6 \quad 8]$ | $\boldsymbol{v}_f = ?$ |
| $t = 3\text{s}$ | |
| $\boldsymbol{a} = 5\text{m/s}^2@30° = [4.3 \quad 2.5]$ | |

表 7-7　已知条件表

| 已知条件 | 待求值 |
|---|---|
| $\boldsymbol{v}_i = 0$ | $\Delta \boldsymbol{D} = ?$ |
| $t = 5\text{s}$ | |
| $\boldsymbol{a} = [3 \quad 0 \quad -2]$ | |

第二步，结合运动方程 4，得到 5s 后汽车的位移为：

$$\Delta \boldsymbol{D} = \boldsymbol{v}_i \Delta t + \frac{1}{2}\boldsymbol{a}(\Delta t)^2 = 0 + \frac{1}{2}[3 \quad 0 \quad -2] \times 25 = [37.5 \quad 0 \quad -25]$$

## 7.3.2　Processing 中的运动实现

在 Processing 中，物体的运动是在 draw 函数中进行计算并绘制的。通常情况下，draw 函数每一帧都会被调用一次。每帧之间的时间间隔默认为 1/30s。在下文中，首先介绍匀速运动的实现，然后再进一步介绍加速运动的实现。

(1)匀速运动

正如上文所述，由于帧与帧的时间间隔非常短，可认为在这样的时间间隔内物体是匀速运动的。将物体的运动速度向量记为 **velocity**，当前位置向量记为 **location**，帧率为 30fps，结合式(7-2)，可知当再一次刷新帧并且调用 draw 函数之后，物体的新位置为：

$$\mathbf{location} = \mathbf{location} + \frac{1}{30} \times \mathbf{velocity}$$

因为每帧之间的时间间隔是一个常量，所以在实际编码时，只要选择合适的 **velocity** 向量(具体值大小的设定需要根据实际效果来进行不断调整)，就可以将其与时间间隔的相乘进行简化，可将上述公式简化为：

$$\mathbf{location} = \mathbf{location} + \mathbf{velocity}$$

用代码来描述，即为：location.add(velocity);

下述代码模拟了小球匀速运动的完整实现，其运行效果如图 7-10 所示。

```
PVector location;                                  //位置向量
PVector velocity;                                  //速度向量

void setup() {
    size(640,360);
    location = new PVector(100,100);               //初始位置
    velocity = new PVector(2.5,5);                 //速度设定为常向量
}

void draw() {
    background(255);

    location.add(velocity);                      //位置向量进行了更新
    if ((location.x > width) || (location.x < 0)) {
        //当球遇到屏幕的最左侧和最右侧时，回弹
        velocity.x = velocity.x * -1;              //x 轴上的分量取反
    }
    if ((location.y > height) || (location.y < 0)) {
        //当球遇到屏幕的最上边和最下边时，回弹
        velocity.y = velocity.y * -1;              //y 轴上的分量取反
    }

    stroke(0);
    fill(175);
    ellipse(location.x,location.y,16,16);          //弹跳的小球
}
```

(2)匀加速运动

正如上文所述，帧与帧的时间间隔非常短，如果物体正在加速运动，可认为在这样的时间间隔内物体是匀加速运动的，即加速度 $\boldsymbol{a}$ 不变。将物体的加速度向量记为 **acceleration**，运动速度向量记为 **velocity**，当前位置向量记为 **location**，帧率为 30fps，结合运动方程 1(式 7-9)，可知当再一次刷新帧并且调用 draw 函数后，物体的新速度为：

图 7-10　匀速运动的运行效果图：不同时刻的球

$$\mathbf{velocity} = \mathbf{velocity} + \frac{1}{30} \times \mathbf{acceleration}$$

因为每帧之间的时间间隔是一个常量，所以在实际编码时，只要选择合适的 **acceleration** 向量(具体值大小的设定需要根据实际效果来进行不断调整)，就可以将其与时间间隔的相乘进行简化，可将上述公式简化为：

$$\mathbf{velocity} = \mathbf{velocity} + \mathbf{acceleration}$$

用代码来描述，即为：velocity.add(acceleration);

再一次更新小球的位置：

$$\mathbf{location} = \mathbf{location} + \mathbf{velocity}$$

用代码来描述，即为：location.add(velocity);

下述代码模拟了小球随着鼠标的移动而进行加速运动的实现，其运行效果如图 7-11 所示。完整的代码可从本书配套的教学资源包中获取。

```
void update() {

    //通过鼠标的位置与当前小球位置的距离设置加速度
    PVector mouse = new PVector(mouseX,mouseY);
    PVector acceleration = PVector.sub(mouse,location);
    //调整加速度的大小
    acceleration.setMag(0.2);

    //更新速度向量
    velocity.add(acceleration);
    //对速度向量进行限制
    velocity.limit(topspeed);
    //更新位置向量
    location.add(velocity);
}
```

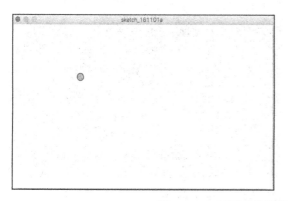

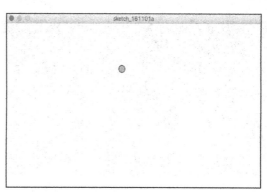

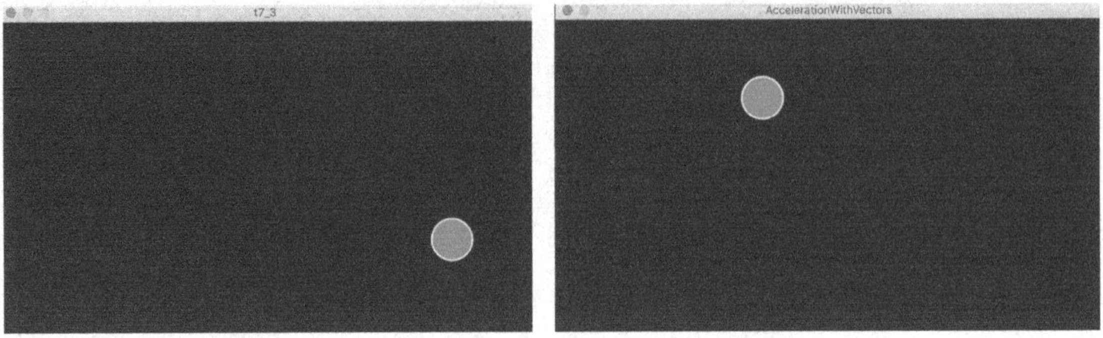


图 7-11　匀加速运动的运行效果图：不同时刻的球

## 7.4　抛体运动

### 7.4.1　原理



在游戏中，最经常出现的简单运动是抛体运动(Projectile Motion)。将任何一个物体扔、踢、抛到空中，都是在进行抛体运动。球类、射击类游戏中，会大量出现抛体运动。

理想状态下的抛体运动，是对物体以一定的初速度向空中抛出，仅在重力作用下物体所做的运动。而抛体运动最简单的计算方法，是将速度向量分解为竖直分量和水平分量，如图 7-12 所示。由于这两个分量之间是完全独立的，所以可以对其分别进行计算。

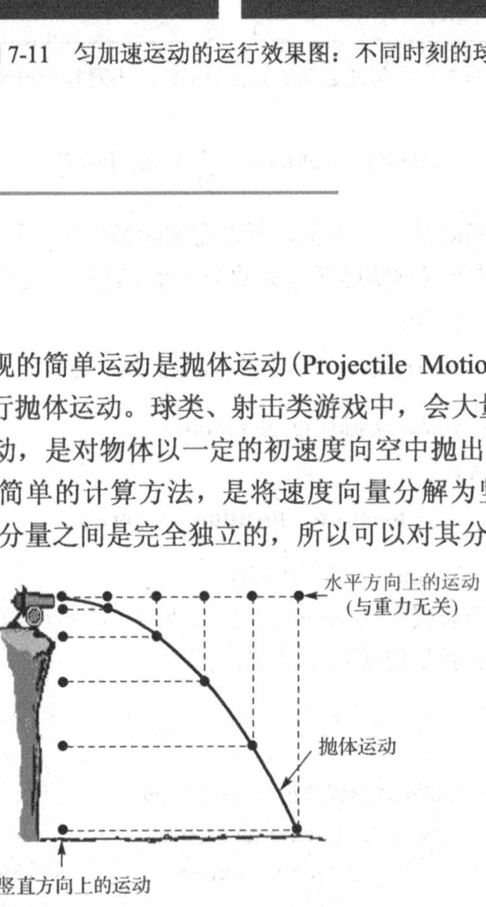


图 7-12　抛体运动

以图 7-13 所示为例，假设在 B 点抛篮球，目标篮框在 A 点，篮球的初速度向量为 $\boldsymbol{v}_0$，其大小为 $v_0$，假设重力加速度向量为 $\boldsymbol{g}$，大小为 $g$，方向是竖直向下。抛球的初速度 $\boldsymbol{v}_0$ 与水平方向的夹角为 $\theta$，可将初速度沿着水平方向和竖直方向进行分解，分别得到水平初速度向量为 $\boldsymbol{v}_c$，其大小为 $v_c$ 且 $v_c = v_0\cos\theta$，竖直初速度向量为 $\boldsymbol{v}_g$，其大小为 $v_g$ 且 $v_g = v_0\sin\theta$。下文中将用两种方法来描述抛体运动。

第一种方法，将抛体运动分解为竖直方向和水平方向上的运动进行独立运算，并且不使用向量。

如果只看抛体运动的竖直方向上的速度、加速度和位移，其实这是一维空间中的竖直运动。下文将用下列公式来描述抛体运动的竖直分量，其中式(7-15)中 $a_g$ 记录了竖直方向上的

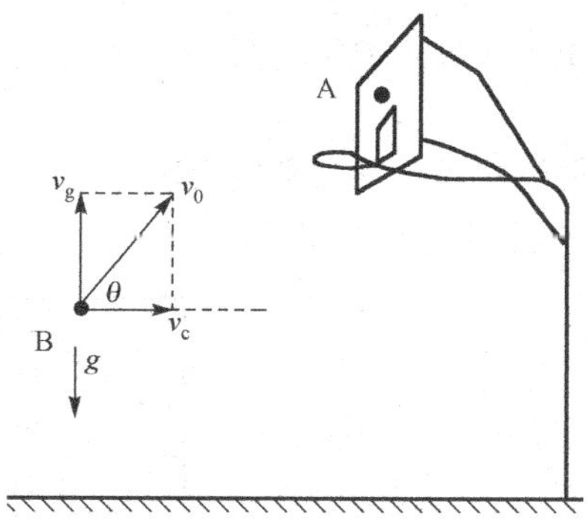


图 7-13　初速度分解

加速度大小，式(7-16)中的 $v_g(t)$ 表述了时间 $t$ 后竖直方向上的速度大小，式(7-17)中的 $s_g(t)$ 代表了时间 $t$ 后竖直方向上的运动距离。

$$a_g = -9.8\text{m}/\text{s}^2 \tag{7-15}$$

$$v_g(t) = v_g + a_g \cdot t \tag{7-16}$$

$$s_g(t) = v_g \cdot t + \frac{1}{2}a_g t^2 \tag{7-17}$$



**【例 7-11】** 假如在射击游戏中，玩家在地面上以 20m/s 的速度，30°方向打出子弹，那么子弹可以在空中飞行多少时间？

解答：

第一步，将已知条件和需要进行求解的内容列为表 7-8。

**表 7-8　已知条件表**

| 已知条件 | 待求值 |
|---|---|
| $v_g = v_0 \sin\theta = 10\text{m/s}$ | $t = ?$ |
| $v_g(t) = 0\text{m/s}$ | |
| $a_g = -9.8\text{m/s}^2$ | |

第二步，利用式(7-16)求解出子弹往上飞直到最高点的时间 $t'$。

$$v_g(t) = v_g + a_g \cdot t'$$
$$0 = 10 - 9.8t'$$
$$t' \approx 1.02\text{s}$$

第三步，子弹在空中飞行的总时间是子弹从地面位置飞行到最高点，然后再从最高点坠落到地面的时间，因此是从地面位置飞行到最高点的时间的 2 倍，所以：

$$t = 2t' \approx 2.04\text{s}$$

再来看抛体运动的水平方向运动。因为抛体运动在水平方向上没有加速度影响，一直保持匀速运动，所以其水平分量的计算更简单，如下组公式所示，式(7-18)中的 $a_c$ 代表了水平方向上的加速度大小，而式(7-19)中的 $s_c(t)$ 则描述的是水平方向上的运动距离：

$$a_c = 0\text{m}/\text{s}^2 \tag{7-18}$$

$$s_c(t) = v_c \cdot t \tag{7-19}$$

**【例 7-12】** 假如在射击游戏中，玩家在地面上以 20m/s 的速度，30°方向打出子弹，假如屏幕的边缘是 30m，子弹在空中飞行了多少时间？

解答：

第一步，将已知条件和需要进行求解的内容列为表 7-9。

表 7-9　已知条件表

| 已知条件 | 待求值 |
|---|---|
| $v_c = v_0 \cos\theta \approx 17.32\text{m/s}$ | $t = ?$ |
| $s_c(t) = 30\text{m}$ | |
| $a_c = 0\text{m/s}^2$ | |

第二步，利用式(7-19)求解出子弹飞到屏幕边缘的时间 $t'$：

$$s_c(t) = v_c \cdot t'$$
$$30 = 17.32t'$$
$$t' \approx 1.73\text{s}$$

第三步，还需要检测子弹是否在飞出屏幕边缘时已经坠落到地面，因此利用例 7-11 中计算所得的子弹能在空中飞行的总时间进行验算，计算子弹从地面被打出直到落到地面的过程中水平方向上移动的距离为：

$$s_c(t) = v_c \cdot 2.04 = 35.33\text{m}$$

该距离大于屏幕边缘的距离，说明子弹在落地前已经飞出了屏幕边缘。因此，求得最终答案，子弹在空中飞行了 1.73s。



【例 7-13】 假如设计并开发一款射箭游戏，如图 7-14 所示，射箭时箭离地面 1.5m，以速度 10m/s，30° 方向飞下，问落地时水平位移是多少？

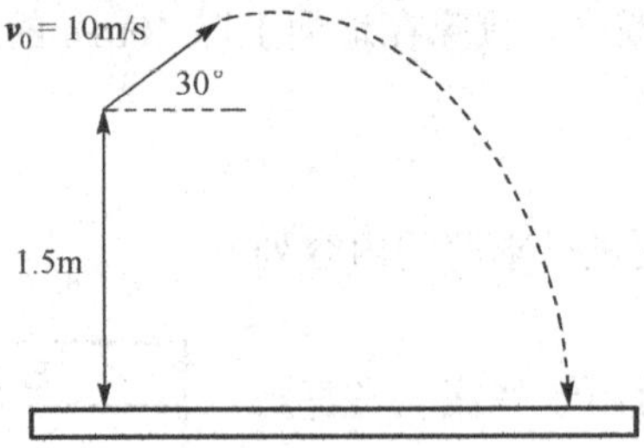


图 7-14　射箭游戏

解答：

第一步，将已知条件和需要进行求解的内容列为表 7-10。

表 7-10　已知条件表

| 水平方向 | | 竖直方向 | |
|---|---|---|---|
| 已知条件 | 求值 | 已知条件 | 求值 |
| $v_c = 10\cos 30° \approx 8.66\text{m/s}$ | $s_c(t) = ?$ | $v_g = 10\sin 30° = 5\text{m/s}$ | |
| $a_c = 0\text{m/s}^2$ | | $a_g = -9.8\text{m/s}^2$ | |
| | | $s_g(t) = -1.5\text{m}$ | |

第二步，根据竖直方向上的运动距离，结合式(7-17)，求解出运动时间：

$$s_g(t) = v_g \cdot t + \frac{1}{2}a_g t^2$$
$$-1.5 = 5t + \frac{1}{2}(-9.8)t^2$$
$$t \approx 1.27\text{s}$$

第三步，利用上一步求解出来的时间值及式(7-19)，求解出水平方向上的运动距离：

$$s_c(t)=v_c\cdot t=8.66\times1.27\approx11.00\text{m}$$

**【例 7-14】** 假如设计并开发一款射箭游戏，射箭时箭离地面 1.5 米，以速度 10m/s，30° 方向飞下，靶子在 1m 高度处，如图 7-15 所示。那么箭与靶子的距离要多远才能让箭射中靶子？

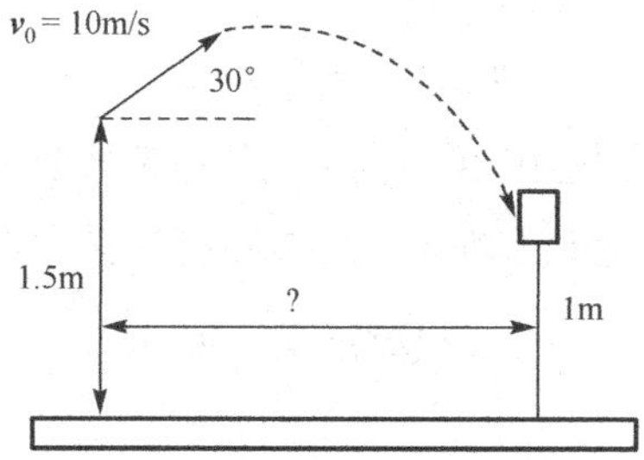


图 7-15　射箭游戏

解答：

第一步，将已知条件和需要进行求解的内容列为表 7-11。

**表 7-11　已知条件表**

| 水平方向 | | 竖直方向 | |
|---|---|---|---|
| 已知条件 | 求值 | 已知条件 | 求值 |
| $v_c=10\cos30°\approx8.66\text{m/s}$ | $s_c(t)=?$ | $v_g=10\sin30°=5\text{m/s}$ | |
| $a_c=0\text{m/s}^2$ | | $a_g=-9.8\text{m/s}^2$ | |
| | | $s_g(t)=1-1.5=-0.5\text{m}$ | |

第二步，根据竖直方向上的运动距离，结合式(7-17)，求解出运动时间：

$$s_g(t)=v_g\cdot t+\frac{1}{2}a_gt^2$$

$$-0.5=5t+\frac{1}{2}(-9.8)t^2$$

$$t\approx1.21\text{s}$$

第三步，利用上一步求解出来的时间值及式(7-19)，求解出水平方向上的运动距离：

$$s_c(t)=v_c\cdot t=8.66\times1.11\approx9.61\text{m}$$

上文运用了大量案例来说明如何不使用向量，而将抛体运动分解为竖直方向和水平方向上的运动进行独立运算。接下来，将利用向量计算抛体运动的轨迹。

抛体运动初速度向量$\boldsymbol{v}_0$，在重力加速度向量$\boldsymbol{g}$上的分量是向量$\boldsymbol{v}_g$，在垂直于重力加速度方向上的速度分量为$\boldsymbol{v}_c$，$\boldsymbol{v}_0=\boldsymbol{v}_g+\boldsymbol{v}_c$。

由于物体在垂直于重力加速度方向上没有加速度作用，所以这个方向上物体保持匀速运动，即：

$$\boldsymbol{v}_c(\Delta t)=\boldsymbol{v}_c \tag{7-20}$$

而物体经过时间$\Delta t$后重力加速度方向上的速度向量，结合运动方程 1 可用式(7-21)来表示：

$$\boldsymbol{v}_{\mathrm{g}}(\Delta t)=\boldsymbol{v}_{\mathrm{g}}+\boldsymbol{g}\cdot\Delta t \tag{7-21}$$

因此物体在时间 $t$ 时的总速度向量 $\boldsymbol{v}(\Delta t)$ 为向量 $\boldsymbol{v}_{\mathrm{c}}(\Delta t)$ 和 $\boldsymbol{v}_{\mathrm{g}}(\Delta t)$ 之和：

$$\boldsymbol{v}(\Delta t)=\boldsymbol{v}_{\mathrm{g}}(\Delta t)+\boldsymbol{v}_{\mathrm{c}}(\Delta t)=\boldsymbol{v}_{\mathrm{c}}+\boldsymbol{v}_{\mathrm{g}}+\boldsymbol{g}\cdot\Delta t=\boldsymbol{v}_0+\boldsymbol{g}\cdot\Delta t$$

即式(7-22)所示：

$$\boldsymbol{v}(\Delta t)=\boldsymbol{v}_0+\boldsymbol{g}\cdot\Delta t \tag{7-22}$$

假设经过时间$\Delta t$ 后物体在重力加速度方向上的位移记为 $\boldsymbol{D}_{\mathrm{g}}(\Delta t)$，而物体在垂直于重力加速度方向上的位移为 $\boldsymbol{D}_{\mathrm{c}}(\Delta t)$，结合运动方程 4，式(7-23)和式(7-24)描述的是这两个位移的求解：

$$\boldsymbol{D}_{\mathrm{c}}(\Delta t)=\boldsymbol{v}_{\mathrm{c}}\cdot\Delta t \tag{7-23}$$

$$\boldsymbol{D}_{\mathrm{g}}(\Delta t)=\boldsymbol{v}_{\mathrm{g}}\cdot\Delta t+\frac{1}{2}\boldsymbol{g}\cdot(\Delta t)^2 \tag{7-24}$$

将向量 $\boldsymbol{D}_{\mathrm{c}}(\Delta t)$ 和 $\boldsymbol{D}_{\mathrm{g}}(\Delta t)$ 进行求和，即可求出物体的最终位移，即：



$$\begin{aligned}\boldsymbol{D}(\Delta t)&=\boldsymbol{D}_{\mathrm{g}}(\Delta t)+\boldsymbol{D}_{\mathrm{c}}(\Delta t)=\boldsymbol{v}_{\mathrm{c}}\cdot\Delta t+\boldsymbol{v}_{\mathrm{g}}\cdot\Delta t+\frac{1}{2}\boldsymbol{g}\cdot(\Delta t)^2\\&=(\boldsymbol{v}_{\mathrm{g}}+\boldsymbol{v}_{\mathrm{c}})\cdot\Delta t+\frac{1}{2}\boldsymbol{g}\cdot(\Delta t)^2\\&=\boldsymbol{v}_0\cdot\Delta t+\frac{1}{2}\boldsymbol{g}\cdot(\Delta t)^2\end{aligned}$$

因此最终物体在抛体运动中的位移可用式(7-25)来表述，而结合运动方程 5，位置向量 $\boldsymbol{p}_{\mathrm{f}}$ 可用式(7-26)进行描述：

$$\boldsymbol{D}(\Delta t)=\boldsymbol{v}_0\cdot\Delta t+\frac{1}{2}\boldsymbol{g}\cdot(\Delta t)^2 \tag{7-25}$$

$$\boldsymbol{p}_{\mathrm{f}}=\boldsymbol{p}_{\mathrm{i}}+\boldsymbol{v}_0\cdot\Delta t+\frac{1}{2}\boldsymbol{g}\cdot(\Delta t)^2 \tag{7-26}$$

使用向量进行抛体运动的计算，不仅适用于只有具有一定初速度且仅在重力作用下的抛体运动，还适用于类抛体运动(泛指一般的匀变速曲线运动)。这两者的共同点是都具有一定的初速度，加速度恒定且与初速度斜交。

### 7.4.2 模拟

在 Processing 中可用四种方法来模拟小球的抛体运动。不管使用哪种方法，效果是类似的，如图 7-16 所示。在模拟结果图中，第一列描述了运动中小球的位置坐标；第二列 Vi 描述了小球的初速度大小，Degrees 描述的是抛射角度；第三列描述的是小球在运动中的速度分量值；最后一列描述了整个小球在抛体运动中的运动时间。

第一种方法，结合式(7-15)到式(7-19)的这些公式，对抛体运动可从竖直和水平这两个方向上进行独立运算，并且不使用向量。下述代码描述了小球的类，以及关于位置等信息更新的函数。完整代码可从本书配套的教学资源包中获取。

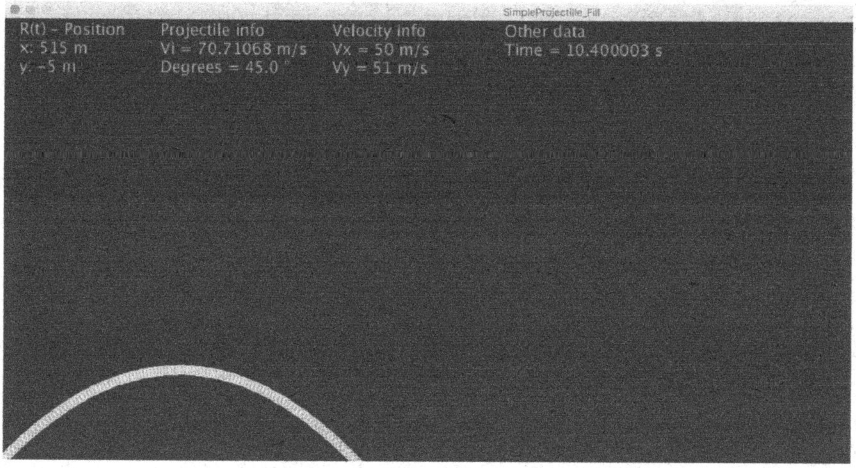


图 7-16　小球的抛体运动

```
class Ball {
    float vi;                              //小球的初始速度大小
    float x;                               //小球在运动中的位置(x 坐标)
    float y;                               //小球在运动中的位置(y 坐标)
    float theta;                           //小球的初始发射角度
    float time;                            //小球运动的时间总和

    Ball(float _vi, float _degree){ //初始化
        vi = _vi;
    theta = radians(_degree);
    }

    void update(float t){                  //每次更新的时候需要输入从初始到现在的时间总长
        if (x >= 0 && x <= width && y >= 0 && y <= height) {
                                           //检测是否与屏幕边界发生碰撞
            x = vi*cos(theta)*t;       //水平方向上小球的位置变化
            y = vi*sin(theta)*t + 0.5*(-9.8)*t*t;//水平方向上小球的位置变化
            ellipse(x, height-y, 13, 13);//绘制小球
            time = t;
        }
        else { stop = true; }
    }

    float getVx() {
        return vi*cos(theta);              //水平方向上小球的速度变化
    }

    float getVy() {
        return 9.8*time-vi*sin(theta);   //竖直方向上小球的速度变化
    }

    float getX () { return x; }
```

```
    float getY () { return y; }
    float getVi () { return vi; }
    float getTheta() { return theta; }
}
```

第二种方法结合了式(7-22)和式(7-26)，使用向量对抛体运动进行计算。下述代码描述了第二种方法，类似于第一种方法，主要列举了小球的类，以及关于位置等信息更新的函数。完整代码可从本书配套的教学资源包中获取。

```
class Ball {
    PVector V0; //小球的初始速度向量
    float time; //小球运动的时间总和
    PVector position; //小球运动中的位置向量

    Ball(PVector V0In){//初始化
      V0 = V0In.copy();
      position = new PVector();
    }

    void update(float t){ //每次更新的时候需要输入从初始到现在的时间总长
      //检测是否与屏幕边界发生碰撞
      if(position.x >= 0 && position.x <= width && position.y >= 0 && position.y <= height){
        PVector v = V0.copy();
        v.mult(t);//计算v0*Δt
        PVector g = new PVector(0, 9.8);
        g.mult(0.5*t*t); //计算1/2g*(Δt)^2
        position.set(0, height);//小球的初始发射位置
        position.add(PVector.add(v, g));
        ellipse(position.x, position.y, 13, 13);
        time = t;
      }
      else { stop = true; }
    }

    PVector getVel() {//计算小球运动中的速度，(7-22)
      PVector g = new PVector(0, 9.8);
      g.mult(time);
      g.add(V0);
      return g;
    }

    PVector getPosition () { return position; }
    float getSpeed () { return V0.mag(); }
    float getTheta() { return V0.heading(); }
}
```



第二种方法在使用向量对抛体运动进行计算时，与第一种方法相似，使用的是从发射初

始时刻到当前时间的总长。在第三种方法中，可利用计算机一帧一帧地刷新屏幕的特点，结合式(7-25)，利用时间间隔去观察小球的位移。下述代码描述了第三种方法，主要列举了小球的类及关于速度位移等信息更新的函数。完整代码可从本书配套的教学资源包中获取。

```
class Ball {
    PVector V0;                    //小球的初始速度向量
    PVector V;                 //小球运动中的速度向量
    PVector position;          //小球运动中的位置向量

    Ball(PVector V0In){            //初始化
      V0 = new PVector();
      V0 = V0In;
      V = V0.copy();
      position = new PVector(0, height);
    }

    void update(float interval){
      //检测是否与屏幕边界发生碰撞
      if (position.x >= 0 && position.x <= width && position.y >= 0 && position.y
            <= height) {
        PVector g = new PVector(0, 9.8);
        PVector tpV = V.copy();//保留前一个时刻的速度向量
        g.mult(interval); //计算 v0*Δt，参数 interval 是两个观察点之间的时间间隔
        V.add(g); //计算小球运动中当前时刻的速度向量，(7-22)
        g.set(0, 9.8);
        g.mult(0.5*interval*interval); //计算1/2g*(Δt)^2
        tpV.mult(interval);
        tpV.add(g); //两个时间间隔内物体的位移，(7-24)
        position.add(tpV);//小球当前时刻的位置，应该是前一刻的位置再加上这个时间间隔内的位移
        ellipse(position.x, position.y, 13, 13);
      }
      else { stop = true; }
    }

    PVector getVel() {//返回小球运动中当前时刻的速度向量
       return V;
    }

    PVector getPosition () { return position; }
    float getSpeed () { return V0.mag(); }
    float getTheta() { return V0.heading(); }
}
```

第四种方法是第三种方法的进一步简化。在这种方法中，采用了工程化的思想，在编码模拟中用经验数值来代替较为复杂的加速度运算，快速便捷地实现小球的位移。下述代码描

述了第四种方法，主要列举了小球的类及关于速度位移等信息更新的函数。完整代码可从本书配套的教学资源包中获取。

```
class Ball {
    PVector V0;                //小球的初始速度向量
    PVector V;                 //小球运动中的速度向量
    PVector position;          //小球运动中的位置向量

    Ball(PVector V0In){        //初始化
     V0 = new PVector();
     V0 = V0In;
     V = new PVector(V0.x, V0.y);
     position = new PVector(0, height);
    }

    void update(){//检测是否与屏幕边界发生碰撞
     if (position.x >= 0 && position.x <= width && position.y >= 0 && position.y
          <= height) {
       PVector g = new PVector(0, 0.035);//用工程化的思想，对重力加速度取经验值
       V.add(g); //计算小球运动中当前时刻的速度向量
       position.add(V); //计算小球运动中当前时刻的位置向量
       ellipse(position.x, position.y, 13, 13);
     }
     else { stop = true; }
    }

    PVector getVel() {
       return V;
    }

    PVector getPosition () { return position; }
    float getSpeed () { return V0.mag(); }
    float getTheta() { return V0.heading(); }
}
```



## 习题 7

1．游戏场景中，一个球被抛出，做抛物线运动。在初始位置时，它的速度是 150m/s，倾斜角度是 40°，位置是(0, 10)。在不计摩擦力和其他力的影响下，试问：(假设重力加速度 $g = 9.8\text{m/s}^2$。)

(1) 该球在起始位置的速度向量是多少？

(2) 该球何时到达最高点？

(3) 从起始位置开始，球再次回到 $y$=10 的高度时，水平方向上球移动了多少距离？

(4) 从起始位置开始，球要经过多长时间，才能再次回到 $y$=10 的高度？

2．在猫和老鼠中，Tom 在一个高 1.5m 的餐桌上追 Jerry，最后 Jerry 忽然跑开，Tom 以 5m/s 的速度从桌子的边缘落下，则 Tom 落地时水平位移是多少？（假设重力加速度 $g$=9.8m/s$^2$。）

3．粒子运动的路径如下列公式所示：

$$x(t)=\begin{cases}2t-t^2 & (0\leqslant t<2)\\ 0 & (2\leqslant t<4)\\ \sin(\pi t) & (4\leqslant t<7)\\ 7-t & (7\leqslant t)\end{cases}$$

（1）在 $t\in[5.5,6.5]$ 的时间内，粒子的平均速度是多少？

（2）在 $t\in[0,9]$ 的时间内，粒子的平均速度是多少？

（3）在 $t=6.5$ 时，粒子的瞬时速度是多少？

（4）在 $t=0.1$ 时，粒子的加速度是多少？

# 第8章

# 牛顿力学

第 7 章讨论了刚体运动的描述及模拟，包括了速度、加速度及抛体运动等内容。

本章将进一步讨论究竟是什么引起了刚体运动。应用计算思维对经典牛顿力学进行重新理解，然后进行模拟。本章主要包括了以下两方面的内容：

- 8.1 节，主要描述了牛顿三大定律的定义及原理，并且给出了相应的详细模拟过程；
- 8.2 节，主要介绍了力的应用，包含了力的类型、原理及其模拟，其中涉及重力、支持力、摩擦力、风阻力和流体阻力、引力。

## 8.1 牛顿三大定律

在 17 世纪后期，牛顿不仅发现了影响物体运动的三大定律，而且还给出了定量计算它们的方法。

根据对牛顿力学的理解，力是引起带质量的物体产生加速运动的向量。这个概念对后续在程序中模拟力的实现非常有帮助。但是力是怎样影响物体运动的？这还需要从牛顿力学中的经典三大定律开始说起。



### 8.1.1 牛顿第一定律

(1) 原理

牛顿第一定律给出了这样的描述：当物体所受合力为零时，它将保持原有运动状态不变。换句话说，如果是静止的物体，那么它将继续保持静止，直到有其他力改变其状态为止。

如当物体在水平地面上保持不动时，重力使物体向下运动，地面对物体的支持力使物体向上运动，二者合力为零，所以物体能保持静止状态。而在地上滚动的球速度会越来越慢，直到最后停下，球的合力不为零，地面对球的摩擦力使球最终停下。

**【例 8-1】** 在冰上曲棍球游戏中，冰面摩擦力忽略不计，一名球员击中球，球的初速度为 [5 15]，10s 后球的速度是多少(没有相撞)？

解答：没有摩擦力，球所受的合外力为零，所以小球仍然保持匀速运动不变。

(2) 模拟

通常将物体所受合外力为零的情况，称为物体保持平衡状态。

在 Processing 中，假定物体的运动速度用 PVector 来定义。因此，牛顿第一定律可以理解为，如果物体处于平衡状态，那么它的 PVector 速度向量保持不变。

### 8.1.2 牛顿第二定律

(1) 原理

如果物体所受合力不为零，这样牛顿第一定律就无法遵守了，那么物体的运动将会怎样改变呢？牛顿第二定律将会告诉我们，合外力对物体的运动产生怎样的影响。

牛顿第二定律给出了式(8-1)，其中向量 $\boldsymbol{F}$ 描述的是物体所受合外力，向量 $\boldsymbol{a}$ 描述了物体的加速度，而 $m$ 则是物体的质量：

$$\boldsymbol{F} = m\boldsymbol{a} \tag{8-1}$$

这条定律说明了两点：第一，物体受到外力作用时，它所获得的加速度的大小与合外力的大小成正比，与物体的质量成反比，加速度的方向与合外力的方向相同；第二，力的叠加原理，几个力同时作用在一个物体上所产生的加速度 $\boldsymbol{a}$，等于各个力单独作用时所产生加速度的向量和。

利用牛顿第二定律，可根据质量和合力计算物体的加速度，即将式(8-1)转化为式(8-2)：

$$\boldsymbol{a} = \boldsymbol{F}/m \tag{8-2}$$

**【例 8-2】** 如图 8-1 所示，求物体的加速度为多少？

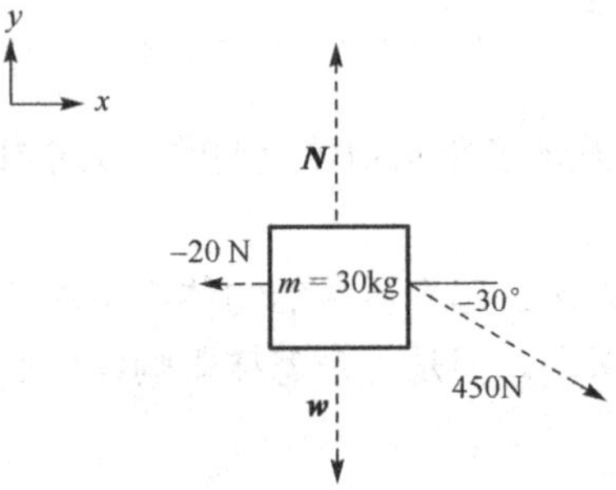


图 8-1　示意图

解答：

第一步，求解物体所受的合力，并用向量来表示：

(1) 重力 $\boldsymbol{w}$：$\boldsymbol{w} = m\boldsymbol{g} = 30[0\ \ -9.8] = [0\ \ -294]$

(2) 拉力 $\boldsymbol{F}_{\mathrm{R}}$：$\boldsymbol{F}_{\mathrm{R}} = [450\cos(-30°)\ \ 450\sin(-30°)] \approx [389.7\ \ -250]$

(3) 支持力 $\boldsymbol{N}$：$\boldsymbol{N} = -(\boldsymbol{w} + \boldsymbol{F}_{\mathrm{Ry}}) = -([0\ \ -294] + [0\ \ -250]) = [0\ \ 544]$（$\boldsymbol{F}_{\mathrm{Ry}}$ 是拉力在竖直方向上的分量）

(4) 摩擦力 $\boldsymbol{F}_{\mathrm{K}}$：$\boldsymbol{F}_{\mathrm{K}} = [-20\ \ 0]$

(5) 合外力 $\boldsymbol{F}$：$\boldsymbol{F} = \boldsymbol{w} + \boldsymbol{F}_{\mathrm{R}} + \boldsymbol{N} + \boldsymbol{F}_{\mathrm{K}} = [0\ \ -294] + [389.7\ \ -250] + [0\ \ -544] + [-20\ \ 0] = [369.7\ \ 0]$

第二步，求解物体的加速度，并用向量来表示：

$$\boldsymbol{a} = \boldsymbol{F}/m = \frac{1}{30}[369.7\ \ 0] \approx [12.32\ \ 0]$$

(2) 模拟

在 Processing 中，牛顿第二定律是对物体运动进行模拟实现时最重要的定律。

为了更清楚地描述小球的运动，建立了一个类 Mover，如下述代码所示，该类中有三个重要的向量，分别描述了小球运动的位置、速度和加速度。

```
class Mover {
    PVector location;           //位置向量
    PVector velocity;           //速度向量
    PVector acceleration;       //加速度向量
}
```

根据牛顿第二定律，为了能把风力或者重力应用在小球上，需要进行这样地编码，如：

```
mover.applyForce(wind);  或者 mover.applyForce(gravity);
```

考虑到牛顿第二定律体现了力的累加原理，所以实现函数 applyForce 如下述代码所示：

```
void applyForce(PVector force) {
    //每次调用函数时，都在加速度向量想加上外力 force
    acceleration.add(force);
}
```

为了更精确地描述牛顿第二定律，在类的声明中设计了一个 float 型变量 mass 用于描述小球的质量，如下述代码所示：

```
class Mover {
    PVector location;           //位置向量
    PVector velocity;           //速度向量
    PVector acceleration;       //加速度向量
    float mass;                 //物体质量
}
```

注意变量 mass 是个标量值，在 Processing 中用于表述物体相对质量大小的数值，这里无须对它进行非常精确地定义或者求解，而只需给它一个如 10.0 这样的数值用于模拟即可，例如 Mover 的构造函数可设计为下述代码：

```
Mover() {
    location = new PVector(random(width),random(height));
    velocity = new PVector(0,0);
    acceleration = new PVector(0,0);
    mass = 10.0;
}
```

函数 applyForce 中也将加入变量 mass，改造后如下述代码所示：

```
void applyForce(PVector force) {
    //完整的牛顿第二定律实现，包含了力的累加和质量
    //对外力先备份再使用，注意该实现方法不是唯一解
    PVector f = force.get();
    f.div(mass);
    acceleration.add(f);
}
```

下述代码给出了小球类完整的定义：

```
class Mover {

    PVector location;
    PVector velocity;
    PVector acceleration;
    float mass;

    Mover() {
```

```
    mass = 10;
    location = new PVector(30,30);
    velocity = new PVector(0,0);
    acceleration = new PVector(0,0);
  }

  //牛顿第二定律
  void applyForce(PVector force) {
    PVector f = PVector.div(force,mass);
    acceleration.add(f);
  }

  void update() {
    //线性运动
    velocity.add(acceleration);
    location.add(velocity);
    //注意每次都要重置加速度
    acceleration.mult(0);
  }

  void display() {
    stroke(0);
    fill(175);
    //根据质量来设计球的大小
    ellipse(location.x,location.y,mass*16,mass*16);
  }

  //检测与屏幕边缘的碰撞
  void checkEdges() {
    if (location.x > width) {
      location.x = width;
      velocity.x *= -1;
    } else if (location.x < 0) {
      velocity.x *= -1;
      location.x = 0;
    }

    if (location.y > height) {
      velocity.y *= -1;
      location.y = height;
    }
  }
}
```

### 8.1.3　牛顿第三定律

(1)原理

牛顿第三定律给出了这样的描述：当物体 *A* 以力 ***F*** 作用在物体 *B* 上时，物体 *B* 也必定同时以力 –***F*** 作用在物体 *A* 上，两力作用在同一直线上，大小相等，方向相反。也就是说，当两个物体相互碰撞时，它们之间就会产生大小相等、方向相反的一对作用力。

正如图 8-2 所示，如果穿着溜冰鞋去推静止的卡车，这个时候推者会从卡车这边获得加速的力，而卡车则保持静止。为何是推者滑开而非卡车移动？对于推者而言，根据牛顿第三定律，他推卡车，卡车也给他了一个反推力，而溜冰鞋与地面的摩擦力很小，所以他得到的反推力远大于摩擦阻力，会得到一个加速度而滑开。卡车尽管得到了一个推力，但是它的质量相对大很多，所以地面对它的阻力远大于推力。

图 8-2　穿着溜冰鞋推卡车

(2)模拟

在 Processing 中，假定 PVector 变量 f 描述了物体 *A* 作用在物体 *B* 上的力，那么物体 *B* 反作用在物体 *A* 上的力，可通过这样的语句来实现：PVector.mult(f,-1);

在 Processing 编码实践的过程中，如果有模拟物体之间的引力等情况，常用上述方法来实现，具体案例将在 8.2 节中具体介绍。

需要注意的是，在实际模拟中，只需利用自然界的物理规律帮助大家解决问题，而并不需要考虑到所有情况。比如当模拟风力对小球运动的影响时，只需关心风对小球的作用力，而无须再去考虑小球对风的反作用力。

## 8.2　力

在结合牛顿三大定律了解了力是怎样让物体运动起来后，再回过头来看一看力这个概念本身。

当准备模拟物体的运动时，首先要对目标物体进行受力分析。物体的受力决定了它的运动模式。有些力是显而易见的，比如抛体运动中物体受到的重力、游戏场景中玩家举起武器或者踢打敌人等。但是有些力不容易观察到，比如空气阻力、摩擦力等。

下文将对几种常见的力进行分析，并且进行模拟。

### 8.2.1 重力与支持力

(1)原理

重力是物体所受地球引力的一个分量。这里假设物体的质量为 $m$，重力为 $w$，重力加速度为 $g$，则重力可表述为式(8-3)：

$$w = mg \tag{8-3}$$

与重力相关的，有一个非常重要的概念——支持力。由于支撑面发生形变，对被支持的物体产生的弹力，通常称为支持力。支持力可以用 $N$ 来表示。支持力的方向总是垂直于物体所在的面(支持面)而指向受力物体的方向。

**【例 8-3】** 一辆汽车停在平坦的水平地面上，它的重量是 1.5t，需要多大的力才能支持住它($g=\begin{bmatrix}0 & -9.8\end{bmatrix}$)？

解答：$N=-w=-mg=-1500\begin{bmatrix}0 & -9.8\end{bmatrix}=\begin{bmatrix}0 & 14700\end{bmatrix}$

**【例 8-4】** 重量为 250g 的球在倾角为 30° 的斜面上滚动，如图 8-3 所示，它受到的支持力大小是多少($g=\begin{bmatrix}0 & -9.8\end{bmatrix}$)？



解答：

$$w=mg=0.25\begin{bmatrix}0 & -9.8\end{bmatrix}=\begin{bmatrix}0 & -2.45\end{bmatrix}$$

$$N=-\cos 30°\,\|w\| \approx 2.45\times 0.866 \approx 2.12$$

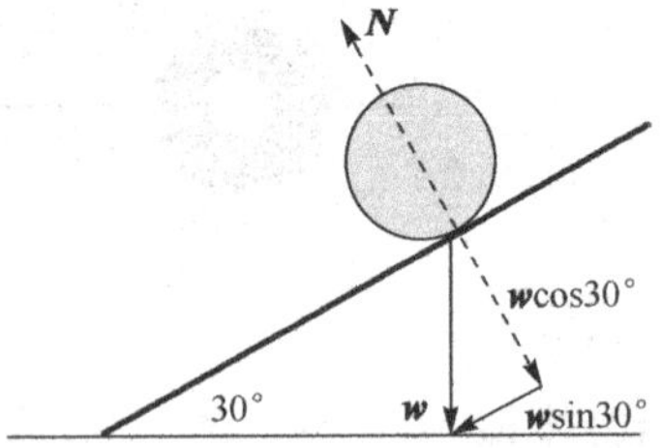

图 8-3 球与斜面

(2)模拟

Processing 的世界是一个意象中的像素世界。在这样的世界中，对于重力的模拟无法用真实物理世界的重力加速度来进行精确仿真，但是可由下述代码模拟。

```
PVector gravity = new PVector(0,0.1*m);
```

正如图 8-4 所示，这样的重力模拟还是非常充分地表述了重力的实质，即物体的重力与质量成正比。完整的代码可从本书配套的教学资源包中获取。

```
for (int i = 0; i < movers.length; i++) {

   PVector wind = new PVector(0.001,0);
   float m = movers[i].mass;
   //将物体的重力与质量建立正比联系，使得模拟更为精确
   PVector gravity = new PVector(0,0.1*m);
   movers[i].applyForce(gravity);

   movers[i].update();
   movers[i].display();
   movers[i].checkEdges();
 }
```

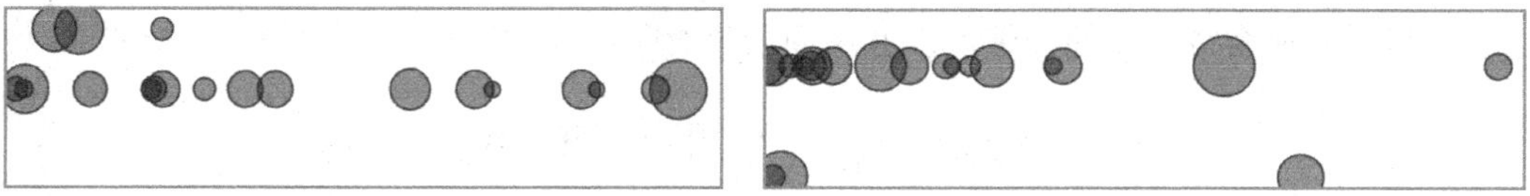

图 8-4 上述代码的运行效果：在重力作用下不停运动的多个小球

### 8.2.2 摩擦力

(1)原理

阻碍物体相对运动(或相对运动趋势)的力叫做摩擦力。摩擦力的方向与物体相对运动(或相对运动趋势)的方向相反。摩擦力在很多游戏中起着非常重要的作用，比如赛车游戏中不同场景里的地面因其摩擦力不同导致赛车打滑的程度不同。

摩擦力分为静摩擦力和滑动摩擦力。静摩擦力可以使物体保持稳定的状态，而滑动摩擦力可以使物体减速。当物体相对于接触面滑动时，物体会受到接触面对它的阻力，其方向与滑动的速度方向相反。滑动摩擦力与正压力成正比，与表面接触面积无关。

游戏的编程更关心滑动摩擦力，它可用式(8-4)来进行描述，其中 $\boldsymbol{F}_{\mathrm{K}}$ 代表了摩擦力向量，$\mu$ 代表了摩擦系数(物体表面越光滑越摩擦系数越小)，$\hat{\boldsymbol{V}}$ 代表了当前物体运动速度的单位向量，$N$ 代表了正压力的大小。

$$\boldsymbol{F}_{\mathrm{K}} = -\mu N\hat{\boldsymbol{V}} \tag{8-4}$$

**【例 8-5】** 假如在一个冰雪游戏世界中，圣诞老人拉着雪橇在冰面上向前滑行，如图 8-5 所示，绳子的倾斜角为 30°。圣诞老人用 100N 的力拉雪橇，如果雪橇负重 50kg，且水平向前运动。问雪橇所受的合外力为多少？加速度为多少(假设冰的滑动摩擦系数 $\mu_k$ 为 0.02)？

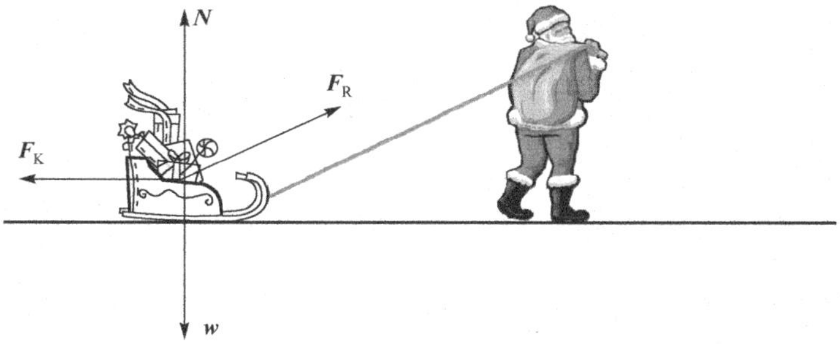


图 8-5 示意图

解答：当前的参考坐标系 $x$ 轴正方向为水平向右，$y$ 轴正方向为竖直向上。

第一步，求解雪橇所受的合外力，并用向量来表示：

(1)重力 $\boldsymbol{w}$： $\boldsymbol{w} = m\boldsymbol{g} = 50[0 \quad -9.8] = [0 \quad -490]$

(2)拉力 $\boldsymbol{F}_{\mathrm{R}}$： $\boldsymbol{F}_{\mathrm{R}} = [100\cos30° \quad 100\sin30°] \approx [86.6 \quad 50]$

(3)支持力 $\boldsymbol{N}$: $\boldsymbol{N} = -\boldsymbol{w} - \boldsymbol{F}_{\mathrm{R}y} = [0 \quad 490] - [0 \quad 50] = [0 \quad 440]$ ($\boldsymbol{F}_{\mathrm{R}y}$ 是拉力在竖直方向上的分量)

(4)滑动摩擦力 $\boldsymbol{F}_{\mathrm{K}}$： $\boldsymbol{F}_{\mathrm{K}} = -\mu_k \times \|\boldsymbol{N}\| \times [1 \quad 0] = [-\mu_k \times 440 \quad 0] = [-8.8 \quad 0]$ (物体的运动速度单位向量为 $[1 \quad 0]$)

(5)合外力 $\boldsymbol{F}$： $\boldsymbol{F} = \boldsymbol{w} + \boldsymbol{F}_{\mathrm{R}} + \boldsymbol{N} + \boldsymbol{F}_{\mathrm{K}} = [0 \quad -490] + [86.6 \quad 50] + [0 \quad 440] + [-8.8 \quad 0] = [77.8 \quad 0]$

第二步，求解雪橇运动的加速度，并用向量来表示：

$$\boldsymbol{a} = \boldsymbol{F}/m = \frac{1}{50}[77.8 \quad 0] = [1.556 \quad 0]$$

(2)模拟

在 Processing 的像素世界中，为了模拟摩擦力，需要将式(8-4)分解成两部分。

首先，确定摩擦力的方向，即 $-\hat{\boldsymbol{V}}$，用下述代码来进行模拟。

```
PVector friction = velocity.get();//先取速度向量
friction.normalize();//进行单位化
//摩擦力的方向是速度单位向量的负向量
friction.mult(-1);
```

然后确定摩擦系数。虽然无法在 Processing 世界中用真实世界的摩擦系数来进行计算，但是可以根据仿真的需求来对摩擦系数进行假设，比如在下述代码中，假设了摩擦系数 c。

```
float c = 0.01;
```

接下来，再来确定正压力 $\boldsymbol{N}$ 的大小。通过上 8.2.1 节的案例，可知在真实世界中的正压力计算会较为复杂，甚至牵扯到角度及三角函数计算。但是在 Processing 世界中，为了简化模拟，可忽略这些细节计算，而简单地将正压力的大小设定为 1，如下述代码所示。当然在具体案例中，可将正压力的大小设计得更为复杂。



```
float normal = 1;
```

最后，把上述代码合在一起，实现摩擦力的完整模拟，其运行效果如图 8-6 所示。完整的源代码可从本书配套的教学资源包中获取。

```
float c = 0.01;
float normal = 1;
//先设定摩擦力的大小
float frictionMag = c*normal;

//确定摩擦力的方向
PVector friction = velocity.get();
friction.mult(-1);
friction.normalize();

//将方向和大小进行结合，这就是最终的摩擦力
friction.mult(frictionMag);
```

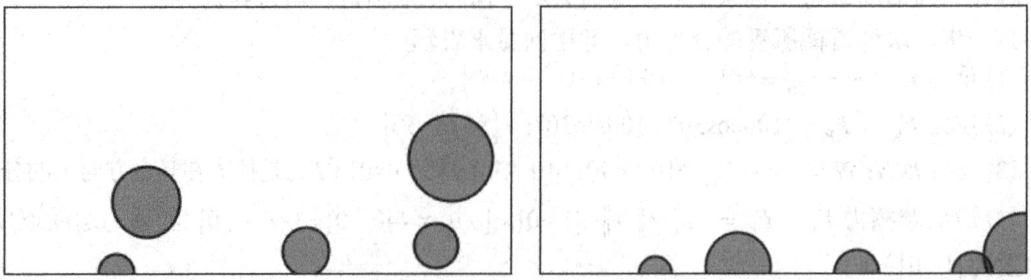

图 8-6　上述代码的运行效果：运动的小球会因为摩擦力最后停止在地面上

### 8.2.3 风阻力和流体阻力

(1)原理

运动的物体在风或者流体中也会遭遇到摩擦力，但是通常用另外的名字来命名这种力，比如风力、粘性力、拖曳力、流体阻力等，如图 8-7 所示。

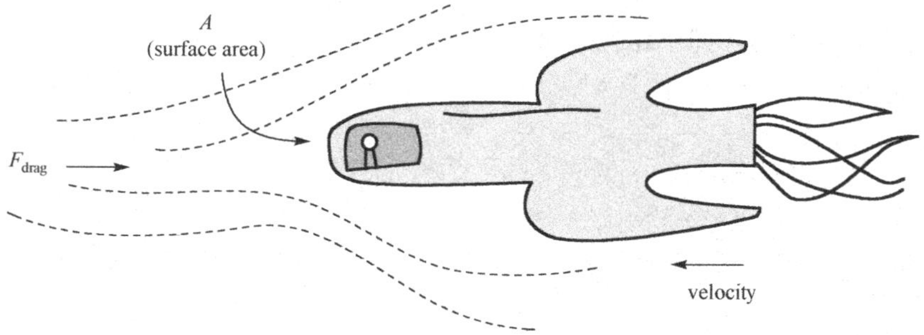


图 8-7 风阻力对物体运动的影响



这样的阻力可以用式(8-5)来进行表示：

$$\boldsymbol{F}_{\mathrm{d}} = -\frac{1}{2}\rho v^2 A C_{\mathrm{d}} \hat{\boldsymbol{V}} \tag{8-5}$$

其中，向量 $\boldsymbol{F}_{\mathrm{d}}$ 代表了阻力，$\rho$ 代表了流体的密度，$v$ 代表了物体运动速率大小，$A$ 代表了物体面向流体或者风力的正面面积，$C_{\mathrm{d}}$ 代表了阻力系数(类似于滑动摩擦力系数)，$\hat{\boldsymbol{V}}$ 代表了当前物体运动速度的单位向量。

(2)模拟

在 Processing 世界中，模拟风阻力或者流体阻力时，对式(8-5)可以进行简化运算。

常量“$-\frac{1}{2}$”对于 Processing 编码来说并没有太大意义，但是负号“–”会对力的方向产生影响，所以这里可以忽略数值 $\frac{1}{2}$，但是需要保留负号“–”。

密度 $\rho$ 在模拟时也做了简化处理，在 Processing 代码中将它设置为常量 1。

面积参数 $A$ 在 Processing 世界的基本仿真中也可以忽略不计，因为通常假设物体为球体。

速率大小 $v$ 可通过对物体当前速度向量求解模长来计算。

经过上述的简化，可将式(8-5)简化为式(8-6)：

$$\boldsymbol{F}_{\mathrm{d}} = \|\boldsymbol{V}\|^2 \cdot C_{\mathrm{d}} \cdot (-1 \cdot \hat{\boldsymbol{V}}) \tag{8-6}$$

由式(8-6)进行模拟，可得代码如下所示：

```
float c = 0.1;//参数Cd
float speed = v.mag();
//式(8-6)的前半部分：‖V‖² * Cd
float dragMagnitude = c * speed * speed;
//式(8-6)的后半部分：-1 * V̂
PVector drag = velocity.get();
```

```
drag.mult(-1);
drag.normalize();
//将两部分代码合成
drag.mult(dragMagnitude);
```

由于阻力系数 $C_d$ 是由流体（或者风）的特性决定的，是流体（或者风）的某种属性。因此借用面向对象思想，为了更方便模拟，下文中设计了一个类 Liquid，它不仅包含了阻力系数 $C_d$ 还描述了其显示的形状信息，如下述代码所示。

```
class Liquid {
    float x,y,w,h;
    float c;//阻力系数Cd

    Liquid(float x_, float y_, float w_, float h_, float c_) {
      x = x_;
      y = y_;
      w = w_;
      h = h_;
      c = c_;
    }

    void display() {
      noStroke();
      fill(175);
      rect(x,y,w,h);
    }
}
```



而下述代码则显示了主程序是如何定义一个 liquid 对象的。

```
Liquid liquid;

void setup() {
    liquid = new Liquid(0, height/2, width, height/2, 0.1);
}
```

当小球落入流体中，它才会受到流体阻力。所以在描述流体的 Liquid 类定义中，还需要增加一个函数 contains 来判断球是否进入流体的边界内，如果进入再对球施加流体阻力，该函数的实现如下述代码所示。

```
boolean contains(Mover m) {
    PVector l = m.location;
    //根据流体 l 定义的形状边界来进行判断
    return l.x > x && l.x < x + w && l.y > y && l.y < y + h;
 }
```

而下述代码则展示了进行改造后的函数 drag。

```
PVector drag(Mover m) {
```

```
//式(8-6)的前半部分：‖v‖² * C_d
float speed = m.velocity.mag();
    float dragMagnitude = c * speed * speed;

    PVector dragForce = m.velocity.get();
    dragForce.mult(-1);

    //式(8-6)的后半部分：-1 * v̂
    dragForce.normalize();
    dragForce.mult(dragMagnitude);
    return dragForce;
}
```

最后的实现如下述代码所示，只要在流体边界内就可以实现对不同质量的球体所受的流体阻力的模拟，其运行效果如图 8-8 所示。

```
if (liquid.contains(mover)) {
    //计算阻力
    PVector dragForce = liquid.drag(mover);
    //应用阻力
    mover.applyForce(dragForce);
}
```

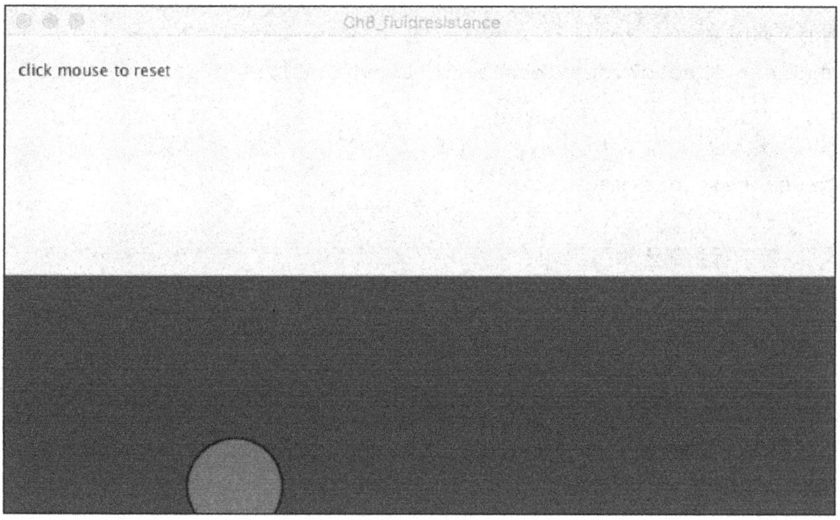


图 8-8 上述代码的运行效果

## 8.2.4 引力

(1) 原理

任何物体之间都有相互吸引力，这个力的大小与各个物体的质量成正比，而与它们之间的距离的平方成反比，这就是引力。引力描述了具有质量的物体之间加速靠近的趋势。最有名的引力莫过于地心引力，即重力。

任意两个物体之间的引力，可用式(8-7)来表示，正如图 8-9 中所示。

$$\boldsymbol{F}_g = \frac{Gm_1m_2}{R^2}\hat{\boldsymbol{R}} \tag{8-7}$$

其中，$\boldsymbol{F}_g$ 代表了引力，$G$ 代表了引力常量，$m_1$、$m_2$ 分别代表了两个互相吸引的物体质量，$\hat{\boldsymbol{R}}$ 是从物体 $m_1$ 指向物体 $m_2$ 的单位向量，而 $R$ 则是两个物体之间的距离。

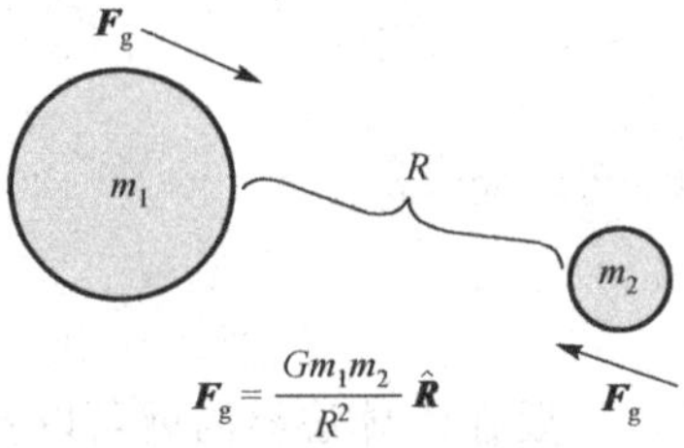


图 8-9　物体间的引力

(2)模拟



在 Processing 世界中模拟引力时，对于式(8-7)中涉及的几个变量，同样需要进行简化。

这里假设物体 $m_1$ 和物体 $m_2$ 分别用 PVector 变量 location1 和 location2 来描述各自所在的位置，那么单位向量 $\hat{\boldsymbol{R}}$ 代表了这两个位置之间的单位向量，而 $R$ 代表了这两个位置之间的距离。式(8-7)即可用下面代码来进行模拟。

```
//物体间的方向向量
PVector dir = PVector.sub(location1,location2);

//物体间的距离大小
float distance = dir.magnitude();

//计算式(8-7)的标量部分
float strength = (G * mass1 * mass2) / (distance * distance);

//将方向向量单位化后完成式(8-7)的计算
dir.normalize();
PVector force = dir.get();
force.mult(strength);
```

为了能更为便捷地描述引力的实现，首先假设两个物体在相互吸引时，其中一个是固定的，如图 8-10 所示。

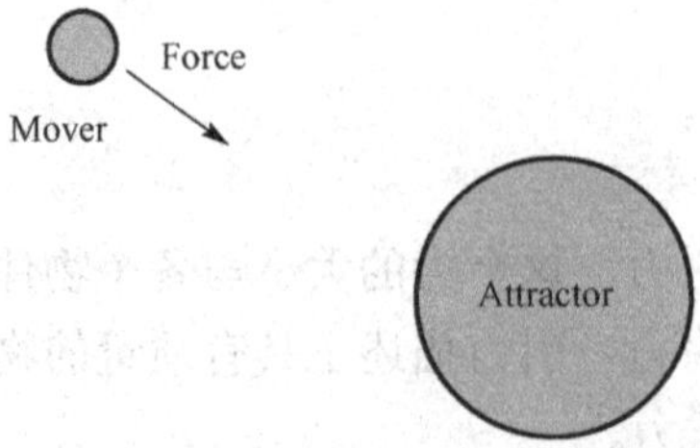


图 8-10　两球互相吸引时 Attractor 位置固定

为此，在下述代码中设计并实现了一个 Attractor 类，用于描述固定位置的物体，并确定引力大小。

```
class Attractor {
    float mass;//质量
    PVector location; //位置
    float G;//引力常量

    Attractor() {
      location = new PVector(width/2,height/2);
      mass = 20;
      G = 0.4;
    }

    PVector attract(Mover m) {
      //物体间的方向向量
      PVector dir = PVector.sub(location,m.location);

      //物体间的距离大小
      float distance = dir.magnitude();
      //用于控制反作用力的大小，以免旋转者飞出屏幕边界
      distance = constrain(distance,5.0,25.0);

      //计算式(8-7)的标量部分
      float strength = (G * mass * m.mass) / (distance * distance);

      //将方向向量单位化后完成(8-7)的计算
      dir.normalize();
      PVector force = dir.get();
      force.mult(strength);
      return force;
    }

    void display() {
      stroke(0);
      fill(175,200);
      ellipse(location.x,location.y,mass*2,mass*2);
    }
}
```

而下述的代码则表述了如何调用 Attractor 类来模拟小球在固定球的引力作用下的旋转运动，其运行效果如图 8-11 所示。完整代码可从本书配套的教学资源包中获取。

```
Mover m;//运动的小球
Attractor a;//中间固定的小球

void setup() {
    size(640,360);
```

```
    m = new Mover();
    a = new Attractor();
}

void draw() {
    background(255);

    //将 a 上面的引力作用在 m 上
    PVector force = a.attract(m);
    m.applyForce(force);
    m.update();

    a.display();
    m.display();
}
```



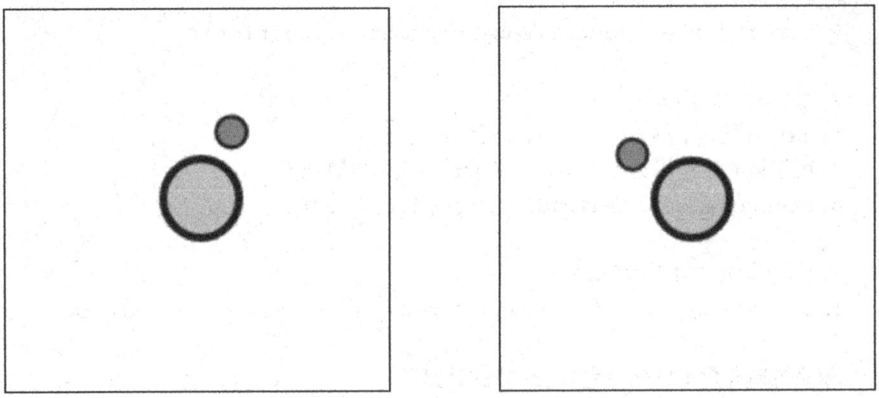

图 8-11　上述代码的运行效果：中间位置为 Attractor a，绕着 a 不停旋转的为 Mover m

进一步，也可以在两个运动的物体之间描述彼此间的引力。下述代码表述了如何改造 Mover 类来模拟小球自身的引力作用，其运行效果如图 8-12 所示。完整代码可从本书配套的教学资源包中获取。

```
class Mover {
    PVector location;
    PVector velocity;
    PVector acceleration;
    float mass;

    Mover(float m, float x, float y) {
      mass = m;
      location = new PVector(x, y);
      velocity = new PVector(0, 0);
      acceleration = new PVector(0, 0);
    }

    void applyForce(PVector force) {
      ……
```

```
    }

    void update() {
      ......
    }

    void display() {
      ......
    }

    PVector attract(Mover m) {
      PVector force = PVector.sub(location, m.location);
      float distance = force.mag();
      distance = constrain(distance, 5.0, 25.0);
      force.normalize();
      float strength = (g * mass * m.mass) / (distance * distance);
      force.mult(strength);
      return force;
    }

    void checkEdges() {
      ......
    }
}
```

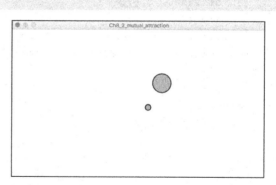

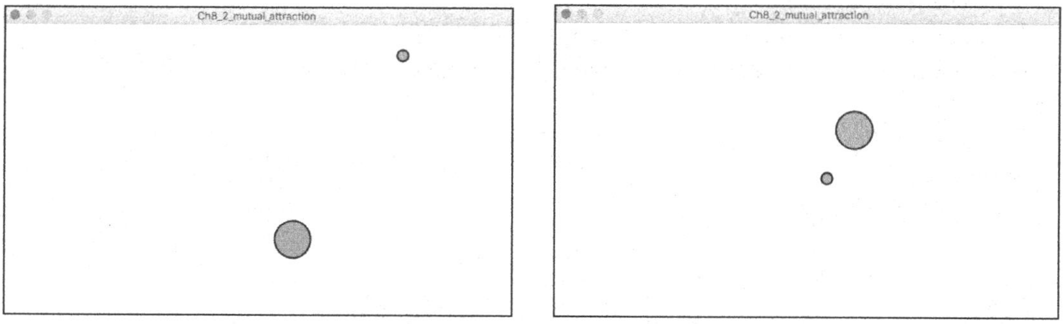


图 8-12　上述代码的运行效果：两个互相吸引并运动的球

## 习题 8

1. 在 Processing 中模拟小球在风力作用下的运动。请在下面原代码的基础上进行改造，实现小球在风力作用下运动。假定风力的方向是沿着 $x$ 轴，值可任意设定。

```
PVector position;
PVector velocity;
float mass = 10;

void setup() {
```

```
    size(800, 500);
    frameRate(25);
    position = new PVector(100, 50);                          //小球初始位置
    velocity = new PVector(random(1, 2), random(2, 3));       //小球初始速度
}

void draw() {
    background(44);

    position.add(velocity);

    noStroke();
    fill(255);
    ellipse(position.x, position.y, mass, mass);
}
```

2．在 Processing 中模拟小球在重力作用下的自由下落。请在下面原代码的基础上进行改造，实现小球在重力作用下运动。假定重力的方向是沿着 $y$ 轴，值可任意设定。



```
PVector position;
PVector velocity;
float mass = 10;

void setup() {
    size(800, 500);
    frameRate(25);
    position = new PVector(100, 50);//小球初始位置
    velocity = new PVector(random(1, 2), random(2, 3)); //小球初始速度
}

void draw() {
    background(44);

    position.add(velocity);

    noStroke();
    fill(255);
    ellipse(position.x, position.y, mass, mass);
}
```

# 第9章

# 动量和碰撞

第 8 章回忆了经典牛顿力学，包括了牛顿力学及主要的力(重力与支持力、摩擦力、风阻力和流体阻力、引力)，然后用计算思维重新诠释了这些基本原理，并且在 Processing 平台上进行了模拟。

本章将讨论游戏中最常见的碰撞，包括是什么引起了物体的碰撞，又分为哪些类型，内容安排如下：

- 9.1 节，主要介绍了与静止物体的碰撞的产生原理，包括了轴对齐向量反射与非轴对齐向量反射，并且讨论了这种类型碰撞的模拟；
- 9.2 节，详细介绍了动量定律在碰撞中的应用，从原理到模拟；
- 9.3 节，主要分析了线性碰撞建模的原理及其特性，包括了弹性碰撞模型及非对心碰撞模型，重点描述了其模拟的过程。

## 9.1 与静止物体的碰撞



在虚拟世界中，物体与物体的碰撞无处不在。最简单的一种碰撞情况，就是两个物体发生碰撞时，一个物体是运动的而另一个物体是静止的，比如台球游戏中台球撞到固定边界。在这种与静止物体的碰撞中，一般使用向量反射来研究物体的运动，因为这种运动存在着对称性，即碰撞时运动物体的入射角等于反射角，如图 9-1 所示，碰撞入射角 $\theta_i$ 和反射角 $\theta_r$ 是相等的。

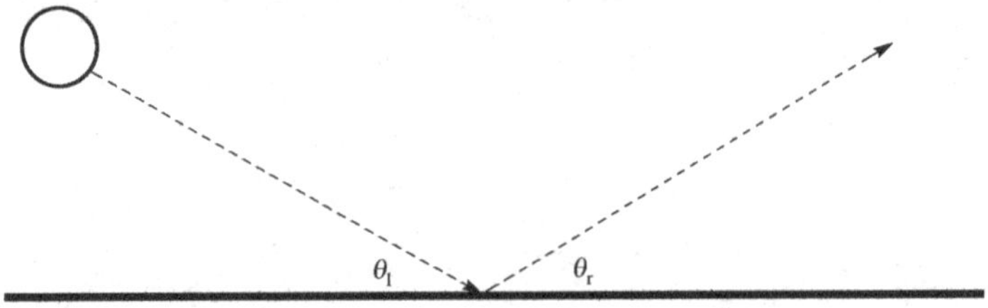


图 9-1 运动的球与静止边界的碰撞

以运动的小球与固定边界发生碰撞为例，将运动小球与静止的固定边界发生的碰撞反射分为两种情况：第一种情况最简单，即固定边界与坐标轴平行，称为轴对齐向量反射；另一种情况，固定边界与坐标轴不平行，称为非轴对齐向量反射。下文将对这两种情况进行详细描述。

### 9.1.1 轴对齐向量反射

(1) 定义

当固定边界与坐标轴平行时，运动小球与固定边界的碰撞反射，称为轴对齐向量反射。假设小球在碰撞瞬间的入射速度向量为 $\boldsymbol{V}_i$，$\boldsymbol{V}_i = \begin{bmatrix} V_{ix} & V_{iy} \end{bmatrix}$。

如果固定边界与 $y$ 轴平行，即其为竖直方向的，如图 9-2 所示，那么碰撞后的反射速度向量 $\boldsymbol{V}_f$ 用式(9-1)进行表述：

$$\boldsymbol{V}_f = [-V_{ix} \quad V_{iy}] \tag{9-1}$$

如果固定边界与 $x$ 轴平行，即其为水平方向的，如图 9-3 所示，碰撞后的反射速度向量用式(9-2)进行表述：

$$\boldsymbol{V}_f = [V_{ix} \quad -V_{iy}] \tag{9-2}$$

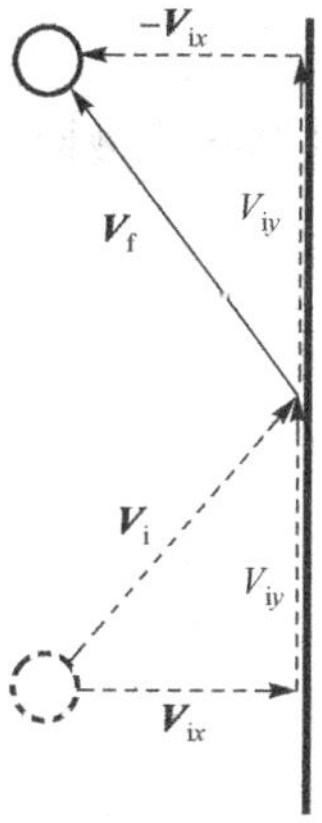


图 9-2　固定边界与 $y$ 轴平行时的碰撞反射

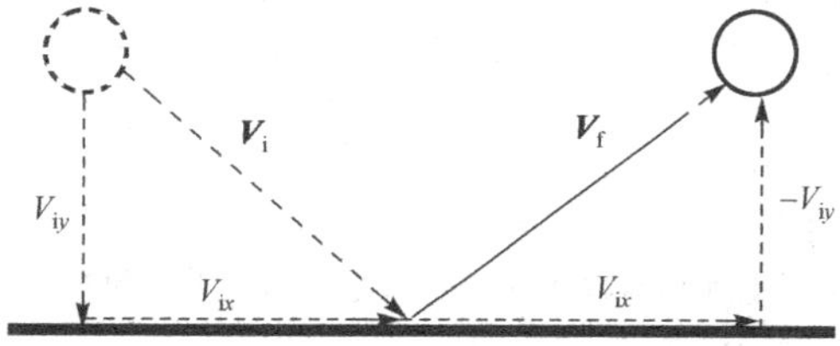


图 9-3　固定边界与 $x$ 轴平行时的碰撞反射

**【例 9-1】** 如果在“埃及打砖块”游戏中(如图 9-4)，球的速度为[37　−80]，则球碰到接盘后的速度是多少？

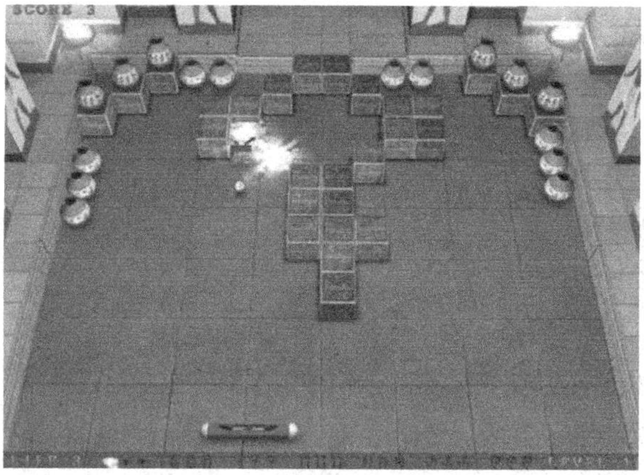

图 9-4　“埃及打砖块”游戏

解答：球遇到水平方向上的接盘，因此它的速度的水平分量不变，竖直分量反向，所以速度变为[37　80]，如图 9-5 所示。

图 9-5　“埃及打砖块”游戏中球的速度变化图解

(2) 模拟

在 Processing 世界中，这种情况的碰撞非常常见。尤其是和屏幕边界的碰撞，大多数都是通过轴对齐向量反射求解出碰撞后的速度向量。

这种情况的模拟也是较为容易实现的，如下述代码所示。

```
void checkCollisionWithEdges(){
    //小球和屏幕的右边界或者左边界发生碰撞时
    if (pos.x > width-rad || pos.x < rad) {
      vel.x *= -1;
    }
    //小球和屏幕的底边界或者顶边界发生碰撞时
    if (pos.y > height-rad || pos.y < rad) {
      vel.y *= -1;
    }
}
```

函数 checkCollisionWithEdges 用于检测白色小球是否和屏幕边界发生碰撞，图 9-6 展示了运动的小球及其和屏幕边界的碰撞反射。值得注意的是，在碰撞反射的模拟时需要考虑小球的半径，否则就会发生小球穿过边界再发生反弹的奇怪现象。完整代码和效果可从本书配套的教学资源包中获取。



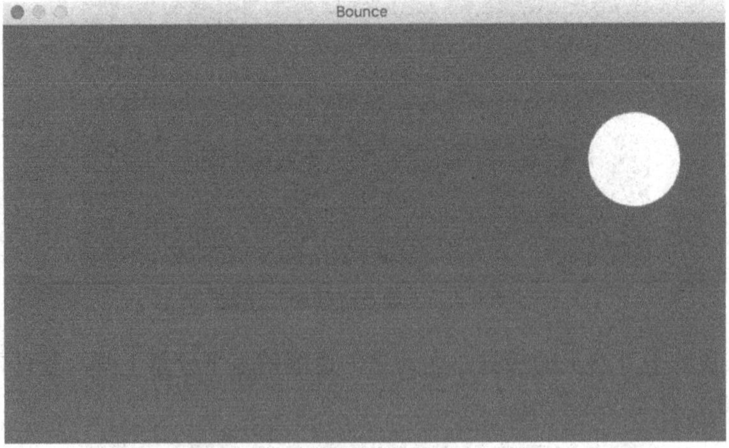


图 9-6　上述代码的运行效果图

### 9.1.2　非轴对齐向量反射

上文中已经讨论并实现了特殊情况下利用轴对齐向量反射求解出碰撞后的速度向量，下文中将开始讨论在任意情况下如何利用非轴对齐向量反射求解出碰撞后的速度向量。

(1) 定义

假设运动小球与任意固定边界碰撞后反弹，此时固定边界不与坐标轴平行，将这种情况下的碰撞反弹称为非轴对齐向量反射。假设小球在碰撞瞬间的入射速度向量为 $\boldsymbol{V}_{\mathrm{i}}$，$\boldsymbol{V}_{\mathrm{i}} = \begin{bmatrix} V_{\mathrm{ix}} & V_{\mathrm{iy}} \end{bmatrix}$，反射后的速度向量为 $\boldsymbol{V}_{\mathrm{f}}$，静止的固定边界为 $\boldsymbol{B}$(其斜率为 $\Delta y/\Delta x$)，如图 9-7 所示，需要注意的是入射角等于反射角。

对于反射速度向量$V_f$的求解，需要借助于垂直于固定边界的法向$N$，如图 9-8 所示。因为固定边界的斜率为$\Delta y/\Delta x$，所以利用相互垂直的两两直线斜率乘积为−1 的特点，计算出法向$N$的斜率为$-\Delta x/\Delta y$。为了简化描述，将法向$N$标记为$N=[\Delta y \quad -\Delta x]$。然后将法向$N$单位化，单位化后的法向记为$\hat{N}$。

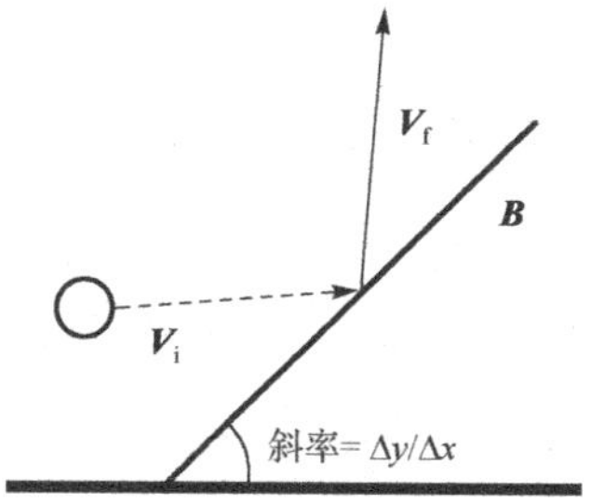


图 9-7　碰撞反射：非轴对齐向量反射

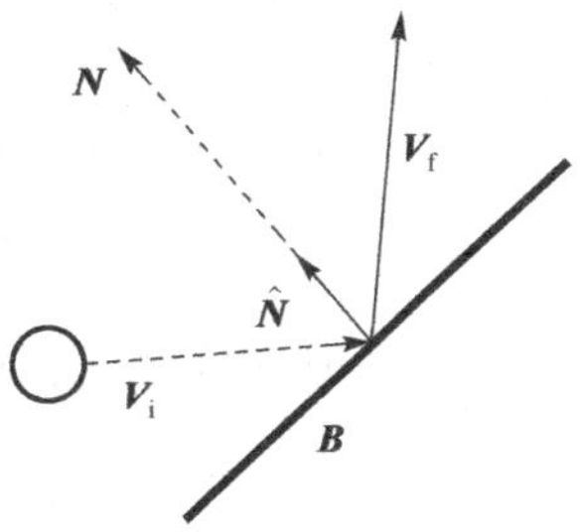


图 9-8　构造垂直于固定边界的法向$N$

下文将利用点乘与向量投影的关系来求解反射向量。不过首先需要做的是将入射速度向量$V_i$进行翻转，用$-V_i$来进行描绘，如图 9-9 所示。将向量$-V_i$投影在单位法向$\hat{N}$上的投影向量记为$P$，投影向量$P$的模长正是向量$-V_i$和$N'$的点乘积，即$\|P\|=-V_i\cdot\hat{N}$，向量$P$又和单位法向同向，因此可推得投影向量$P=(-V_i\cdot\hat{N})\hat{N}$。

如图 9-10 所示，下文将继续构造新向量$V$，将入射速度向量$V_i$和投影向量$P$进行相加，即可求解出$V=V_i+P$。而反射速度向量$V_f$正是新向量$V$与投影向量$P$的和，即$V_f=V+P$。将向量$V$和$P$各自的求解结果代入反射速度向量$V_f$的求解公式，可得$V_f=V+P=(V_i+P)+P=V_i+2P=V_i+(-2V_i\cdot\hat{N}')\times\hat{N}'$。将其简化为式(9-3)：

$$V_f=V_i+2P=V_i+(-2V_i\cdot\hat{N})\hat{N} \tag{9-3}$$

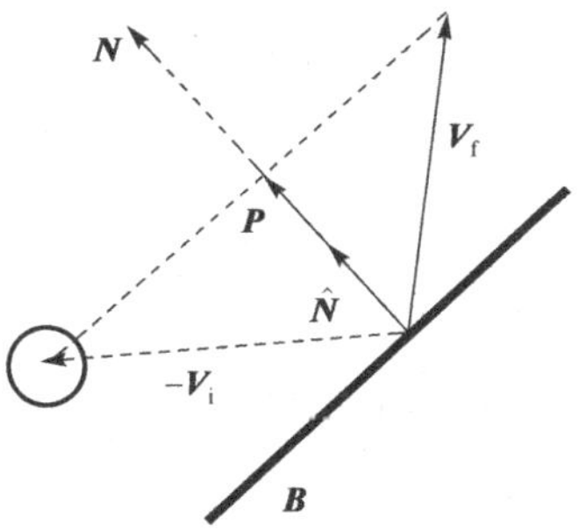


图 9-9　对入射向量$V_i$进行翻转

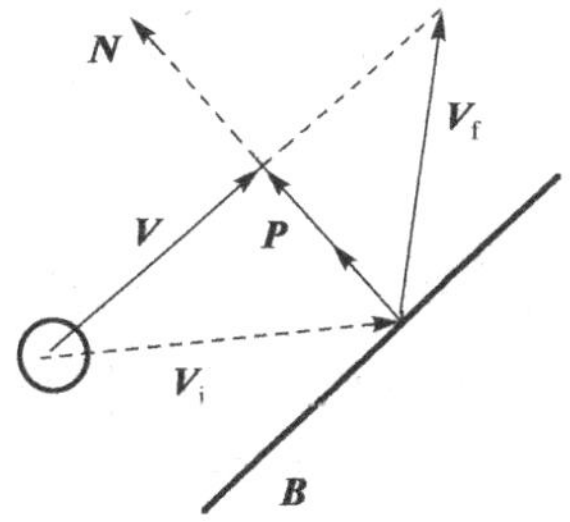


图 9-10　构造新向量$V$

**【例 9-2】** 如果在“埃及打砖块”游戏中，在下一帧球就会与过点(50, 25)和(200, 250)的直线上的边界碰撞，如果球的入射速度为[50 10]，那么球的反射速度是多少？

解答：

(1) 计算边界向量：

$$B=[\Delta x \quad \Delta y]=[200 \quad 250]-[50 \quad 25]=[150 \quad 225]$$

(2) 计算边界的垂直向量(法向量)$N$：

$$N=[\Delta y \quad -\Delta x]=[225 \quad 150]$$

(3) 将 **N** 单位化：

$$\|\boldsymbol{N}\| = \sqrt{225^2 + (-150)^2} \approx 270.416$$

$$\hat{\boldsymbol{N}} = \frac{\boldsymbol{N}}{\|\boldsymbol{N}\|} \approx [0.832 \quad -0.555]$$

(4) 计算向量 **P**：

$$\boldsymbol{P} = (-\boldsymbol{V}_{\mathrm{i}} \cdot \hat{\boldsymbol{N}})\hat{\boldsymbol{N}} = ([-50 \quad -10])([0.832 \quad -0.555])\hat{\boldsymbol{N}}$$
$$= (-36.05) \times [0.832 \quad -0.555] \approx [-30 \quad -20]$$

(5) 代入式 (9-3) 求解出反射向量：

$$\boldsymbol{V}_{\mathrm{f}} = \boldsymbol{V}_{\mathrm{i}} + 2\boldsymbol{P} = 2[-30 \quad 20] + [50 \quad 10] = [-10 \quad 50]$$

**【例 9-3】** 如果在 3D 版“埃及打砖块”游戏中，在下一帧球就会与由向量[200 250 –300]、[50 200 –25]决定的平面碰撞，如果球的入射速度为[100 –50 –50]，那么球的反射速度是多少？

解答：

(1) 计算平面法向：



$$\boldsymbol{N} = [200 \quad 250 \quad -300] \times [50 \quad 200 \quad -25] = [53750 \quad -10000 \quad 27500]$$

(2) 将 **N** 单位化：

$$\|\boldsymbol{N}\| = \sqrt{53750^2 + (-10000)^2 + (27500)^2} \approx 61199$$

$$\hat{\boldsymbol{N}} = \frac{\boldsymbol{N}}{\|\boldsymbol{N}\|} \approx [0.8783 \quad -0.1634 \quad 0.4494]$$

(3) 计算向量 **P**：

$$\boldsymbol{P} = (-\boldsymbol{V}_{\mathrm{i}} \cdot \hat{\boldsymbol{N}})\hat{\boldsymbol{N}} = ([-100 \quad 50 \quad 50] \cdot [0.8783 \quad -0.1634 \quad 0.4494])\hat{\boldsymbol{N}}$$
$$= (-73.53) \times [0.8783 \quad -0.1634 \quad 0.4494]$$
$$\approx [-64.5814 \quad 12.0148 \quad -33.0444]$$

(4) 代入式 (9-3) 求解出反射向量：

$$\boldsymbol{V}_{\mathrm{f}} = \boldsymbol{V}_{\mathrm{i}} + 2\boldsymbol{P} = 2[-64.5814 \quad 12.0148 \quad -33.0444] + [100 \quad -50 \quad -50]$$
$$= [-29.1628 \quad -25.9704 \quad -116.0888]$$

(2) 模拟

在 Processing 世界中，运动物体与复杂的固定边界的碰撞都可分解为运动物体与某一段固定的斜边界进行碰撞。分解后的碰撞运动，即可用非轴对齐向量反射来求解碰撞后的速度向量。

该求解过程实际上也就是对式 (9-3) 进行代码化。下述代码块用于检测白色小球是否和底部斜边发生碰撞。

```
//首先判断是否已经发生了碰撞
if (checkCollision(position)) {
    //将入射速度向量进行翻转
```

```
    PVector incidence = PVector.mult(velocity, -1);
    //求解出入射向量在斜面法向上的投影向量 P
    float dot = incidence.dot(normal);
    PVector pVec = PVector.mult(normal, dot);
    pVec.mult(2);//2*P

    //利用式(9-3)计算出反射速度向量
    velocity.add(pVec);

    //绘制出碰撞点的斜边界法向
    stroke(255, 128, 0);
    line(position.x, position.y, position.x-normal.x*100, position.y-normal.y*100);
}
```

图 9-11 则展示了运动的小球及其和斜边界的碰撞反射。值得注意的是在碰撞反射的模拟时需要考虑小球的半径。完整代码和效果可从本书配套的教学资源包中获取。

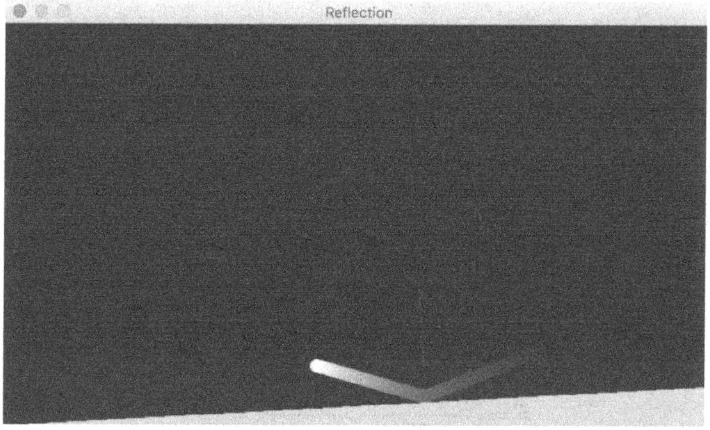


图 9-11　上述代码的运行效果图



## 9.2　动量定律

9.1 节讨论并实现了运动小球与静止的固定边界的碰撞问题。如果要进一步实现两个运动物体的碰撞，还需要充分利用两个非常重要的概念：动量和冲量，以及一个与这两者相关联的重要定律：动量定律。

### 9.2.1　动量

动量 $\boldsymbol{P}$ 是质量 $m$ 与速度向量 $\boldsymbol{V}$ 的乘积，如式(9-4)所示。物体越重，其动量越大；同样物体的运动速度越快，其动量越大。这就是比较重的卡车或者速度很快的跑车都很难突然刹车的原因。

$$\boldsymbol{P}=m\boldsymbol{V} \tag{9-4}$$

从式(9-4)可以看出，动量是由一个标量(质量)和一个向量(速度)相乘得到的，因此动量也必然为一个向量，它的方向与速度向量的方向一致。

**【例 9-4】** 如果游戏中的一艘飞船质量设定为 4500，某一时刻它的速度为[30 50 –20]，那么它当时的动量是多少？

解答：$$\boldsymbol{P} = m\boldsymbol{V} = 4500\begin{bmatrix}30 & 50 & -20\end{bmatrix} = \begin{bmatrix}13500 & 225000 & -90000\end{bmatrix}$$

### 9.2.2 冲量

为了能更清楚地表述概念，这里引入了一个新符号，向量 $\boldsymbol{I}$。这个符号是用来标记合力 $\boldsymbol{F}$ 与非常小的时间量 $t$ 的乘积。向量 $\boldsymbol{I}$ 就是冲量，如式(9-5)所示。式(9-5)给读者描述了这样一个场景：冲量是力在一瞬间内传递的一个向量，它的方向与合力方向一致，就像棒球被球棍击中的一瞬间，就是把冲量由球棍传递给了棒球。

$$\boldsymbol{I} = \boldsymbol{F} \cdot t \tag{9-5}$$

### 9.2.3 动量定律



在讲动量定律之前，首先回忆下牛顿第二定律，如式(9-6)所示：

$$\boldsymbol{F} = m\boldsymbol{a} \tag{9-6}$$

把关于加速度的运动方程($\boldsymbol{a} = (\boldsymbol{V}_\mathrm{f} - \boldsymbol{V}_\mathrm{i})/t$)代入式(9-6)，可推得式(9-7)：

$$\boldsymbol{F} = m \cdot \frac{\boldsymbol{V}_\mathrm{f} - \boldsymbol{V}_\mathrm{i}}{t} = \frac{m\boldsymbol{V}_\mathrm{f} - m\boldsymbol{V}_\mathrm{i}}{t} \tag{9-7}$$

仔细观察式(9-7)中的分子，其实它就是物体运动中的动量改变，正如式(9-8)所示：

$$\boldsymbol{F} = \frac{m\boldsymbol{V}_\mathrm{f} - m\boldsymbol{V}_\mathrm{i}}{t} = \frac{\boldsymbol{P}_\mathrm{f} - \boldsymbol{P}_\mathrm{i}}{t} = \frac{\Delta\boldsymbol{P}}{t} \tag{9-8}$$

将式(9-8)中的时间 $t$ 变换位置后，改造为式(9-9)：

$$\boldsymbol{F}t = \Delta\boldsymbol{P} \tag{9-9}$$

把向量 $\boldsymbol{I}$ 代入式(9-9)后生成式(9-10)：

$$\boldsymbol{I} = \boldsymbol{F} \cdot t = \Delta\boldsymbol{P} = m\boldsymbol{V}_\mathrm{f} - m\boldsymbol{V}_\mathrm{i} \tag{9-10}$$

式(9-10)描述的正是动量定律。

仍然以球棍击打棒球为例，结合式(9-10)可以看出，在球棍和棒球接触的非常短的时间内，棒球的动量发生了改变，因此棒球的运动状态发生了变换——棒球飞走了。棒球运动状态的变化来源于冲量。

换而言之，一个力在接触物体的瞬间快速地改变了物体的动量，在物体质量保持不变的情况下，物体的速度势必发生变化。从概念上看，动量定理和牛顿第二定律是一致的，都描述了物体的运动速度在力的作用下发生了改变，但是动量定理简化了过程，更适用于编程。

**【例 9-5】** 假设正在编写一个高尔夫球的游戏，球重 45g，运动员用球棒传给球的冲量是[3 2 -4](单位是 kg·m/s)，那么球的速度是多少？

解答：

$$I=\begin{bmatrix}3 & 2 & -4\end{bmatrix}=mV_f-mV_i=0.045V_f-0.045\cdot 0=0.045V_f$$

所以

$$V_f=\frac{\begin{bmatrix}3 & 2 & -4\end{bmatrix}}{0.045}=\begin{bmatrix}66.67 & 44.44 & -88.89\end{bmatrix}\mathrm{m/s}$$

### 9.2.4 动量守恒定律

在 9.2.3 节中，讨论了动量定理对一个物体运动状态的影响。那么当两个物体相互碰撞时，需要用到动量定理吗？

为了更好地回答这个问题，先回忆下牛顿第三定律，即一个物体将力作用于另一个物体时，这个施力物体也同时受到另一个物体同等大小的反向作用力，如式(9-11)所示：

$$F_1=-F_2 \tag{9-11}$$

将式(9-11)左右两边的力用式(9-8)进行代入，得到式(9-12)：

$$\frac{\Delta P_1}{t}=-\frac{\Delta P_2}{t} \tag{9-12}$$

因为物体彼此间作用的时间是相同的，所以式(9-12)可化简为式(9-13)：

$$\Delta P_1=-\Delta P_2 \tag{9-13}$$

继续将 $\Delta P=mV_f-mV_i$ 代入(9-13)，一步步地往下推演：

$$m_1V_{1f}-m_1V_{1i}=-(m_2V_{2f}-m_2V_{2i})$$

$$m_1V_{1f}-m_1V_{1i}=-m_2V_{2f}+m_2V_{2i}$$

$$m_1V_{1i}+m_2V_{2i}=m_1V_{1f}+m_2V_{2f}$$

最后，推导出了动量守恒定律，如式(9-14)所示。这个定律告诉大家，在两个物体单独碰撞且没有受到其他外力作用或者合外力为零时，总的动量保持不变，动量只是从一个物体传递到了另一个物体：

$$m_1V_{1i}+m_2V_{2i}=m_1V_{1f}+m_2V_{2f} \tag{9-14}$$

需要注意的是，如果两物体在碰撞时受到其他外力影响，式(9-14)描述的动量守恒定律就不成立了。但是因为碰撞的瞬间速度很快且时间非常短，很少有外力介入，所以可以认为两个运动中的物体两两碰撞时，其动量守恒。

当多个物体发生碰撞时，可认为物体是两两之间先后发生碰撞的，因此仍可利用动量守恒定律来求解物体碰撞问题。

**【例 9-6】** 在一个三维桌球游戏中，一个重 0.5 的母球以[50 10 –30]的速度碰到另一个重 0.45 的静止的球，如果碰撞后母球的速度为 0，那么第二个球的末速度是多少？

解答：将题中的数值分别代入式(9-14)，得到：

$$0.5\begin{bmatrix}50\\10\\-30\end{bmatrix}+0.45\begin{bmatrix}0\\0\\0\end{bmatrix}=0.5\begin{bmatrix}0\\0\\0\end{bmatrix}+0.45\cdot\boldsymbol{V}_{2\mathrm{f}}$$

$$\begin{bmatrix}25\\5\\-15\end{bmatrix}=0.45\cdot\boldsymbol{V}_{2\mathrm{f}}$$

$$\boldsymbol{V}_{2\mathrm{f}}=\begin{bmatrix}55.56\\11.11\\-33.33\end{bmatrix}$$

**【例 9-7】** 假设以俯视的角度为一个橄榄球游戏编程，一个重 100 的角色带着球从球场的一条边线奔跑，速度为[0 30]，此时他的一个对手，重 110，以[25 5]的速度追逐，当两人撞到一起时的速度是多少？

解答：将题中的数值分别代入式(9-14)，且$\boldsymbol{V}_{1\mathrm{f}}=\boldsymbol{V}_{2\mathrm{f}}$，由此推得：



$$100\begin{bmatrix}0\\30\end{bmatrix}+110\begin{bmatrix}25\\5\end{bmatrix}=100\cdot\boldsymbol{V}_{1\mathrm{f}}+110\cdot\boldsymbol{V}_{2\mathrm{f}}$$

$$\begin{bmatrix}2750\\3550\end{bmatrix}=100\cdot\boldsymbol{V}_{1\mathrm{f}}+110\cdot\boldsymbol{V}_{2\mathrm{f}}$$

$$\boldsymbol{V}_{1\mathrm{f}}=\boldsymbol{V}_{2\mathrm{f}}=\frac{1}{(100+110)}\begin{bmatrix}2750\\3550\end{bmatrix}$$

$$\boldsymbol{V}_{1\mathrm{f}}=\boldsymbol{V}_{2\mathrm{f}}=\begin{bmatrix}13.10\\16.90\end{bmatrix}$$

## 9.3 线性碰撞建模

9.2 节讨论了动量、冲量及动量守恒定律等，并且简单描述了物体碰撞时如何应用动量守恒定律进行简单的计算。而本节将进一步深入讨论如何利用模型对线性碰撞进行模拟计算。

### 9.3.1 弹性碰撞模型

弹性碰撞模型是游戏物理中非常常见的基础碰撞模型。下文将从原理入手，然后在 Processing 中使用有趣的案例来模拟这样的碰撞。

(1) 原理

在动量守恒的基础上，两个发生碰撞的物体将被看成一个系统，根据碰撞过程中动能是否守恒将碰撞过程分为三种情况：

- 完全弹性碰撞：碰撞前后系统动能守恒(能完全恢复原状，两个碰撞物体的速度向量进行了互换)；

- 非完全弹性碰撞：碰撞前后系统动能不守恒(部分恢复原状，往往发生形变，以及发光发热等能量损耗)；
- 完全非弹性碰撞：碰撞后系统以相同的速度运动(完全不能恢复原状，即两个物体粘在一起)。

第一种情况和第三种情况是两种极端情况，而第二种情况是介于这两者之间的中间状态。

从上述三种情况可知，所有的弹性碰撞都是介于完全弹性碰撞和完全非弹性碰撞之间。为此建立了弹性碰撞模型，如式(9-15)所示：

$$\boldsymbol{V}_{1\mathrm{f}} - \boldsymbol{V}_{2\mathrm{f}} = -\varepsilon(\boldsymbol{V}_{1\mathrm{i}} - \boldsymbol{V}_{2\mathrm{i}}) \tag{9-15}$$

式(9-15)中的恢复系数$\varepsilon$代表了能量损失的大小，$0 \leqslant \varepsilon \leqslant 1$。在完全弹性碰撞中$\varepsilon = 1$，在完全非弹性碰撞中$\varepsilon = 0$。当$\varepsilon$值越接近 0，碰撞时的能量损失越大；当$\varepsilon$值越靠近 1，碰撞效果越接近完全弹性碰撞。

**【例 9-8】** 假设以俯视的角度为一个台球游戏编程，关于两个相同台球的完全弹性碰撞问题，一个球的速度为[30 20]，另一个球的速度为[–40 10]，那么完全弹性碰撞之后它们的速度各是多少？

解答：

(1)代入式(9-14)动量守恒定律，且$m_1 = m_2$：

$$m_1\boldsymbol{V}_{1\mathrm{i}} + m_2\boldsymbol{V}_{2\mathrm{i}} = m_1\boldsymbol{V}_{1\mathrm{f}} + m_2\boldsymbol{V}_{2\mathrm{f}}$$

$$m_1\begin{bmatrix}30\\20\end{bmatrix} + m_2\begin{bmatrix}-40\\10\end{bmatrix} = m_1\boldsymbol{V}_{1\mathrm{f}} + m_2\boldsymbol{V}_{2\mathrm{f}}$$

$$\begin{bmatrix}30\\20\end{bmatrix} + \begin{bmatrix}-40\\10\end{bmatrix} = \boldsymbol{V}_{1\mathrm{f}} + \boldsymbol{V}_{2\mathrm{f}}$$

$$\boldsymbol{V}_{1\mathrm{f}} + \boldsymbol{V}_{2\mathrm{f}} = \begin{bmatrix}-10\\30\end{bmatrix}$$

(2)代入式(9-15)弹性碰撞模型，$\varepsilon = 1$：

$$\boldsymbol{V}_{1\mathrm{f}} - \boldsymbol{V}_{2\mathrm{f}} = -\varepsilon(\boldsymbol{V}_{1\mathrm{i}} - \boldsymbol{V}_{2\mathrm{i}})$$

$$\boldsymbol{V}_{1\mathrm{f}} - \boldsymbol{V}_{2\mathrm{f}} = -(\boldsymbol{V}_{1\mathrm{i}} - \boldsymbol{V}_{2\mathrm{i}})$$

$$\boldsymbol{V}_{1\mathrm{f}} - \boldsymbol{V}_{2\mathrm{f}} = -\left(\begin{bmatrix}30\\20\end{bmatrix} - \begin{bmatrix}-40\\10\end{bmatrix}\right)$$

$$\boldsymbol{V}_{1\mathrm{f}} - \boldsymbol{V}_{2\mathrm{f}} = \begin{bmatrix}-70\\-10\end{bmatrix}$$

(3)联立上述两个等式，然后解方程组：

$$\begin{cases}\boldsymbol{V}_{1\mathrm{f}} + \boldsymbol{V}_{2\mathrm{f}} = \begin{bmatrix}-10\\30\end{bmatrix}\\ \boldsymbol{V}_{1\mathrm{f}} - \boldsymbol{V}_{2\mathrm{f}} = \begin{bmatrix}-70\\-10\end{bmatrix}\end{cases} \Rightarrow \boldsymbol{V}_{1\mathrm{f}} = \begin{bmatrix}-40\\10\end{bmatrix}, \boldsymbol{V}_{2\mathrm{f}} = \begin{bmatrix}30\\20\end{bmatrix}$$

在例 9-8 中不难发现，在案例中描述完全弹性碰撞时，如果质量相同，碰撞后的速度向量仅仅是将碰撞前的速度向量进行互换。对于一般情况而言，可将式(9-15)与式(9-14)进行联立，构建方程组如式(9-16)所示：

$$\begin{cases} m_1\boldsymbol{V}_{1f} + m_2\boldsymbol{V}_{2f} = m_1\boldsymbol{V}_{1i} + m_2\boldsymbol{V}_{2i} \\ \boldsymbol{V}_{1f} - \boldsymbol{V}_{2f} = -\varepsilon(\boldsymbol{V}_{1i} - \boldsymbol{V}_{2i}) \end{cases} \tag{9-16}$$

对上述方程组进行求解，计算出未知数$\boldsymbol{V}_{1f}$和$\boldsymbol{V}_{2f}$，如式(9-17)所示：

$$\begin{cases} \boldsymbol{V}_{1f} = \dfrac{(m_1 - \varepsilon m_2)}{m_1 + m_2}\boldsymbol{V}_{1i} + \dfrac{(1+\varepsilon)m_2\boldsymbol{V}_{2i}}{m_1 + m_2}\boldsymbol{V}_{2i} \\ \boldsymbol{V}_{2f} = \dfrac{(1+\varepsilon)m_1}{m_1 + m_2}\boldsymbol{V}_{1i} + \dfrac{(m_2 - \varepsilon m_1)}{m_1 + m_2}\boldsymbol{V}_{2i} \end{cases} \tag{9-17}$$

式(9-17)看上去较为复杂，实际上非常容易用代码来实现。

(2)模拟

本节将利用两个水平放置在平面上的长度可调节的等高长方形箱子，通过互相碰撞进一步了解弹性碰撞模型的应用。为了让这两个箱子的运动更动态，引入了 LeapMotion(这是一款面向 PC 及 Mac 的体感控制器)，通过左右手的手势来调节两个箱子各自的运动速度。

该案例的求解过程实际上就是对式(9-17)进行代码化。下述代码块描述了两个箱子一旦检测到发生碰撞之后，如何进行速度的重新计算。

```
//首先判断是否已经发生了碰撞
if (checkCollisionsBetween2Boxes()) {
    //获取ε数值
    epsilon = cp5.getController("slider").getValue();

    //根据式(9-17)计算 v1f
    PVector v1 = velocityLBox.copy();
    PVector v2 = velocityRBox.copy();
    v1.mult((mLeft-mRight*epsilon)/(mLeft+mRight));
    v2.mult((1+epsilon)*mRight/(mLeft+mRight));
    PVector v1f = PVector.add(v1, v2);

    //根据式(9-17)计算 v2f
    v1 = velocityLBox;
    v2 = velocityRBox;
    v1.mult((1+epsilon)*mLeft/(mLeft+mRight));
    v2.mult((mRight-epsilon*mLeft)/(mLeft+mRight));
    PVector v2f = PVector.add(v1, v2);

    //将发生碰撞后的左侧箱子的速度设置为 v1f,
    //右侧箱子的速度设置为 v2f
    velocityLBox.set(v1f.x, v1f.y);
    velocityRBox.set(v2f.x, v2f.y);

    //判断这两个箱子碰撞后是否黏在一起
```

```
    PVector testVec = PVector.sub(velocityLBox, velocityRBox);
    if( testVec.mag() < 1.0e-4){
      iLinked = true;
    }else {
      iLinked = false;
    }
  }
}
```

图 9-12 展示了两个箱子运动与碰撞过程的两个片段。完整代码和效果可从本书配套的教学资源包中获取。

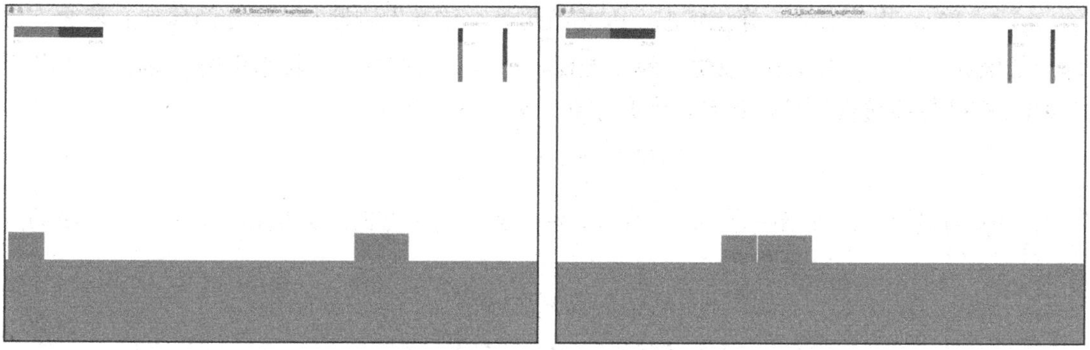

图 9-12　上述代码的运行效果图



## 9.3.2　非对心碰撞模型

本节将讨论另一种非常常见的碰撞情况，非对心碰撞，常称为斜碰。下文仍然先从原理入手，然后在 Processing 中用有趣的案例来模拟这样的碰撞。

(1) 原理

与非对心碰撞相对的，称为对心碰撞，它适用于两个运动小球碰撞前后的速度向量都沿着两球的连心线的情况。由此可知，非对心碰撞时，两球相碰之前的速度向量不沿它们的中心连线。非对心碰撞一般较为复杂，为了简化计算且便于理解，假设发生斜碰的两个小球表面光滑，而且在发生碰撞前，其中的一个小球处于静止状态。此时，非对心碰撞遵守动量守恒定律。

如图 9-13 所示，假设发生碰撞的两个光滑小球分别标记为 $m_1$ 和 $m_2$，小球 $m_2$ 相撞前处于静止状态，$m_1$ 和 $m_2$ 同样代表了这个两个球的质量大小。建立局部坐标系 $l$，令两球的球心连线方向(或者以接触面法线方向)为坐标系 $y$ 轴正方向。小球 $m_1$ 碰撞前的速度向量为 $\boldsymbol{V}_{1i}$，它与局部坐标系 $x$ 轴之间的夹角用 $\alpha$ 标记。小球 $m_1$ 和 $m_2$ 碰撞后的速度向量分别标记为 $\boldsymbol{V}_{1f}$ 和 $\boldsymbol{V}_{2f}$。

因为两个小球在发生碰撞时遵守式(9-14)描述的动量守恒定律，所以可推得式(9-18)：

$$m_1\boldsymbol{V}_{1i} = m_1\boldsymbol{V}_{1f} + m_2\boldsymbol{V}_{2f} \tag{9-18}$$

将小球 $m_1$ 碰撞前的速度向量 $\boldsymbol{V}_{1i}$ 沿着局部坐标系 $l$ 的 $x$ 轴和 $y$ 轴分解为两个分量 $\boldsymbol{V}_{1ix}$ 和 $\boldsymbol{V}_{1iy}$，如图 9-14 所示，即 $\boldsymbol{V}_{1i} = \boldsymbol{V}_{1ix} + \boldsymbol{V}_{1iy}$。同样，小球 $m_1$ 碰撞后的速度向量 $\boldsymbol{V}_{1f}$ 可分解为 $\boldsymbol{V}_{1fx}$ 和 $\boldsymbol{V}_{1fy}$，小球 $m_2$ 碰撞后的速度向量可分解为 $\boldsymbol{V}_{2fx}$ 和 $\boldsymbol{V}_{2fy}$。

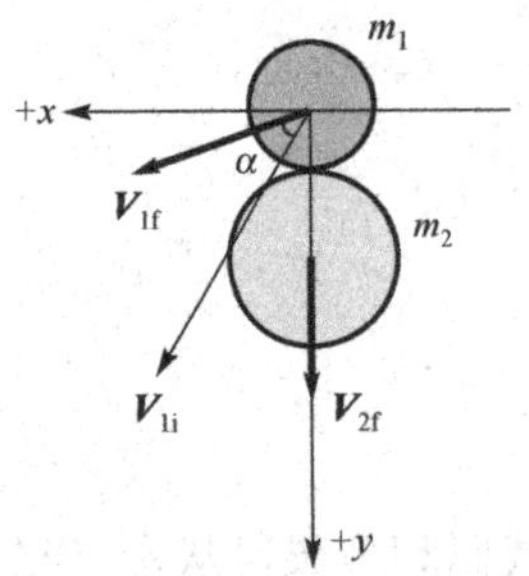


图 9-13　发生非对心碰撞的两个小球

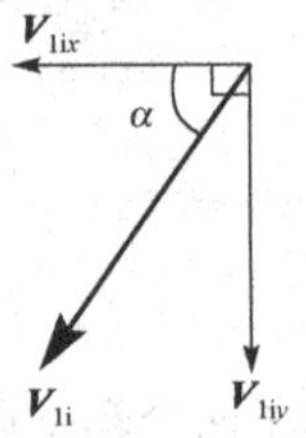


图 9-14　小球 $m_1$ 碰撞前的速度向量 $V_{1i}$ 分解

由于小球 $m_2$ 相撞前处于静止状态，因此当两个小球发生碰撞时，仅在两球球心连线方向(即局部坐标系中的 $y$ 轴方向)发生了弹性碰撞，所以仅需在局部坐标系中的 $y$ 轴方向上利用式(9-15)中弹性碰撞模型进行计算。为此建立了公式(9-19)：

$$V_{1fy} - V_{2fy} = -\varepsilon V_{1iy} \tag{9-19}$$

将式(9-18)沿着局部坐标系 $l$ 的 $x$ 轴和 $y$ 轴分解为两个方向的分量和，如式(9-20)中的方程组所示：



$$\begin{cases} m_1 V_{1ix} = m_1 V_{1fx} + m_2 V_{2fx} \\ m_1 V_{1iy} = m_1 V_{1fy} + m_2 V_{2fy} \end{cases} \tag{9-20}$$

将式(9-20)中的方程组和式(9-19)进行联立，建立新的方程组，如式(9-21)所示：

$$\begin{cases} \varepsilon V_{1iy} = V_{2fy} - V_{1fy} \\ m_1 V_{1ix} = m_1 V_{1fx} + m_2 V_{2fx} \\ m_1 V_{1iy} = m_1 V_{1fy} + m_2 V_{2fy} \end{cases} \tag{9-21}$$

由于碰撞后对于小球 $m_2$ 而言，在局部坐标系 $x$ 轴并没有获得速度分量，也就是说 $V_{2fx} = 0$，将其带入式(9-21)进行化简，得到方程组如式(9-22)所示：

$$\begin{cases} V_{2fy} = \varepsilon V_{1iy} + V_{1fy} \\ V_{1fx} = V_{1ix} \\ m_1 V_{1fy} = m_1 V_{1iy} + m_2 V_{2fy} \end{cases} \tag{9-22}$$

对上述方程组进行求解，最后求得 $V_{1fy}$ 如式(9-23)所示：

$$V_{1fy} = \frac{(m_1 - \varepsilon m_2)}{m_1 + m_2} V_{1iy} \tag{9-23}$$

再将式(9-23)中求解得到的 $V_{1fy}$ 代入式(9-22)得到 $V_{2fy}$，如式(9-24)所示：

$$V_{2fy} = \frac{(1+\varepsilon) m_1}{m_1 + m_2} V_{1iy} \tag{9-24}$$

最后将上述求解出来的分量 $V_{1fx}$ 和 $V_{1fy}$ 进行加和，求得碰撞后小球 $m_1$ 的速度向量 $V_{1f}$ 为：

$$V_{1f} = V_{1fx} + V_{1fy} = \frac{(m_1 - \varepsilon m_2)}{m_1 + m_2} V_{1iy} + V_{1ix} \tag{9-25}$$

同样，对分量 $V_{2fx}$ 和 $V_{2fy}$ 进行加和，求得碰撞后小球 $m_2$ 的速度向量 $V_{2f}$ 为：

$$V_{2f}=V_{2fx}+V_{2fy}=0+\frac{(1+\varepsilon)m_1}{m_1+m_2}V_{1iy}=\frac{(1+\varepsilon)m_1}{m_1+m_2}V_{1iy} \tag{9-26}$$

现在已经得到了想要的碰撞速度向量，但是问题来了，$V_{1ix}$和$V_{1iy}$到底是多少呢？

假设两个小球的球心位置一致，分别被标记为$c_1$和$c_2$，两球球心连线向量为$c_2-c_1$，将其单位化后的向量标记为$\hat{c}$，$\hat{c}=\frac{c_2-c_1}{\|c_2-c_1\|}$。

分量$V_{1iy}$正是速度向量$V_{1i}$在单位向量$\hat{c}$上的投影向量。根据向量点乘及投影的关系，可快速求解出分量$V_{1iy}$，如式(9-27)所示：

$$V_{1iy}=(V_{1i}\cdot\hat{c})\hat{c} \tag{9-27}$$

而分量$V_{1ix}$则可通过速度向量$V_{1i}$与分量$V_{1iy}$的差进行求解，如式(9-28)所示：

$$V_{1ix}=V_{1i}-V_{1iy}=V_{1i}-(V_{1i}\cdot\hat{c})\hat{c} \tag{9-28}$$

通过式(9-27)和式(9-28)，可求得$V_{1ix}$和$V_{1iy}$。所以，将求解得到的$V_{1ix}$和$V_{1iy}$重新代入到式(9-25)和式(9-26)，得到最终的碰撞后速度向量，如式(9-29)所示：

$$\begin{cases}V_{1f}=V_{1i}-\dfrac{(1+\varepsilon)m_2}{m_1+m_2}(V_{1i}\cdot\hat{c})\hat{c}\\ V_{2f}=\dfrac{(1+\varepsilon)m_1}{m_1+m_2}(V_{1i}\cdot\hat{c})\hat{c}\end{cases} \tag{9-29}$$

在非对心碰撞中，有两种特殊情况需要进一步考虑。

① $m_1=m_2$

在这种情况中，两个碰撞的小球质量相等，此时可将式(9-29)化简为式(9-30)：

$$\begin{cases}V_{1f}=V_{1i}-\dfrac{1+\varepsilon}{2}(V_{1i}\cdot\hat{c})\hat{c}\\ V_{2f}=\dfrac{1+\varepsilon}{2}(V_{1i}\cdot\hat{c})\hat{c}\end{cases} \tag{9-30}$$

② $m_1\ll m_2$

在这种情况下，小球$m_1$的质量远远小于小球$m_2$的质量，所以碰撞后小球$m_2$仍然保持静止，而小球$m_1$的速度则变换为：

$$\begin{cases}V_{1f}=V_{1ix}-V_{1iy}=V_{1i}-2(V_{1i}\cdot\hat{c})\hat{c}\\ V_{2f}=0\end{cases} \tag{9-31}$$

(2)模拟

本节的案例模拟 Processing 世界中描绘两个运动中的小球之间的非对心碰撞。该案例的求解过程实际上也就是对式(9-29)进行代码化。值得注意的是，式(9-29)成立的前提是两个发生碰撞的物体中有一个物体是静止的，而在案例中两个小球都在运动，因此在计算碰撞运动之前，需要先对两个运动的小球进行速度处理：假设其中一个小球是相对静止的，将另一个小球的速度转变为相对速度。

下述代码块描述了两个运动小球一旦检测到发生碰撞之后，如何重新计算碰撞后的速度。

```
//首先判断是否已经发生了碰撞
 if (!colliding && d < sumR) {
    //确定发生碰撞
    colliding = true;
    //两球球心连线的向量并进行单位化
    PVector c = PVector.sub(other.loc, loc);
    c.normalize();

    //将当前小球的速度转为相对速度
    PVector V1i = PVector.sub(vel, other.vel);

    //求解出向量
    PVector V1iy = c.copy();
    V1iy.mult(V1i.dot(c));

    //对式(9-29)进行代码化
    PVector V1f = PVector.sub(V1i, PVector.mult(V1iy,
                  (1+epsilon)*other.r/(r+other.r)));
    PVector V2f = PVector.mult(V1iy, (1+epsilon)*r/(r+other.r));

    //将两个球碰撞的速度从绝对速度重新转换为相对速度
    vel = PVector.add(V1f, other.vel);
    other.vel = PVector.add(V2f, other.vel);
}
```



图 9-15 展示了两个小球运动与碰撞过程中的一个片段。完整代码和效果可从本书配套的教学资源包中获取。

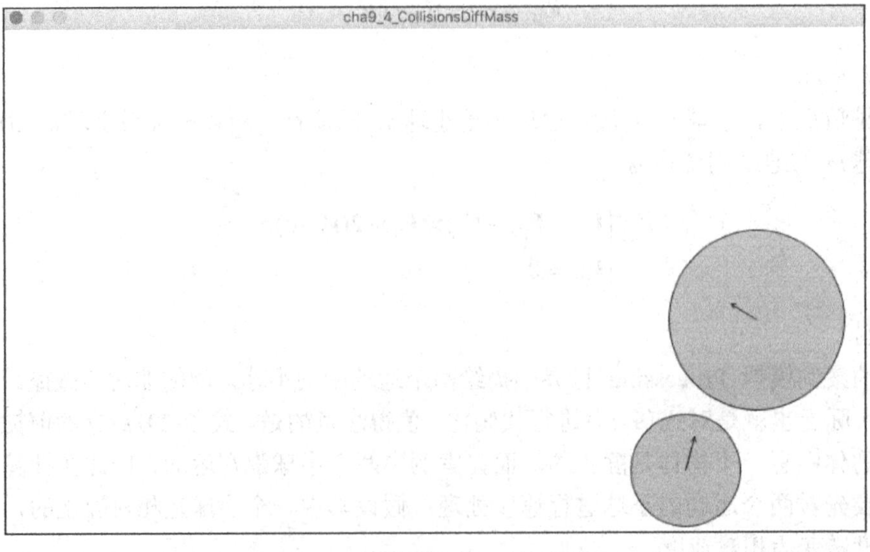


图 9-15 上述代码的运行效果图

# 习题 9

1．在 Processing 中模拟 2D 弹球游戏，如果弹球以[40 –20]的速度碰到屏幕上沿后，反弹到屏幕最右侧，再次发生碰撞，碰撞后的弹球速度是多少？

2. 在 3D 弹球游戏中，一个重 0.5 的球以[–40 50 –20]的速度碰撞到另一个重 0.45 的球上，碰撞后的第一个球静止，第二个球的速度变为多少?

3．假设在 Processing 中以俯视的角度编写一个 2D 台球游戏，桌台的一边过点(10，50)和(150，300)，如果母球以[50 10]的速度碰到这个边，反弹后母球的速度是多少？

4．假设在为一个 3D 赛车游戏编程，一辆重 1500 的汽车 $c_1$ 以[30 –20 –40]的速度撞上另一辆重 1800 以速度[–50 40 –20]运动的汽车 $c_2$。如果碰撞还原系数 $\varepsilon$ 为 0.5，那么 $c_2$ 最后的速度是多少?

# 第10章

# 旋转运动

让我们一起回忆下在现实和游戏中打台球的场景，每每借助两球撞击之机，击打目标球的中心，大多数情况下却没有命中，这时目标球就会偏移原来的方向，同时旋转。如果仔细观察就会发现，正是由于两球碰撞使得目标球产生了这两种运动：一种是目标球往其他方向移动，另一种则是让目标球发生旋转。

旋转运动是本章讨论的主题，主要包括了以下几方面：

- 10.1 节，详细描述了角运动的各个概念，然后模拟匀速角运动和匀加速角运动；
- 10.2 节，主要介绍了旋转力学的基本概念，并对其进行模拟。

本章涉及的旋转运动都是在 2D 空间基础上展开讨论与实现的。3D 空间中的旋转运动类似，但是需要引入向量来表示各个概念，本书不做具体展开。

## 10.1　角运动

旋转是一种常见的运动，它同样有位移、速度和加速度等，但是这些概念都和旋转的角度相关，将上述这些与角度相关的运动用角运动来定义。下文将详细描述角运动中涉及的基本概念，然后在 Processing 世界中对它进行模拟。



### 10.1.1　基本概念

以图 10-1 旋转的圆盘为例，点 ***C*** 表示旋转轴，圆盘上的某一点 ***P*** 以半径 $r$ 绕着点 ***C*** 旋转。经过 $\Delta t$ 后，***P*** 点沿着圆形路径运动了一段距离 $s$，称为弧长，对应的旋转角为 $\theta$。

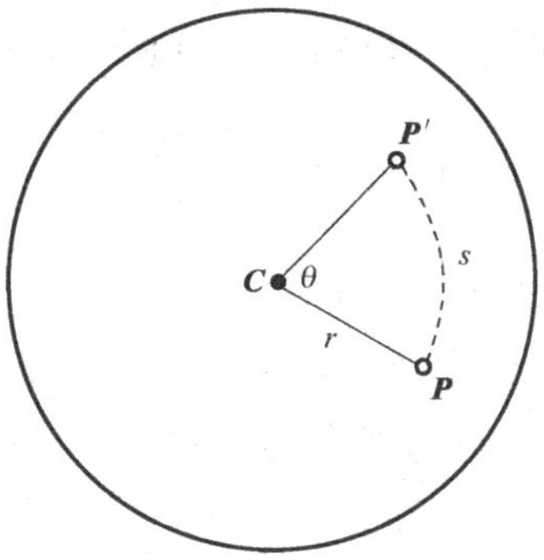


图 10-1　圆盘上点 ***P*** 的运动轨迹

由弧长和半径，可定义角位移如式(10-1)所示：

$$\theta = \frac{s}{r} \tag{10-1}$$

在上述公式中，如果弧长等于半径，那么 $\theta = 1$，这就是弧度最早的定义。

利用角位移的概念，可继续定义角速度。首先，先看平均角速度 $\bar{\omega}$，如式(10-2)所示，其中 $\theta$ 为角位移，$t$ 为时间：

$$\bar{\omega} = \frac{\Delta\theta}{\Delta t} = \frac{\theta_f - \theta_i}{t_f - t_i} \tag{10-2}$$

角速度的单位是弧度/秒(rad/s)。

【例 10-1】 如果圆盘的转速为7500rpm，那么它的角速度为多少？

解答：圆盘转一圈的角位移为2π，1min为60s，因此角速度为：

$$\overline{\omega}=\frac{\Delta\theta}{\Delta t}=\frac{7500\times 2\pi^{R}}{60}=250\text{rad/s}$$

类似于平均速度和瞬时速度，角速度也有瞬时角速度，其描述了一瞬间的角速度。如果角位移 $\theta(t)$ 表示的是角位移关于时间的函数，那么瞬时角速度 $\omega$ 可表示为 $\theta(t)$ 的一阶导数，如式(10-3)所示：

$$\omega=\theta'(t) \tag{10-3}$$

角速度的物理意义在于它描述了质点转过的圆心角的快慢。

与角速度对应的还有一个概念，称为线速度。线速度的物理意义在于描述了质点沿着圆周运动的快慢，其定义为质点做圆周运动所通过的弧长 $s$ 与所用时间 $t$ 的比值，如式(10-4)所示，单位为m/s：



$$v=\frac{s}{t} \tag{10-4}$$

当式(10-4)中选取的时间间隔 $t$ 非常小甚至趋近于0时，弧长 $s$ 就等于物体在某一时刻的位移，也就是说，此时公式中的 $v$ 相当于线性运动中的瞬时速度。

接下来，再看角运动中的加速度。如同第7章线性运动中研究的加速度一样，角运动的加速度也分为平均角加速度与瞬时角加速度。平均角加速度描述了角速度的变化率，其单位是弧度/秒$^2$(rad/s$^2$)，如式(10-5)所示，其中 $\omega$ 是角速度，$t$ 是时间：

$$\overline{\alpha}=\frac{\Delta\omega}{\Delta t}=\frac{\omega_{\text{f}}-\omega_{\text{i}}}{t_{\text{f}}-t_{\text{i}}} \tag{10-5}$$

同样类似于线性运动中的平均加速度和瞬时加速度，角加速度也有瞬时角加速度，表示一瞬间的角加速度。如果角位移 $\theta(t)$ 表示的是角位移关于时间的函数，而角速度 $\omega(t)$ 表示的是角速度关于时间的函数，那么瞬时角加速度 $\alpha$ 可表示为 $\theta(t)$ 的二阶导数，$\omega(t)$ 的一阶导数，如式(10-6)所示：

$$\alpha=\omega'(t)=\theta''(t) \tag{10-6}$$

【例 10-2】 如果为赛车游戏"NFS"编程，开始时轮子的角速度是5rad/s，2s后，角速度为15rad/s，那么平均角加速度是多少？

解答：将题目中的相关信息代入式(10-5)得：

$$\overline{\alpha}=\frac{\Delta\omega}{\Delta t}=\frac{\omega_{\text{f}}-\omega_{\text{i}}}{t_{\text{f}}-t_{\text{i}}}=\frac{15\text{rad/s}-5\text{rad/s}}{2\text{s}}=5\text{rad/s}^2$$

为了方便大家更清楚地认识到角运动和线性运动的相似与区别，下文将相关的线性运动与角运动结合起来，通过表10-1帮助加深理解。

表 10-1 线性运动与角运动的联系与区别

| | 线性运动 | 角运动 |
|---|---|---|
| 位移 | $d$ | $\theta$ |
| 速度 | $v$ | $\omega$ |
| 加速度 | $a$ | $\alpha$ |
| 运动方程 1 | $v_f = v_i + at$ | $\omega_f = \omega_i + \alpha t$ |
| 运动方程 2 | $\bar{v} = \frac{v_i + v_f}{2}$ | $\bar{\omega} = \frac{\omega_i + \omega_f}{2}$ |
| 运动方程 3 | $\Delta d = \frac{1}{2}(v_i + v_f)t$ | $\Delta\theta = \frac{1}{2}(\omega_i + \omega_f)t$ |
| 运动方程 4 | $\Delta d = v_i t + \frac{1}{2}at^2$ | $\Delta\theta = \omega_i t + \frac{1}{2}\alpha t^2$ |
| 运动方程 5 | $v_f^2 = v_i^2 + 2a\Delta d$ | $\omega_f^2 = \omega_i^2 + 2\alpha\Delta\theta$ |

**【例 10-3】** 如果在为转盘游戏编程，如图 10-2 所示，开始时轮子的角速度是 8rad/s，角加速度为–2rad/s，那么 3s 后轮子的角位移是多少？

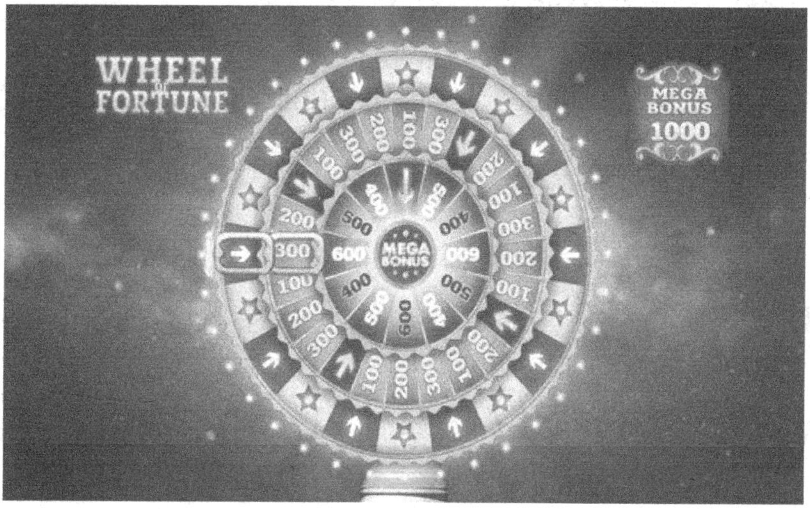


图 10-2 转盘游戏

解答：(1)列出已知量和要求的量，如表 10-2 所示。

表 10-2 已知条件

| 已知条件 | 求 值 |
|---|---|
| $\omega_i = 8\text{rad/s}$ | $\Delta\theta = ?$ |
| $t = 3\text{s}$ | |
| $\alpha = -2\text{rad/s}^2$ | |

(2)代入方程求解：

$$\Delta\theta = \omega_i t + \frac{1}{2}\alpha t^2$$

$$\Delta\theta = 8 \times 3 + \frac{1}{2} \times (-2) \times 3^2 = 15\text{rad}$$

下面再来看看线性变量和圆周变量的关系，首先从线速度和角速度开始。

上文中曾说起过，当时间间隔足够小的时候，平均角速度可视为瞬时角速度。在时间间隔变小的同时，弧长也会越来越趋近于直线。当弧长变成一段极短的直线时，正如式(10-7)中所示，线速度 $v$ 可表示为 $\Delta s/\Delta t$。因此，结合式(10-1)、式(10-2)和式(10-4)，可推得式(10-7)：

$$\omega = \frac{\Delta\theta}{\Delta t} = \frac{1}{\Delta t}\left(\frac{\Delta s}{r}\right) = \frac{1}{r}\left(\frac{\Delta s}{\Delta t}\right) = \frac{v}{r} \tag{10-7}$$

当时间间隔变小时，此时 $\theta$ 也会变小，$s$ 无限趋近于弧上的一段切线。由此可将这一时刻的线速度 $v$ 称之为切向速度 $v_t$，如图 10-3 所示，结合式(10-7)，计算切向速度 $v_t$ 如式(10-8)所示：

$$v_t = \omega r \tag{10-8}$$

理解切向速度最好的方式就是找一个一端绑着线的悠悠球，抓住绳子的一端开始摆动悠悠球时，你会发现悠悠球始终以固定的距离绕着你的手转。但是如果悠悠球在某一瞬间与绳子分离，在这瞬间悠悠球就会沿着被释放的那一点切线方向飞出去。

有了切向速度，再来计算切向加速度，如式(10-9)所示：

$$a_t = \alpha r \tag{10-9}$$



**【例 10-4】** 如果在为转盘游戏编程，开始时轮子的角速度是 8rad/s，10s 后轮子停下，如果轮子的半径为 3 m，那么需要多大的切向加速度刹车才行？

解答：(1)列出已知量和要求的量，如表 10-3 所示。

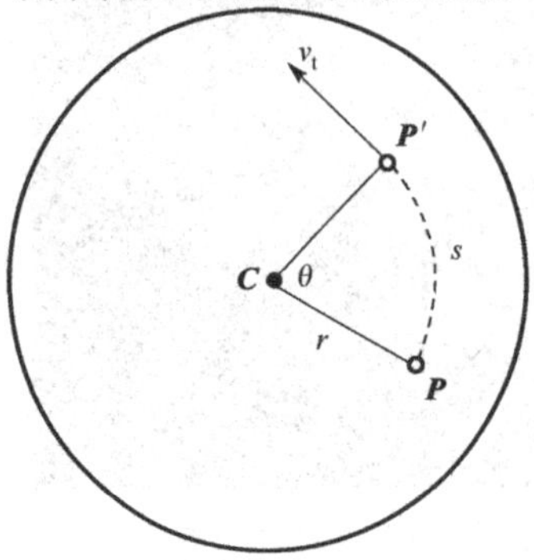


图 10-3　切向速度

**表 10-3　已知条件**

| 已知条件 | 求值 |
| --- | --- |
| $\omega_i = 8$ rad/s | $a_t = ?$ |
| $t = 10$s | |
| $\omega_f = 0$ rad/s | |

(2)代入方程求解。

先计算角加速度：

$$\omega_f = \omega_i + \alpha t$$
$$0 = 8 + 10\alpha$$
$$\alpha = -0.8\text{rad/s}^2$$

再计算切向加速度：

$$a_t = \alpha r$$
$$a_t = -0.8 \times 3 = -2.4\text{m/s}^2$$

请记住：线性运动都是基于平移的，而角运动都是基于旋转的。而且，旋转刚体上所有点的角速度和角加速度都是一样的，但是线速度和线加速度则根据不同的点距离刚体质心远近的不同而不同。

### 10.1.2 模拟

(1)匀速角运动

在 Processing 中，角运动的模拟和第 7 章中线性运动的模拟非常相似，最大的区别在于角运动最后还需要借助 rotate 函数来实现。

在第 7 章中，匀速运动的模拟是用以下方法实现的：

**location = location + velocity**

在这里，可以用同样的方式模拟匀速角运动：

**angle = angle + angular velocity**

下述代码模拟了杠杆匀速角运动的完整实现，其运行效果如图 10-4 所示。

```
float angle = 0;                //角位移
float aVelocity = 0.01;         //角速度的初始值

void setup() {
    size(400, 200);
    smooth();
}

void draw() {
    background(255);
    fill(127);
    stroke(0);

    translate(width/2, height/2);
    rectMode(CENTER);
    rotate(angle);//进行旋转变换
    stroke(0);
    strokeWeight(2);
    fill(127);
    line(-60, 0, 60, 0);
    ellipse(60, 0, 16, 16);
    ellipse(-60, 0, 16, 16);

    angle += aVelocity;//每帧都根据角速度更新角位移
}
```

图 10-4　上述代码的运行效果图：不同时刻的杠杆

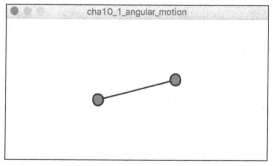

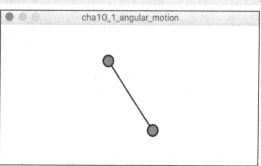

(2)匀加速角运动

在第 7 章中，匀加速线性运动的模拟是用以下方法实现的：

**location=location +velocity**

**velocity=velocity+acceleration**

在这里，可以用同样的方式模拟匀速角运动：

**angle = angle + angular velocity**

**angular velocity = angular velocity + angular acceleration**

下述代码模拟了杠杆匀加速角运动的完整实现，其运行效果如图 10-5 所示。

```
float angle = 0;//角位移
float aVelocity = 0.01;//角速度的初始值
float aAcceleration = 0.001;//角加速度的初始值

void setup() {
    size(400, 200);
    smooth();
}

void draw() {
    background(255);
    fill(127);
    stroke(0);

    translate(width/2, height/2);
    rectMode(CENTER);
    rotate(angle);//进行旋转变换
    stroke(0);
    strokeWeight(2);
    fill(127);
    line(-60, 0, 60, 0);
    ellipse(60, 0, 16, 16);
    ellipse(-60, 0, 16, 16);

    angle += aVelocity;               //每帧都根据角速度更新角位移
    aVelocity += aAcceleration;       //每帧都根据角加速度更新角速度
}
```



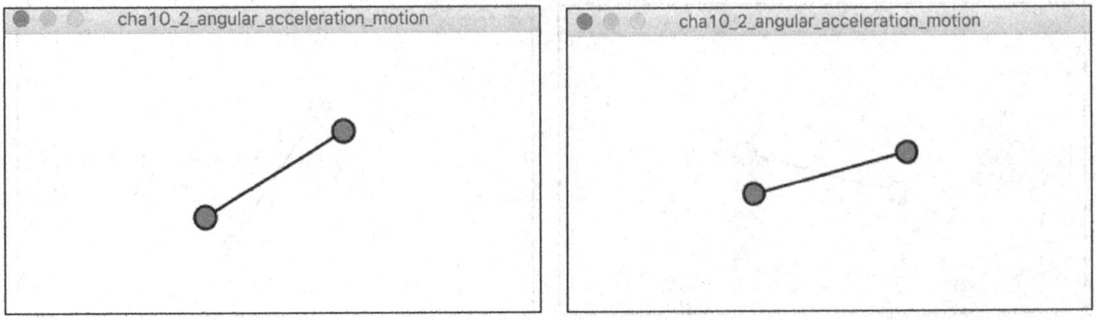


图 10-5　上述代码的运行效果图：不同时刻的杠杆

上述两个案例中展示的旋转效果的不同之处在于，第二个案例中的杠杆旋转速度会越来越快。

## 10.2 旋转力学

### 10.2.1 基本概念

10.2.1 节中讨论了角运动中的基本概念，以及相关的模拟，但是到底是什么引起了旋转运动？

第 8 章中曾说明了牛顿第二定律是导致物体线性运动的根本原因。牛顿第二定律认为加在物体上的合力决定了物体的加速度，在后续的模拟中也证明了这一点。但是，当时的讨论与模拟都是建立在假设物体所受合力都作用在物体的质心上，所以实现的都是物体简单的直线运动。而实际上，物体所受的合力常常会作用在物体非质心的某一个顶点上，在这种情况下合力不仅会使物体做平移运动，还会使物体绕着其质心发生旋转运动。



这里将物体在非质心的某一顶点受到的合力视为切向力，根据牛顿第二定律，将该切向力定义为 $\boldsymbol{F}_{\mathrm{t}}$，则得到式(10-10)，其中 $m$ 为物体的质量，$\boldsymbol{a}_{\mathrm{t}}$ 为该点的切向加速度：

$$\boldsymbol{F}_{\mathrm{t}} = m\boldsymbol{a}_{\mathrm{t}} \tag{10-10}$$

在式(10-10)的左右两侧同时乘以该顶点到质心的距离 $r$，得式(10-11)：

$$\boldsymbol{F}_{\mathrm{t}} \cdot r = m\boldsymbol{a}_{\mathrm{t}} \cdot r \tag{10-11}$$

将式(10-9)代入式(10-11)后推得式(10-12)，并将值用 $\tau$ 来标记：

$$\tau = \boldsymbol{F}_{\mathrm{t}} \cdot r = m\alpha r^2 \tag{10-12}$$

$\tau$ 就是力矩，正是力矩使得物体绕着质心发生了旋转运动。

如果将 $mr^2$ 记为 $I$，即 $I = mr^2$，那么式(10-12)可记为式(10-13)：

$$\tau = mr^2 \cdot \alpha = I\alpha \tag{10-13}$$

$I$ 就是旋转惯量，力矩正是旋转惯量与角加速度的乘积。如果将旋转惯量与质量类比，就会惊奇地发现，力矩看上去和牛顿第二定律非常类似。正如力产生加速度一样，力矩产生角加速度，而一旦得知了角加速度，即可进一步求解出角速度与角位移。

**【例 10-5】** 如果在为一款偷车贼游戏编程，一辆汽车以 5000N·m 的力矩撞上另一辆车的后保险杠，如果被撞车的质量是 1200kg，保险杠距离重心的长度是 3m，那么产生的角加速度是多少？

解答：根据式(10-13)可得

$$5000 = 1200 \cdot 3^2 \cdot \alpha$$

$$\alpha \approx 0.463\mathrm{rad/s^2}$$

对照线性运动中的动量和动能，同样可以将其转化为旋转运动的形式。

首先来看旋转动能。如果旋转惯量等同于质量，角速度等同于速度，那么旋转动能 $\mathrm{KE_R}$

可定义为式(10-14)：

$$\mathrm{KE_R} = \frac{1}{2} I\omega^2 \tag{10-14}$$

根据中学物理知识可知，线性运动的机械能量守恒定律可用式(10-15)表示，其中 KE 代表了物体的动能，PE 代表了物体的势能，下标 i 和 f 代表了能量变化时间间隔的开始和结束，$m$ 代表了物体的质量，$v$ 代表了物体运动的速度的大小，$h$ 代表了物体所在的高度，$E_0$ 代表了其他能量，如热能或者声波：

$$\begin{aligned} &\mathrm{KE_i} + \mathrm{PE_i} = \mathrm{KE_f} + \mathrm{PE_f} + E_0 \\ &\frac{1}{2} m v_i^2 + m g h_i = \frac{1}{2} m v_f^2 + m g h_f + E_0 \end{aligned} \tag{10-15}$$

再将式(10-15)结合旋转运动进行改造，推得式(10-16)：

$$\begin{aligned} &\mathrm{KE_{Ri}} + \mathrm{KE_i} + \mathrm{PE_i} = \mathrm{KE_{Rf}} + \mathrm{KE_f} + \mathrm{PE_f} + E_0 \\ &\frac{1}{2} I\omega_i^2 + \frac{1}{2} m v_i^2 + m g h_i = \frac{1}{2} I\omega_f^2 + \frac{1}{2} m v_f^2 + m g h_f + E_0 \end{aligned} \tag{10-15}$$



**【例 10-6】** 如果在给滚动球游戏编程，一个重 0.5kg 的球从 10m 高的山坡上滚下山，如图 10-6 所示。球的旋转惯量是 $0.4mr^2$，则球到达山脚的线速度是多少？

图 10-6　滚动球游戏

解答：根据式(10-16)及 $v = \omega r$ 可得：

$$\begin{aligned} &\mathrm{KE_{Ri}} + \mathrm{KE_i} + \mathrm{PE_i} = \mathrm{KE_{Rf}} + \mathrm{KE_f} + \mathrm{PE_f} + E_0 \\ &\frac{1}{2} I\omega_i^2 + \frac{1}{2} m v_i^2 + m g h_i = \frac{1}{2} I\omega_f^2 + \frac{1}{2} m v_f^2 + m g h_f + E_0 \\ &\frac{1}{2} I \cdot 0^2 + \frac{1}{2} m \cdot 0^2 + m g h_i = \frac{1}{2} I\omega_f^2 + \frac{1}{2} m v_f^2 + m g \cdot 0 \\ &m g h_i = 0.5 m v_f^2 + 0.5 I\omega_f^2 \end{aligned}$$

$$0.5\times9.8\times10=0.5\times0.5\times v_{\mathrm{f}}^2+0.5\times(0.4\times0.5\times r^2)\times\omega_{\mathrm{f}}^2$$
$$49=0.25v_{\mathrm{f}}^2+0.1r^2\omega_{\mathrm{f}}^2$$
$$49=0.25v_{\mathrm{f}}^2+0.1v_{\mathrm{f}}^2$$
$$49=0.35v_{\mathrm{f}}^2$$
$$v_{\mathrm{f}}\approx11.832\mathrm{m/s}$$

接下来，再看旋转动量。结合第 9 章中线性运动的动量，这里将旋转动量表示为 $L$，如式(10-17)所示，其中 $\omega$ 为角速度，$I$ 为旋转惯量：

$$L=I\omega \tag{10-17}$$

我们第 9 章中通过动量定理了解到物体动量的改变是由作用在物体上的冲量的改变量引起的。同样让物体发生旋转运动，是通过旋转冲量的改变引起旋转动量变化的。

为了能更清楚地理解线性运动与角运动在力学上述三个重要定义上的区别与联系，请参看表 10-4。

**表 10-4　线性运动与角运动的联系与区别**

| | 线性运动 | 角运动 |
|---|---|---|
| 质量(惯量) | $m$ | $I$ |
| 牛顿第二定律 | $F=ma$ | $\tau=I\alpha$ |
| 动能 | $\frac{1}{2}mv^2$ | $\frac{1}{2}I\omega^2$ |
| 动量 | $P=mv$ | $L=I\omega$ |



### 10.2.2 模拟

在 Processing 模拟旋转运动时，将模拟对象设定为一个简单的圆，并为其建立了一个类 Circle。

本案例将通过按下鼠标左健并向任意方向拖动后再释放鼠标左键形成的向量，来模拟拉动圆的力。同时为了简化计算，在本案例中利用这个拖动力的方向和施力点与圆心连接组成的向量之间的夹角 theta 的正弦值来计算力矩的大小，然后再求解出拖动力对圆产生的角加速度。上述思路转变为代码的核心部分如下。

```
dragOffset = PVector.sub(endPntOfDragging, startPntOfDragging);//拉动圆的力
float f = dragOffset.mag();                                   //拖动力的大小
PVector leverArm = PVector.sub(startPntOfDragging, center);
float leverArmLength = leverArm.mag();                        //施力点到质心的距离大小
float inertia = mass*leverArmLength*leverArmLength;  //旋转惯量 I
float theta = PVector.angleBetween(leverArm, dragOffset);
float torque = f*leverArmLength*sin(theta);                   //模拟力矩的大小
aAcceleration = torque/inertia;                               //计算角加速度
```

由于这个案例较为复杂，完整的代码可在本书配套教学资源包中获取。运行后的效果如图 10-7 所示，图中线段描述的即为拖动力。

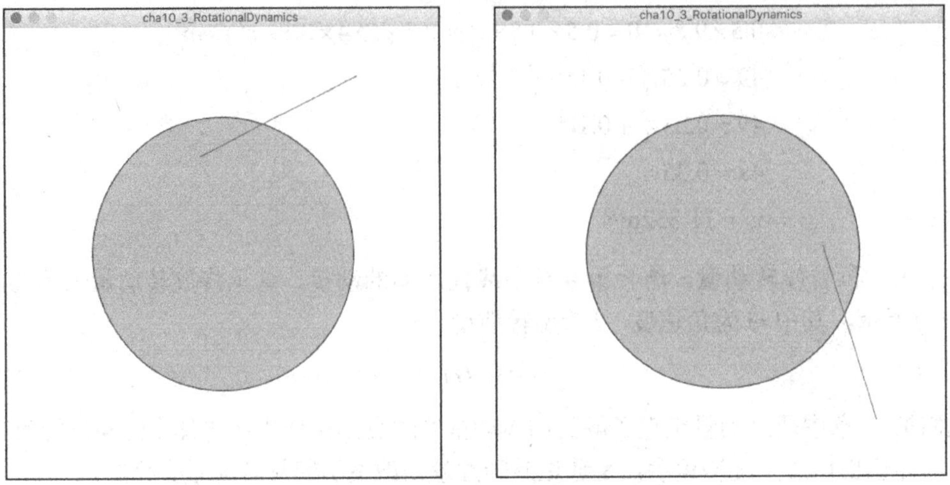


图 10-7　拖动圆引起其旋转的模拟



## 习题 10

1．假如编写一个疯狂出租车的游戏，一辆重 1500kg 的车被 4000N·m 的力矩撞在距离重心 2m 的地方，那么角加速度是多少？

2．如果在旋转木马上坐着的角色没有抓紧，他从半径 1.3m、角速度为 11rad/s 的木马上摔下来，那么摔出的线速度是多少？

# 第 11 章

# 粒子系统基础

粒子系统是计算机图形学中必不可少的组成部分，它广泛应用于游戏引擎中。依靠粒子系统的技术可模拟一些特定的模糊现象，如火、爆炸、烟、水流、火花、落叶、云、雾、雪、尘、流星尾迹甚至像发光轨迹这样的抽象视觉效果等，而这些现象用其他传统的渲染技术是难以实现其真实感的。

本章的内容将讨论粒子系统的基本原理，由以下三方面组成：

- 11.1 节，详细描述了粒子系统的组成，包括粒子系统的各个功能模块，还介绍了粒子系统更新循环阶段的工作过程；
- 11.2 节，详细描绘了单个粒子的模拟；
- 11.3 节，分析并实现了粒子系统的模拟，包括粒子系统的定义，整合力之后的模拟，以及各种复杂粒子组成的系统模拟。

## 11.1 粒子系统的组成



### 11.1.1 功能模块

粒子系统按照其核心功能模块可划分为两部分：粒子(Particle)和发射器(Emitter)。除此之外还有一个为了方便扩展而设置的功能模块：扰动子(Affector)。

粒子和发射器是整个粒子系统的核心，简单地说，但凡粒子系统，必有粒子和发射器。发射器的用途就是发射粒子，而被发射的每颗粒子都会记录该粒子的状态变化。

(1)粒子

粒子的设计与实现在各个粒子系统中都不尽相同，但是都设置了以下最基本的属性。

- 粒子的生命周期

粒子是有生命的，一旦生命周期结束，粒子也就完结了，就如雪花和烟火一般，过一段时间就会消失。

- 粒子的外观属性

外观属性包含了粒子的位置、大小等与外观相关的属性，是粒子的最外在体现。

- 粒子的变化属性

变化属性包括了粒子速度(对位置的影响)、大小变化速度(对大小影响)等内容。

粒子设置了哪些属性，就意味着粒子系统能实现哪些功能。比如一颗粒子设置了生命周期、大小、位置、速度，那么这个粒子系统就只能是大小恒定的匀速运动。但是如果粒子又增加了大小变化属性，那么这个粒子系统的粒子就可以改变大小了。如果此时粒子又增加了加速度属性，那么也就意味着粒子速度本身也可以变化，可以实现非线性的运动。

由于粒子上述的这些属性在每一帧图像生成时都需执行，所以计算量非常大。粒子越多，算法越复杂，对游戏效率的压力越大。所以大部分情况下，粒子的计算只需涉及简单算法。

(2)发射器

发射器是设计用于发射粒子的，因此发射器实质上就是一组配置的集合，而事实上粒子诞生时的状态就是被发射器的配置决定的。发射器最基本的配置是发射速率和发射位置。

发射器的配置中很重要的内容就是发射形体，即以何种形体来发射粒子。一般的发射器会实现以下形体的发射：点(烟花)、直线(火墙)、立方体(雪)、球体、圆柱体(面往往用体来近似)。而发射器对发射形体的选择将决定每个粒子诞生时的位置。

发射器的配置中还有发射速度的概念。每个粒子发射出去的时候，速率并不都是完全一致的，还需为粒子加入发射角的概念。通常情况下，发射器中对粒子发射速度的配置包含了发射方向(Direction)、发射角(Spread)和发射速率(Speed)，这三者将共同作用并被映射到每个粒子的速度向量中，最终指导这个粒子的运动。

发射器还可配置与粒子渲染状态有关的透明度(Alpha)、大小、纹理等内容。但是这些配置靠发射器是没有用的，还必须在粒子本身设置相应的属性。这也印证了前文中所说的，粒子里设置了哪些属性，就意味着粒子系统能实现哪些功能。

发射器还可配置发射周期。有些粒子系统实现了间断发射，即发射一定数量或一定时间粒子后，停止粒子发射，间隔一定时间后再重新激活粒子系统进行发射。

除了上述提到的各种配置之外，发射器可配置的内容还有很多，需要按照实际情况予以编码。粒子系统在发射粒子的时候还需要考虑发射器本身位置。如果发射器位置变化了，就需要考虑对粒子发射时的位置采取插值，避免“瞬移”。

综合来说，粒子与发射器的复杂程度决定了粒子系统的复杂程度。有些粒子系统将发射器认为是整个粒子系统的核心，而另一些粒子系统则将发射器认为是一种算法策略。这两种系统因为认知不同而在实现时有所不同，前者会丧失一些发射器的灵活性，而后者增加灵活性的同时却会需要更麻烦的编码，所以一般很少用到。不管何种理解，粒子系统毕竟只是一个外围系统，在实现的时候应该有所简化。



(3)扰动子

发射器过于臃肿对于粒子系统的扩展是很不利的，因此产生了扰动子这一功能模块，用于满足系统的扩展性。

扰动子是对发射器进行补充的附加配置的统称，主要包括了粒子生成和运行的变化因素。比如常见的粒子系统都需配置位置、速度，这能反映恒速运动，但却无法反映加速运动，我们可将加速度写在发射器里面，但是也可以编写一个加速度扰动子。除此之外还可以编写重力扰动子、向心力扰动子等。这些扰动子都是在系统运行时产生作用的。也有扰动子用于设定粒子产生时的发射状态，例如，限定更加具体的发射形体(环柱体、中空的立方体等)。

### 11.1.2 更新循环阶段

典型粒子系统的更新循环可以划分为两个不同的阶段：模拟阶段和渲染阶段。

(1)模拟阶段

在此阶段，系统首先根据生成速度及更新间隔计算新粒子的数目，每个新粒子根据发射器的位置及给定的生成区域在特定的空间位置生成，并且根据发射器的参数初始化每个粒子的速度、颜色、生命周期等参数；然后检查每个粒子是否已经超出了生命周期，一旦超出就将这些粒子剔出模拟过程，否则就根据物理模拟更改粒子的位置与特性，这些物理模拟可能像将速度加到当前位置或者调整速度抵消摩擦这样简单，也可能像考虑外力之后进行物理抛射轨迹计算那样复杂。

(2)渲染阶段

在粒子模拟更新完成之后，每个粒子都需被渲染出来。在复杂的三维图形引擎中粒子可用经过纹理映射的四边形或者三维网格进行渲染，但是在一些低分辨率或者处理能力有限的场合，粒子可能仅仅被渲染成一个像素。而在离线渲染中粒子甚至可被渲染成一个元球，再根据粒子元球计算出的等值面模拟其他类型的表面(如液体等)。

## 11.2 单个粒子的模拟

在 Processing 世界中，模拟简单粒子系统并不是很复杂的事。本节将从模拟单个粒子开始。

第 8 章模拟牛顿力学的应用时，曾构建了一个简单的类 Mover 来描述小球对象。下文将对类 Mover 进行改造，除了将它重命名为 Particle 之外，还加入了粒子最重要的属性——生命周期。除了在代码中对粒子的速度、位置等属性进行设定之外，下文将生命周期初始值设定为 255，当其倒计数为 0 时，该粒子被认为是“死”的。为此下文还在代码中加入 isDead 函数来判断粒子是否生命周期结束了。改造后的粒子类 Particle 如下述代码所示。图 11-1 显示了运行效果(完整代码可从本书配套的教学资源包中获取)。



```
class Particle {
    PVector location;
    PVector velocity;
    PVector acceleration;
    //粒子的生命周期
    float lifespan;

    Particle(PVector l) {
      //发射器
      location = l.get();
      acceleration = new PVector(0,0.05);
      velocity = new PVector(random(-1,1),random(-2,0));
      //粒子的生命周期初始值设为 255
      lifespan = 255;
    }

    void run() {
      update();
      display();
    }

    //对粒子的状态进行更新
    void update() {
      velocity.add(acceleration);
      location.add(velocity);
      //每帧粒子生命周期都会减 2
      lifespan -= 2.0;
    }
```

```
    void display() {
      //巧妙地利用生命周期值，作为绘制时的Alpha(透明度)设定
      stroke(0,lifespan);
      fill(175,lifespan);
      //绘制小球
      ellipse(location.x,location.y,8,8);
    }

    //判断粒子是否已"死"
    boolean isDead() {
      if (lifespan < 0.0) {
        return true;
      } else {
        return false;
      }
    }
}
```

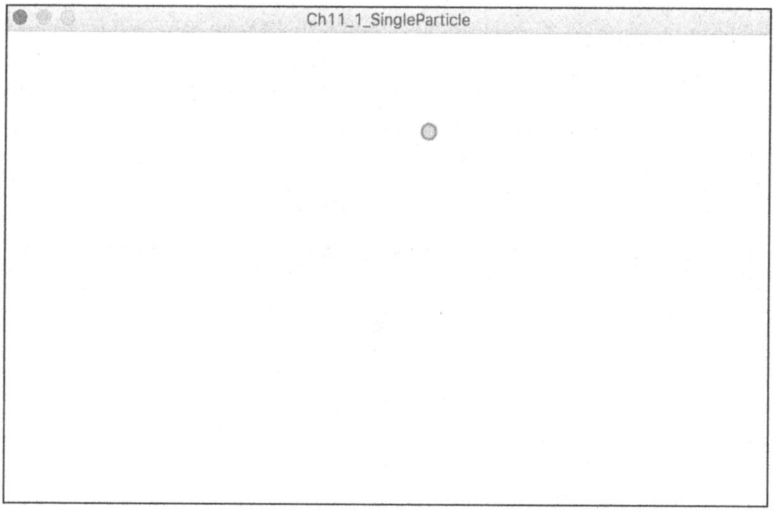


图 11-1　上述代码的运行效果图

## 11.3　粒子系统的模拟

本节将在 Processing 世界中从单个粒子的模拟扩展到基础粒子系统的模拟。

### 11.3.1　定义粒子系统

众所众知，粒子系统是由一群粒子组成的，当然还有更为复杂的发射器配置等。如下述代码所示，为了能更好地描述粒子系统，下文添加了专门的类 ParticleSystem，用于描述简单粒子系统的基本定义及发射器的相关配置。图 11-2 展示了该粒子系统运行的效果。

```
class ParticleSystem {
    ArrayList<Particle> particles;//粒子群
    PVector origin;//发射位置

    ParticleSystem(PVector location) {
      origin = location.get();
      particles = new ArrayList<Particle>();
    }

    //添加新粒子并设置其发射位置
    void addParticle() {
      particles.add(new Particle(origin));
    }

    //粒子一旦生命周期结束，则从粒子系统中删去
    void run() {
      for (int i = particles.size()-1; i >= 0; i--) {
        Particle p = particles.get(i);
        p.run();
        if (p.isDead()) {
          particles.remove(i);
        }
      }
    }
}
```



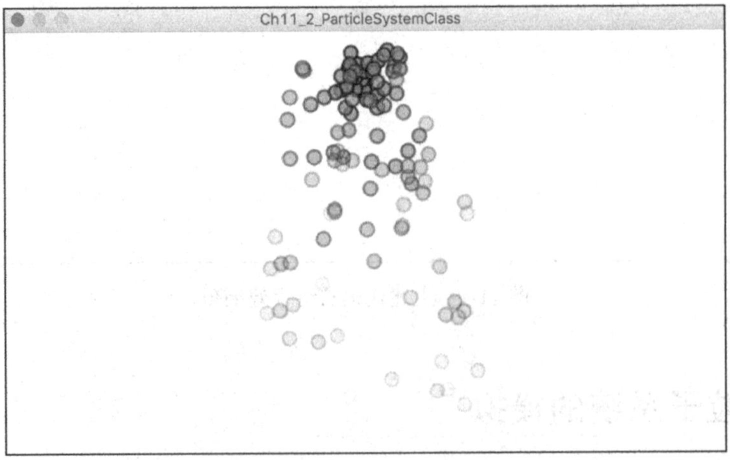


图 11-2　上述代码的运行效果图

### 11.3.2　与力的整合

为了让粒子系统的功能更为丰富，下文将把第 8 章牛顿力学的内容与粒子的加速度变化结合在一起，使得粒子的模拟更灵活逼真。下述代码在粒子系统类，即 11.3.1 案例代码的基础上增加了 applyForce 函数之后，每个粒子都会受到相应的力。

```
class ParticleSystem {
  ...
  //粒子系统中所有粒子都会受到力
  void applyForce(PVector f) {
    for (Particle p: particles) {
      p.applyForce(f);
    }
  }
  ...
}
```

该力最后体现在粒子的加速度配置上，所以同样需要在粒子的属性中增加相应内容并且对加速度进行应用，正如下述代码所示。粒子类在 11.2 节描述的案例代码中增加了 appleForce 函数，完整代码请从本书配套资源包中获取。

```
class Particle {
  ...
  //粒子因所受力改变加速度
  void applyForce(PVector force) {
    PVector f = force.get();
    f.div(mass);
    acceleration.add(f);
  }

  //更新位置、速度并重设加速度
  void update() {
    velocity.add(acceleration);
    location.add(velocity);
    acceleration.mult(0);
    lifespan -= 2.0;
  }
  ...
}
```

如果粒子受到了风力和重力的影响，那么如何模拟这些力的实现呢？下述代码展示了在粒子系统中施加力的实现过程，图 11-3 展示了施加力后的粒子系统的运行效果。

```
ParticleSystem ps;

void setup() {
    size(640,360);
    ps = new ParticleSystem(new PVector(width/2,50));
  }

void draw() {
    background(255);

    //将风力和重力应用到粒子上
    PVector wind = new PVector(0.2,0);
```

```
    ps.applyForce(wind);
    PVector gravity = new PVector(0.,0.1);
    ps.applyForce(gravity);

    ps.addParticle();
    ps.run();
}
```



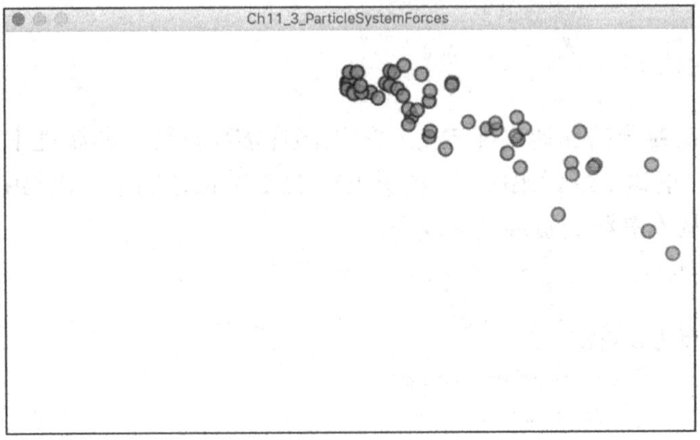


图 11-3　上述代码的运行效果图

### 11.3.3　复杂粒子

上一节已经在 Processing 世界中成功地模拟了最基础的粒子系统。接下来在本节中将继续深入挖掘粒子系统，试图模拟较为复杂的基础粒子系统。

(1) 多种类型的粒子

本节将在粒子系统中实现不同形状、不同颜色的粒子喷射。那么，如何构建不同形状的粒子？其实，只要将不同形状的粒子设计成子类，从父类 Particle 基础上继承其主要属性，并进行重新绘制即可。

下述代码展示了形状为正方形的粒子，正是从父类 Particle 中继承下来的，并且只对绘制形状的 display 函数进行重新定义。用同样的方法，可以定义形状为三角形的粒子，甚至为任意形状的粒子。图 11-4 展示了一个集合了多种形状的粒子系统的实际效果。

```
class Squares extends Particle {
    //继承父类的构造函数
    Squares(PVector l) {
      super(l);
    }
    //重载 display 函数绘制粒子形状
    void display() {
      rectMode(CENTER);
      fill(random(255), random(255), random(255),lifespan);
      stroke(0,lifespan);
      strokeWeight(2);
      pushMatrix();
```

```
        translate(position.x,position.y);
        float theta = map(position.x,0,width,0,TWO_PI*2);
        rotate(theta);
        rect(0,0,18,18);
        popMatrix();
      }
  }
```

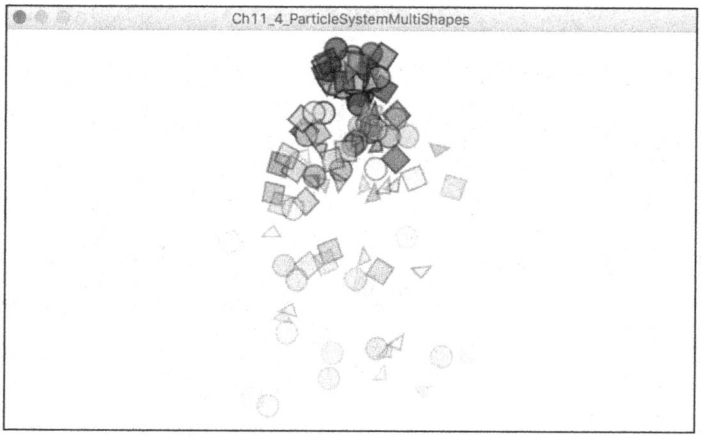


图 11-4　上述代码的运行效果图

(2)加入材质的粒子

除了在粒子系统中引入不同类型的粒子，还可以通过给粒子加上材质，让粒子系统的模拟更为逼真。

下文将在粒子的属性中加入材质并在粒子系统进行绘制。

首先需要在粒子类 Particle 中加入描述材质的属性，并且提供绘制材质的方法，下述代码所示的正是在单个粒子(11.3.2 节案例)基础上进行更新之后的 Particle 类。

```
class Particle {
    PVector loc;
    PVector vel;
    PVector acc;
    float lifespan;

    PImage img;//材质

    //构造函数
    Particle(float x, float y, PImage imgIn) {
      acc = new PVector(0, 0);
      vel = PVector.random2D();
      loc = new PVector(x, y);
      lifespan = 255;
      img = imgIn;
    }

    //发射粒子后通过该函数可在每帧都更新粒子的状态
```

```
    void run() {
      update();
      render();
    }

    void applyForce(PVector f) {
      acc.add(f);
    }

    //更新位置、速度并重设加速度
    void update() {
      vel.add(acc);
      loc.add(vel);
      acc.mult(0);
      lifespan -= 2.0;
    }

    //绘制材质
    void render() {
      imageMode(CENTER);
      tint(lifespan);
      image(img, loc.x, loc.y, 32, 32);
    }

    //判断粒子的生命周期是否结束
    boolean isDead() {
      if (lifespan <= 0.0) {
        return true;
      }
      else {
        return false;
      }
    }
}
```

下述代码展示了在粒子系统类 ParticleSystem 中增加了材质之后的内容。

```
class ParticleSystem {

    ArrayList<Particle> particles; //粒子列表

    PImage[] textures;

    ParticleSystem(PImage[] imgs, PVector v) {
      textures = imgs;
      particles = new ArrayList(); //初始化很重要
    }
```

```
    void run() { //发射粒子
      for (int i = particles.size()-1; i >= 0; i--) {
        Particle p = particles.get(i);
        p.run();
        if (p.isDead()) {
          particles.remove(i);
        }
      }
    }

    void addParticle(float x, float y) {
      int r = int(random(textures.length));
      particles.add(new Particle(x,y,textures[r]));
    }


    void applyForce(PVector f) {
      for (Particle p : particles) {
        p.applyForce(f);
      }
    }

    void addParticle(Particle p) {
      particles.add(p);
    }
}
```

在设计并实现了粒子及粒子系统之后，就需要运行粒子系统查看实际运行的效果。下述代码展示了运行粒子系统的基本实现过程。

```
ParticleSystem ps;

PImage[] imgs;

void setup() {
    size(640, 360, P2D);

    imgs = new PImage[5];//各种代表材质的图片
    imgs[0] = loadImage("corona.png");
    imgs[1] = loadImage("emitter.png");
    imgs[2] = loadImage("particle.png");
    imgs[3] = loadImage("texture.png");
    imgs[4] = loadImage("reflection.png");

    ps = new ParticleSystem(imgs, new PVector(width/2, 50));
}

void draw() {
```

```
    blendMode(ADD);
    background(0);

    PVector up = new PVector(0,-0.2);
    ps.applyForce(up);

    ps.run();
    for (int i = 0; i < 5; i++) {
      ps.addParticle(mouseX,mouseY);
    }
}
```

而图 11-5 则展示了这样一个集合了多种材质的粒子系统的实际效果，完整代码可从本书配套的教学资源包中获取。

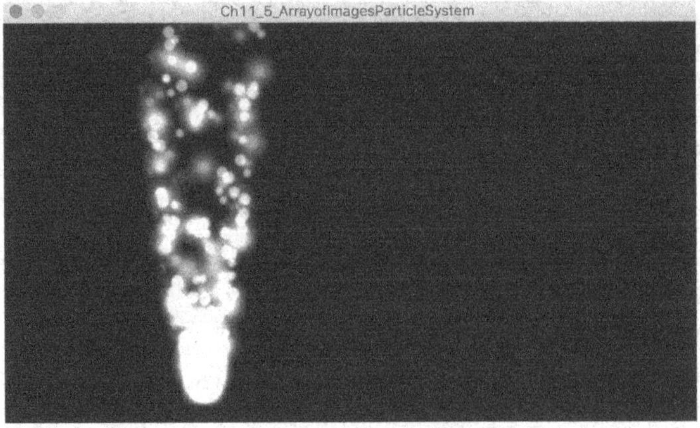


图 11-5　运行效果图



## 习题 11

现需要在游戏中设计矩形粒子，在下面描述矩形的类 Ball 中添加和修改若干代码，将其改造成描述单个矩形粒子的类 BallParticle，至少添加关于粒子生命周期的变量 lifespan、粒子开始运动的函数 void run()及判断粒子是否生命周期结束的函数 boolean isDead()。

```
class Ball{
    PVector location;
    PVector velocity;
    PVector acceleration;
    float mass;

    Ball(PVector l) {
      acceleration = new PVector(0, 0.05);
      velocity = new PVector(random(-1, 1), random(-1, 0));
      location = l.get();
      mass = 1;
```

```
    }

    void applyForce(PVector force) {
      PVector f = PVector.div(force,mass);
      acceleration.add(f);
    }

    void update() {
      velocity.add(acceleration);
      location.add(velocity);
      acceleration.mult(0);
    }

    void display() {
      stroke(0);
      strokeWeight(2);
      fill(127);
      ellipse(location.x,location.y,48,48);
    }
}
```

# 参 考 文 献


[1] (美) Wendy Stahler. 游戏编程数学和物理基础. 徐明亮，郭红，等译. 北京：机械工业出版社，2008.

[2] (美) Fletcher Dunn, Ian Parberry. 3D 数学基础:图形与游戏开发. 史银雪，陈洪，等译. 北京：清华大学出版社，2005.

[3] (美) David M Bourg，Bryan Bywalec. 游戏开发物理学(第 2 版). 崔力强，魏广程，译. 北京：人民邮电出版社，2015.

[4] (日) 加藤洁. 游戏开发的数学和物理. 徐谦，译. 北京：人民邮电出版社，2015.

[5] Fletcher Dunn, Ian Parberry. 3D Math Primer for Graphics and Game Development. 2nd Edition. A K Peters/CRC Press，2011.

[6] Ian Millington. Game Physics Engine Development: How to Build a Robust Commercial-Grade Physics Engine for your Game. 2nd Edition. CRC Press，2010.

[7] David H. Eberly.Game Physics. 2nd Edition. CRC Press，2010.

[8] Danny Kodicek. Mathematics & Physics for Programmers（Game Development Series）. 2nd Edition. Delmar Cengage Learning，2011.

[9] Grant Palmer. Physics for Game Programmers. Apress，2005.

[10] David M Bourg，Bryan Bywalec. Physics for Game Developers: Science, math, and code for realistic effects. 2nd Edition. O'Reilly Media，2013.

[11] Gabor Szauer. Game Physics Cookbook. Packt Publishing，2017.